C Primer Plus

（第 6 版）中文版习题解答

[美] 史蒂芬 · 普拉达（Stephen Prata） 著
曹良亮 编

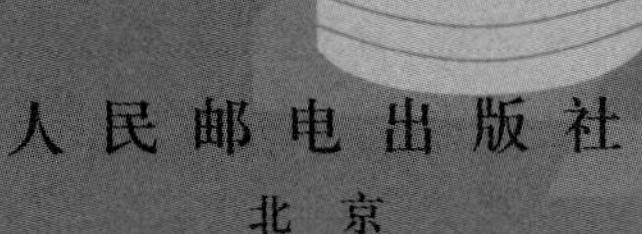

人 民 邮 电 出 版 社
北 京

图书在版编目（CIP）数据

C Primer Plus（第6版）中文版习题解答 / (美) 史蒂芬·普拉达 (Stephen Prata) 著 ; 曹良亮编. -- 北京 : 人民邮电出版社, 2020.2
ISBN 978-7-115-53130-8

Ⅰ. ①C… Ⅱ. ①史… ②曹… Ⅲ. ①C语言—程序设计—习题集 Ⅳ. ①TP312.8-44

中国版本图书馆CIP数据核字(2019)第291761号

版权声明

◆ 著　[美] 史蒂芬•普拉达（Stephen Prata）
编　曹良亮
责任编辑　傅道坤
责任印制　王　郁　焦志炜
◆ 人民邮电出版社出版发行　北京市丰台区成寿寺路 11 号
邮编　100164　电子邮件　315@ptpress.com.cn
网址　http://www.ptpress.com.cn
山东华立印务有限公司印刷
◆ 开本：787×1092　1/16
印张：21.5　2020 年 2 月第 1 版
字数：524 千字　2024 年 10 月山东第 31 次印刷
著作权合同登记号　图字：01-2014-5617 号

定价：89.80 元

读者服务热线：(010)81055410　印装质量热线：(010)81055316
反盗版热线：(010)81055315
广告经营许可证：京东市监广登字 20170147 号

内容提要

本书是超级畅销书《C Primer Plus（第 6 版）中文版》的配套习题答案，针对书中的复习题和编程练习，给出了解题思路和答案。

本书共分为 17 章，每一章的主题与《C Primer Plus（第 6 版）中文版》完全一致。每章开篇采用思维导图的方式列出本章的知识点，然后对每章的重点内容进行了梳理总结，最后则对每章中的复习题和编程练习进行了分析并给出了解答思路，确保读者在彻底夯实理论知识的同时，进一步提升实际编程能力。

作为《C Primer Plus（第 6 版）中文版》的配套参考书，本书特别适合需要系统学习 C 语言的初学者阅读，也适合打算巩固 C 语言知识或者希望进一步提高编程技术的程序员阅读。

编者简介

曹良亮，北京师范大学教育技术学院理学博士、高级工程师，长期从事北京师范大学本科生的 C/C++语言与 Java 语言的教学工作。

前言

作为一种高级程序设计语言，C 语言的语法灵活，功能强大，可移植性强，被广泛地应用于各种开发场景下。C 语言也是我国大中专院校计算机及其相关专业中程序设计课程的首选入门学习语言。目前市场上关于 C 语言的培训教材种类繁多，其中《C Primer Plus（第 6 版）中文版》结构清晰、语言简洁、内容丰富，是一本值得推荐的 C 语言教学参考书。该书提供了大量堪称经典的教学案例程序和课后习题，帮助读者学习。其中习题包括了教材的所有核心内容，题目也由浅入深，有助于逐步训练和培养读者分析问题、开发程序、解决问题的能力。但是由于部分习题只提供参考答案，程序设计类题目并未提供相关代码和编程分析设计等一般性导引，会给读者自学带来一定的困难。

本书在对《C Primer Plus（第 6 版）中文版》每章内容做了简单总结和梳理的基础上，对所有复习题和编程练习做了详细的解答。每章首先提供了思维导图，方便读者快速查询常用的知识点，然后简明扼要地概括和提炼了每章的难点和重点知识。本书既可以作为学习笔记，也可以作为知识点速查手册，旨在给读者提供一些参考。

本书组织结构

本书各章的重点和难点如下。

第 1、2 章介绍 C 语言编程的预备知识，其中的难点是理解 C 语言的基本编译和运行过程与原理。这些知识点是程序设计的一般方法和基础知识，也是指针、数组、预编译等内容的理论基础。学习重点是熟练掌握程序设计中常用的分析问题的方法和策略，包括通过程序解决问题的一般性方法和流程、程序设计中编译和调试的常用方法等内容。这些内容都需要在后续的学习中反复地应用和不断深化理解。

第 3～5 章详细讲解 C 语言的相关知识，包括数据类型、格式化输入/输出、运算符、表达式和语句。这 3 章的学习重点和难点在于掌握 C 语言的基本数据类型的特点和使用方法、基本输入/输出函数、输入/输出的转换说明符和相关修饰符、运算符的求值顺序，以及数据的类型转换。这些内容是 C 语言程序设计中的基础，其中很多具体的语法细节需要在 C 语言程序设计中反复练习、熟练掌握。

第 6～8 章的主要内容是 C 语言的流程控制。这部分内容是面向过程的程序设计语言的核心，即通过条件分支和循环语句来区分、控制不同条件下代码的执行。在学习中需要注意循环的嵌套和多重选择语句，避免使用过于复杂的嵌套。字符的输入/输出验证是应用流程控制语句对输入/输出字符进行处理的实际应用。在处理字符的过程中，需要注意条件语句的使用，充分考虑所有的字符和情况并进行匹配和处理。

第 9 章的难点是在定义和调用函数时如何区分形参和实参，在参数传递过程中如何使用指针来处理主调函数中的实参。函数的递归调用是处理某些特定问题的简洁和高效的方法，读者可以基于阶乘的计算和汉诺塔两个典型问题来理解递归的迭代形式与返回形式。

第 10、11 章的主要内容是数组、指针和字符串。指针和数组是 C 语言的难点与重点，涉及较多系统底层存储原理等方面的知识。从存储区域的地址和存储形式出发，能够更好地通过形象化方式理解指针和数组的概念。作为一种特殊的字符数组，字符串能够使用数组和指针两种数据形式进行操作，关于字符串的编程练习实际上是关于数组和指针的综合练习题。

第 12～15 章的主要内容是存储类别管理、文件输入/输出、结构和位操作等。这部分内容的重点在于 C 语言的应用，在编程练习中应当结合 C 语言的特性来解决一些常见的问题，如文件的读写转换、复杂数据的定义和使用、应用位字段、位操作实现掩码等。对于这部分习题应当重视数据存储形式和具体算法设计。

最后两章的主要内容是预处理器指令和抽象数据类型。其中的抽象数据类型是本书 C 语言的综合应用，也可以看作一些数据结构的基础知识。其难点在于抽象数据类型的定义和应用 C 语言对相关结构与接口函数的实现。这部分编程练习的综合性较强，通过对抽象数据类型的接口函数的定义实现了 ADT 代码的重用，因此读者应当在读懂例题的基础上加入自己的理解，提高代码的可重用率。

本书的复习题部分通过详细的分析和解答，不仅给出了题目的答案，还强调如何利用 C 语言的基本原理和基本方法分析、解决问题的过程。在编程练习中，首先按照程序开发的基本流程，通过分析题目要求的基本功能，设计相关的程序流程和基本算法，随后实现代码。其目的是通过对题目的分析和实现，不断锻炼和培养读者分析、设计程序的基本能力。本书提供了所有的编程练习的完整代码，并且在代码中添加了详细的注释帮助读者理解程序意图。

程序设计中的任何一个问题都会有很多种解决方案，本书提供的只是其中一种基本的解决方案。本书尽量提供一种简单的、易于读者理解的解决方案，以尽量清晰、可读的形式呈现给读者，并不能保证其在算法上最优，代码实现上也远不够简洁、优美。读者可以在本书提供的解决方案和代码的基础上，不断优化和改进，实现更优的算法。

C 语言虽然知识点繁杂，但是通过不断练习，在实践中反复领会 C 语言的精妙，相信每一个读者都能够真正掌握 C 语言，感受到编程之美。

本书的所有代码都在 macOS Mojave 系统下使用 XCode 验证过。由于时间仓促，作者水平有限，错误在所难免，希望读者能够指正并提出宝贵意见。

曹良亮

2019 年 6 月于北京师范大学

资源与支持

本书由异步社区出品，社区（https://www.epubit.com/）为您提供相关资源和后续服务。

配套资源

本书提供如下资源：

- 本书源代码。

要获得以上配套资源，请在异步社区本书页面中点击 配套资源 ，跳转到下载界面，按提示进行操作即可。注意：为保证购书读者的权益，该操作会给出相关提示，要求输入提取码进行验证。

提交勘误

作者和编辑尽最大努力来确保书中内容的准确性，但难免会存在疏漏。欢迎您将发现的问题反馈给我们，帮助我们提升图书的质量。

当您发现错误时，请登录异步社区，按书名搜索，进入本书页面，单击“提交勘误”，输入勘误信息，单击“提交”按钮即可。本书的作者和编辑会对您提交的勘误进行审核，确认并接受后，您将获赠异步社区的 100 积分。积分可用于在异步社区兑换优惠券、样书或奖品。

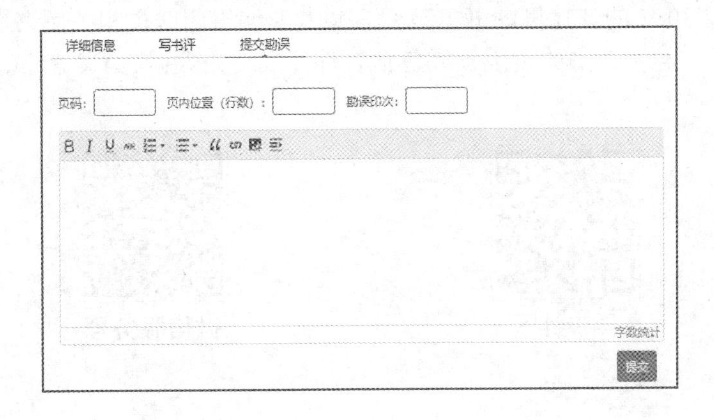

扫码关注本书

扫描下方二维码，您将会在异步社区微信服务号中看到本书信息及相关的服务提示。

与我们联系

我们的联系邮箱是 contact@epubit.com.cn。

如果您对本书有任何疑问或建议，请您发邮件给我们，并请在邮件标题中注明本书书名，以便我们更高效地做出反馈。

如果您有兴趣出版图书、录制教学视频，或者参与图书翻译、技术审校等工作，可以发邮件给我们；有意出版图书的作者也可以到异步社区在线提交投稿（直接访问 www.epubit.com/selfpublish/submission 即可）。

如果您所在的学校、培训机构或企业，想批量购买本书或异步社区出版的其他图书，也可以发邮件给我们。

如果您在网上发现有针对异步社区出品图书的各种形式的盗版行为，包括对图书全部或部分内容的非授权传播，请您将怀疑有侵权行为的链接发邮件给我们。您的这一举动是对作者权益的保护，也是我们持续为您提供有价值的内容的动力之源。

关于异步社区和异步图书

“异步社区”是人民邮电出版社旗下 IT 专业图书社区，致力于出版精品 IT 技术图书和相关学习产品，为作译者提供优质出版服务。异步社区创办于 2015 年 8 月，提供大量精品 IT 技术图书和电子书，以及高品质技术文章和视频课程。更多详情请访问异步社区官网 https://www.epubit.com。

“异步图书”是由异步社区编辑团队策划出版的精品 IT 专业图书的品牌，依托于人民邮电出版社近 30 年的计算机图书出版积累和专业编辑团队，相关图书在封面上印有异步图书的 LOGO。异步图书的出版领域包括软件开发、大数据、AI、测试、前端、网络技术等。

异步社区

微信服务号

目录

第1章

初识C语言

本章知识点总结

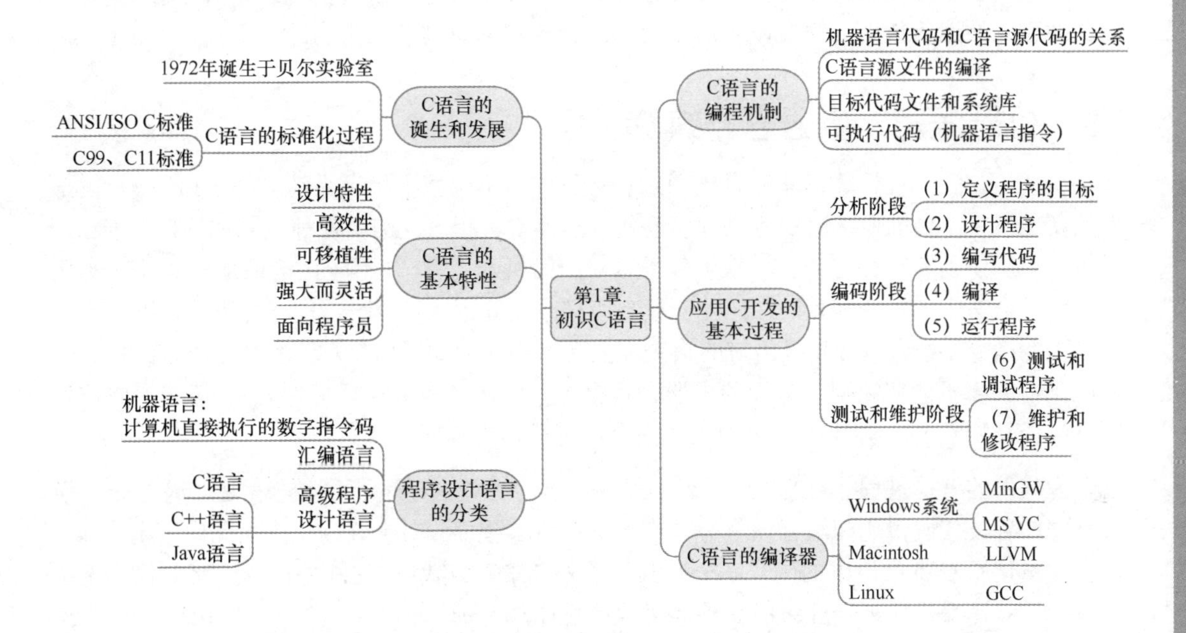

1.1 C语言的优势和特点

作为一门功能强大的高级程序设计语言，C语言一直受到程序员们广泛地推崇和热爱。近几十年来计算机软件系统和硬件系统不断更新发展，新的程序设计语言也层出不穷，但是C语言一直都在主流程序设计语言中占据着重要地位。这一点是和C语言所具备的优势和特点分不开的。

首先，C语言的语法灵活、功能强大，在程序设计中能够更加接近硬件底层，实现对硬件设备的管理和调控。其次，C语言历史悠久，能够兼容多种软硬件平台，在软件开发中适用性和通用性较好。无论是早期的UNIX系统还是最新的Windows系统，都有最新的C语言编译器和各类系统库的更新。程序员只需要对C语言的源代码进行一些简单调整，就可以快速编译生成与目标系统相适配的可执行程序。这一点也就是程序设计中所说的可移植性。

C语言的这种可移植性和Java语言的跨平台特性是不同的两个概念。跨平台是指Java语言编译生成的代码能够在其他系统平台的Java虚拟机（Java Virtual Machine，JVM）下直接运行，也就是Java语言所提倡的“一次编译，处处运行”。C语言在多平台下通过移植生成的可执行程序在运行效率方面要远高于JVM形式或者其他解释性语言。

1.2　C 语言的标准化

C 语言在贝尔实验室诞生后，开始仅应用于 UNIX 系统下。随着 C 语言的流行，不同系统平台下都得到了移植和推广。为了保证不同平台和厂商的 C 语言代码具有良好的可移植性，需要制定标准的 C 语言规范。目前常用 C 语言标准主要是早期的美国国家标准协会制定的 ANSI C 标准，以及国际标准化组织（ISO 组织）制定的 C99 和 C11 标准。

目前大多数的 C 语言编译器都能够很好地兼容这些标准，但是由于这些标准并非是一个强制性语言规范，因此有些时候并不能保证代码和所有的编译器之间完全兼容。很多情况下还需要根据当前开发平台和移植目标平台的具体情况综合考虑可移植性。简单地说就是每一个具体程序的运行效果，需要以当前平台和编译器实际得到的结果为准。

1.3　机器语言、C 语言与编译

机器语言是一种计算机能够直接识别和运行的二进制数字指令系统。在 CPU 等核心部件的帮助下，计算机系统逐步地执行序列化的机器语言指令，实现各种运算和操作功能。计算机只能够识别和运行与计算机软硬件平台对应的机器语言，并不能直接识别 C 语言等高级程序设计语言中的指令和代码。作为一种高级程序设计语言，C 语言是一种更加贴近日常语言的控制指令系统，这种高级语言的指令需要通过相应的编译器软件，将高级语言的指令转化成当前计算机能够识别、运行的机器语言指令（即转换成可执行文件）。一般我们将这种通过编译器将 C 语言源代码转化为机器指令的过程称为编译。

源代码的编译过程非常复杂，不仅包括两种指令系统之间的指令转换，还涉及指令转换过程中的各类代码优化和组合调整等操作。在 C 语言程序设计中，为了提高编码效率，程序员会大量使用 C 标准库中的函数和一些其他的外部第三方代码，这些外部的库函数代码无法通过一次编译操作就组合并生成完整的可执行程序。

整个编译工作是分为两个阶段实现的。编译过程首先将源代码编译成一种称为目标代码的中间代码。为了提高编译效率，编译器会分别编译源代码和第三方代码模块，生成多个中间代码文件。目标代码中所引用的标准库函数或者其他第三方库暂时空缺。编译的第二个阶段叫作链接。链接是编译生成的目标代码彼此相连接，并添加相应的系统标准启动代码和库代码，然后组合生成最终的可执行程序。

1.4　程序设计的一般过程

程序设计的主要目的是应用计算机的软硬件功能解决实际的问题。在进行程序设计中，程序员需要按照一定的规则和步骤，系统化地对程序的功能和目的进行分析与设计，并且在此基础上进行编码和调试。最后程序开发中还应当充分考虑到软件生命周期内的维护、升级等方面的需求。

一般情况下，应用 C 语言进行程序设计的基本过程包含 3 个阶段——程序功能分析和设计阶段、编码和调试阶段以及最后的检测维护阶段。具体可以划分为 7 个步骤。

（1）定义程序的目标。分析实现该目标的基本方法，必要时在目标分析阶段可以使用日常语言进行一些基本过程的描述。

（2）设计程序。在完成目标分析之后进行进一步的细化工作，例如，确定程序中需要的数据类型，优化具体算法等。这个阶段的工作也可以用日常语言或者流程图的形式进行描述。

（3）编写代码。利用文本编辑器，按照C语言的语法规则进行代码的编写，该阶段需要注意C语言的代码规范。

（4）编译。作为一门编译型程序设计语言，C语言需要调用编译器将C语言的源代码文件编译成可执行程序，随后才能运行和调试程序，进一步判断程序结果的正确性。

（5）运行程序。检测可执行程序是否能够在目标系统上正确运行。

（6）检测和调试程序。检测程序是否能够获得正确的运算结果。通常情况下，检测过程需要反复地进行测试，尤其是对一些特殊数据（如不太常用的非常大的数据）进行检测。

（7）维护和修改代码。该阶段主要对代码修正错误，增强可读性，添加注释，描述设计思路等，为今后的软件升级和维护做好准备。

1.5 C语言程序设计中的集成开发环境

进行C语言的程序开发只需要文本编辑器和C语言编译器两个最基本的开发工具。但为了提高开发效率，很多大型软件公司和开源社区都推出了集成开发环境（Integrated Development Environment，IDE）。除包含编译器和文本编辑器的基本功能外，集成开发环境还配备了辅助开发工具和调试工具，如代码的彩色高亮显示、语法错误提示、快速编译、调试等功能，能够大幅提高程序员的工作效率。常见的集成开发环境有微软公司推出的Visual Studio套件、苹果公司的XCode开发套件等。在学习C语言程序设计的过程中，选择合适的IDE能更好地促进学习。

1.6 复习题

1. 对于编程而言，可移植性意味着什么?

分析与解答:

计算机系统的硬件系统在指令系统和编码格式上有很大差异，开发的可执行应用程序无法在所有平台上运行。为了保证开发的程序能够兼容其他平台，针对相应的目标平台，需要将高级程序设计语言的源代码文件进行修改和再次编译。这样才能够生成目标系统的适配可执行应用程序。程序设计语言的可移植性就是指通过编译器，将源代码编译、生成对应目标系统的可执行程序。C语言历史悠久，在多种软硬件平台上都有广泛的支持，C99、C11语言规范也能够很好地向下兼容。因此，应用C语言进行程序开发，略加修改C语言源代码，就可以编译、生成多种目标系统的应用程序。

2. 源代码文件、目标代码文件和可执行文件有什么区别?

分析与解答:

源代码文件是指由高级程序语言编写的指令文件。源代码文件是符合高级程序设计语言规范的高级指令系统，因此不能直接被计算机系统识别和运行，而需要通过编译器，将源代码文件编译、生成计算机能够直接识别和运行的机器语言的指令码。这种机器语言的指令码系统组成的文件能够直接被计算机系统识别和执行，因此通常也称为**可执行文件**。

在C语言程序设计中，程序员使用的外部库函数无法通过一次编译操作就生成完整的可执行文件。在代码编译过程中首先将源代码编译成一种叫作目标代码的中间代码文件。目标代码中部分标准库函数的代码部分临时空缺。在链接阶段为目标代码文件添加对应的系统标准启动代码和库代码，组合、生成最终的可执行文件。

3. 编程的7个主要步骤是什么?

分析与解答:

程序设计的主要目的是解决实际的应用问题，在编程过程中应当尤其重视目标分析和设计阶段，这样才能为后续的编码调试工作打下坚实的基础。一般情况下应用C语言编程主要有以下7个主要步骤。

（1）**定义程序的目标**。分析实现该目标的基本的方法，必要时在目标分析阶段可以使用日常语言进行一些基本过程的描述。

（2）**设计程序**。在完成目标分析之后进行进一步的细化工作，例如，设计程序中需要的数据类型、具体的计算方法等，这个阶段的工作也可以用日常语言或者流程图的形式进行描述。

（3）**编写代码**。利用文本编辑器，按照C语言的语法规则进行代码的编写，该阶段需要注意C语言的代码规范。

（4）**编译**。利用编译器，将前一阶段的源代码编译成可执行程序。

（5）**运行程序**。检测可执行程序是否能够在目标系统上正确运行。

（6）**检测和调试程序**。检测程序是否能够获得正确的运算结果。通常情况下，检测过程需要反复地进行测试，尤其是对一些特殊数据（如不太常用的非常大的数据）进行检测。

（7）**维护和修改代码**。对代码修正错误、增强可读性，添加注释，描述设计思路等，方便今后的升级和维护。

4. 编译器的任务是什么?

分析与解答:

对于编译型的高级程序设计语言，通常所说的编译是指将以高级程序设计语言编写的源代码，转换成目标平台的机器语言代码的过程。对于C语言或其他部分语言，编译器的编译工作一般分为两个步骤——编译和链接。其中编译是将源代码转换成目标代码的过程。目标代码文件不是一个完整的可执行文件，其中还缺少库代码和启动代码。目标代码文件必须通过链接器将中间代码和其他运行库代码合并才能形成目标平台的可执行文件。

5. 链接器的任务是什么?

分析与解答:

如复习题4所述，链接器的主要工作是将编译器形成的中间代码、编译系统原有的系统库代码和其他一些第三方代码合并、形成目标平台的可执行文件。通过编译器和链接器的分步编译，首先能够尽量提高代码的可重用性和代码的可移植性。其次，也能够提高编译效率。

原有系统库代码可以不编译，部分无修改的代码也可以直接使用原有的目标文件，直接通过高效率的链接形成可执行文件。

1.7　编程练习

1．你刚被 MacroMuscle 有限公司聘用，该公司准备进入欧洲市场，需要一个把英寸转换成厘米（1in=2.54cm）的程序。该程序需要提示用户输入英寸值。你的任务是定义程序目标和设计程序（编程的第 1 步和第 2 步）。

分析与解答：

该题目主要考察应用 C 语言进行程序设计和软件开发的基本过程。当接到一个编程任务时，首先需要分析项目的主要目标，即实现一个英寸到厘米的转换工作。其中程序的主要操作流程如下。

（1）用户通过键盘输入需要转换的英寸数值，例如，4.3in。

（2）程序通过读取用户的键盘输入，获取 4.3in 的数据。

（3）程序通过 1in=2.54cm 的转换公式，将英寸转换成厘米。

（4）计算机将转换得到的结果反馈给用户。

（5）程序结束或者等待用户的下一次转换输入。

通过以上对程序核心功能的分析，以及程序运行流程的口语化描述，将会有利于后续的程序编写以及功能测试、分析。因此，在实际的程序开发过程中从用户的需求出发，对程序总体功能目标的分析，以及具体功能实现的细节分析是非常必要和非常重要的一个环节。

第2章 C语言概述

本章知识点总结

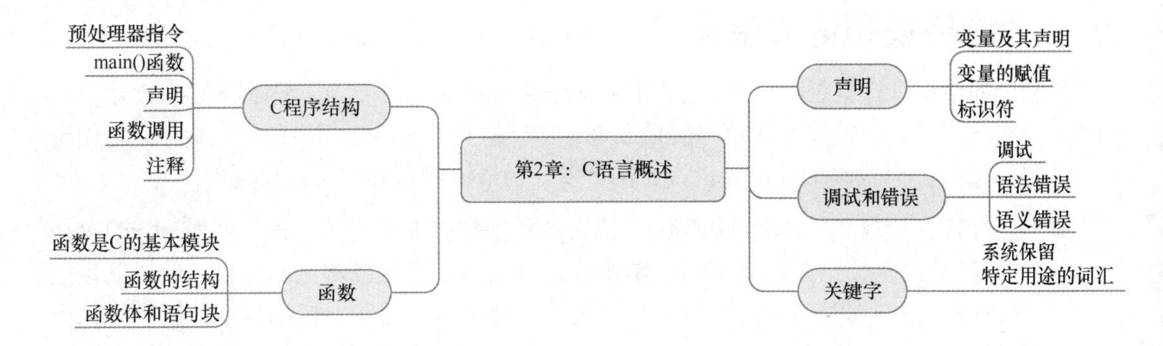

2.1 C程序的基本结构

C 程序的源代码文件由多行符合语法规范的 C 语言的指令代码组成。源代码中的指令通过编译器的编译最终能够生成计算机可以运行的程序。典型的 C 语言的源代码文件一般由预处理器指令、main()函数以及其他各种 C 语言的语句组成。

预处理器指令中的#include <>表示对头文件的引用。头文件内一般包含编译器创建可执行程序时要用的信息，例如，各种系统标准函数库信息、预定义常量及其他预编译代码信息。C 语言在编译源代码时会提前对这些代码进行相关处理，因此也称为预处理。

函数是 C 程序中的基本模块。这个模块主要用于提高开发效率，实现可重用的代码。这些函数具备特定的功能，并且能够被程序员在编程过程中重复调用。例如，程序设计过程中经常使用的 printf()就是一个系统预定义的实现打印功能的函数，当程序设计中需要使用打印功能时，只需要简单地调用该函数就可以实现打印功能，从而避免了再次设计和实现系统的打印功能。

main()函数是整个可执行程序的入口。其基本的格式和函数的名字是固定的，例如，int main() {}。其中 main 是函数的名字；int 类型表示函数的返回值类型；函数名后的圆括号表示参数列表；花括号表示 main 函数的功能代码块。

2.2 变量、声明和语句

变量是 C 语言中用于表示存储在内存中的特定数据单元，在给变量命名时应当使用一些有意义的名称，这种针对变量或者其他数据实体的名称也叫标识符。C 语言中的标识符可以使用大小写字母、数字和下划线的组合来表示，且第一个字符必须是字母或者下划线。C 语言中在使用变量之前必须先进行变量及类型的声明，例如：

```
int i;
```

表示声明了一个变量 i，其存储的数据类型是整型。int 是 C 语言保留的关键字，有特定的含义和用途，用户不能将关键字作为标识符使用。

语句是程序设计中表达具体含义的最小单位，通常使用分号作为结尾。例如，声明语句、赋值语句等，都表示一个明确的操作指令。C 程序中除了关键字和用户自定义的标识符外，还有系统预定的运算符和一些特殊符号。例如，+、−、*、/是表示加减乘除的运算符；()、[]、{}是表示特定语法含义的括号，并且总应当成对出现，其中花括号是表示组合多条语句形成整体的语句块功能。

2.3 语法错误和语义错误

对程序的错误进行检查和修改是程序设计中非常重要的一个步骤。编译器在对 C 语言的源代码进行编译时，会首先对源代码的指令进行错误检查，并给出相应的错误提示，以便于程序员进行修改。原代码中存在的错误通常可以分为语法错误和语义错误两种。

- 语法错误：编程中代码没有遵循 C 语言的语法规范而造成的错误，例如，标识符命名不符合规范、错误的类型赋值操作等。语法错误是比较常见的错误，编译器也能够较好地识别这类错误，并且在编译过程中给出错误提示，错误提示一般会标识出存在错误的语句所在的行号。
- 语义错误：在很多时候也称为逻辑错误，存在这一类错误的语句在语法上是正确的，但是其表达的含义和逻辑关系存在错误。例如，“一年有 366 天”这句话在语法上是正确的，但是在逻辑上存在错误。因此，编译器基本上很难检查出语义错误，在根据程序的功能目标设计完程序后，需进行程序测试以发现这种错误。

2.4 复习题

1. C 语言的基本模块是什么？

分析与解答：

C 语言的基本模块是函数。函数是能够实现特定功能的语句块，当用户按照函数的特定格式完成这个基本模块后，可以在后续开发中重复使用这个功能模块，从而提高开发效率。

2. 什么是语法错误？给出一个中文例子和 C 语言例子。

分析与解答：

语法错误是指程序设计中的语句不符合 C 语言的语法规范而引起的错误。语法错误是不符合语法规范的，因此编译器能够进行语法检查，识别大部分语法错误。

- 中文例子：“今天星期一是”（正确的写法是“今天是星期一”）这句话有明显的语法错误，宾语和谓语位置错误，不符合中文的语法规范。
- C 语言例子：`printf('Hello, world!'):`（正确的写法是 `printf("Hello, world!");`）。其中语法错误有两项。首先，双引号误写为单引号；其次，分号误写为冒号。

3．什么是语义错误？给出一个中文例子和 C 语言例子。

分析与解答：

语义错误也称为逻辑错误，主要是指程序设计中的语句在语法上正确，但是在功能和逻辑含义的表达上存在错误，从而引起程序的功能或者结果出现错误。

■ 中文例子："闰年有 365 天"（正确的写法是"闰年有 366 天"），这句话在语法上是正确的，但是在表达的含义上是错误的。

■ C 语言例子：`"while(i = 1){}"`（正确的写法是`"while(i ==1){}"`）。这条语句的错误在于把赋值表达式当作循环的条件判断，这个表达式的值为 1，因此，循环将不会停止。

4．Indiana Sloth 编写了下面的程序，并征求你的意见，请帮助他评定。

```
include studio.h
int main{void}/* 该程序打印一年有多少周/*
(
int s
s :=56;
printf(There are s weeks in a year.);
return 0;
```

分析与解答：

■ C 语言的预编译指令需要以#开头，头文件的文件名需要放在一对"< >"之间；标准输入/输出头文件拼写错误，应为#include <stdio.h>。

■ main 函数的函数名后应当使用一对圆括号，而不应该使用花括号，圆括号内是函数参数，如果没有参数，可以写 void。

■ 注释表示一对"/*注释语句*/"。

■ main()函数的函数主体应当位于一对花括号"{ }"之间，这里误写作"("。

■ C 语言的语句需要以分号结尾。原意是声明整型变量 `int s`，结尾丢失了分号。

■ `s:= 56;`语句原意是对 s 赋值，C 语言中的赋值运算符是单个等号"="。

■ `s:= 56;`语义错误，一年应当有 52 周，并非 56 周。

■ `printf("There are %d weeks in a year.",s);` 语句中 printf()函数对字符串的引用需要添加双引号，要打印整型变量 s 的值，应当使用%d。

■ main()函数的函数主体应当位于一对花括号之间，这里少了右花括号。

完整代码如下。

```
/*
第 2 章的复习题 4
*/
#include <stdio.h>

int main(void) /* 该程序打印一年有多少周*/
{
    int s;
```

```
    s = 52;
    printf("There are %d weeks in a year.",s);
    return 0;
}
```

5. 假设下面的 4 个例子都是完整程序中的一部分，它们分别输出什么结果?

a．printf("Baa Baa Black Sheep.");

printf("Have you any wool?\n");

b．printf("Begone!\nO Creature of lard!\n");

c．printf("What?\nNo/nfish?\n");

d．int num;

num = 2;

printf("%d + %d = %d",num,num,num+num);

分析与解答:

a．语句输出：

```
Baa Baa Black Sheep.Have you any wool?
```

第二条打印语句的最后（即问号后）有换行符。

b．语句输出：

```
Begone!
O Creature of lard!
```

打印语句有两个换行符。

c．语句输出：

```
What?
No/nfish?
```

打印语句有两个换行符，其中/n 不是换行符，将原样打印。

d．语句输出：

```
2+2=4
```

该例子中共有三条语句，第一条语句定义了变量 num，第二条语句将该变量赋值为 2；第三条语句是 printf()打印语句，其中圆括号中的 3 个%d 将使用后面的 3 个变量的值进行顺序替换。因此，前两个%d 被变量 num 替换后打印“2+2=”，第 3 个%d 使用 num+num 的值（该值在 printf 函数内计算出结果）进行替换，最后打印“2+2=4”。

6. 在 main、int、function、char、=中，哪些是 C 语言的关键字?

分析与解答:

C 语言的关键字是 int 和 char，其中 int 表示整型数据，char 表示字符类型，main 是主函数的函数名，并不是关键字，但是由于主函数使用了该函数名，因此程序设计中不能使用该标识符，否则会产生标识符冲突；= 是运算符，表示赋值；function 是未定义的标识符，程序设计中可以使用该标识符。

7. 如何以下面的格式输出变量 words 和 lines 的值（这里，3020 和 350 代表两个变量的值）。

```
There were 3020 words and 350 lines.
```

分析与解答：

根据输出形式，可以判断 words 和 lines 两个变量的数据类型是整型。因此，printf ()函数中使用%d 转换说明打印。其中字符串用双引号，字符串和两个变量分别用逗号隔开。语句如下。

```
int words = 3020;
int lines = 350;
printf("There were %d  words and %d lines.",words,lines);
```

8. 考虑下面的程序。

```
#include <stdio.h>
int main(){
    int a,b;
    a = 5;
    b = 2; /*第 7 行*/
    b = a; /*第 8 行*/
    a = b; /*第 9 行*/
    printf("%d   %d\n",b,a);
    return 0;
}
```

请问，在执行完第 7 行、第 8 行、第 9 行后，程序的状态分别是什么？

分析与解答：

程序主要功能是给变量赋值。

第 7 行代码表示对整型变量 b 进行赋值操作，该语句执行之后变量 b 的值为 2；a 的值为 5。

第 8 行代码再次对整型变量 b 进行赋值操作，该语句执行之后变量 b 的值为从原先的 2，修改为变量 a 的值，即 5。a 的值为 5。

第 9 行代码对整型变量 a 进行赋值操作，该语句执行之后变量 a 的值为从原先的 5，修改为变量 b 的值，依然是 5。b 的值为 5。

9. 考虑下面的程序。

```
#include <stdio.h>
int main(void){
int  x,y;
x = 10;
y = 5; /*第 7 行*/
y = x + y; /*第 8 行*/
x = x*y; /*第 9 行*/
printf("%d   %d\n",x,y);
return 0;
}
```

请问，在执行完第 7 行、第 8 行、第 9 行后，程序的状态分别是什么？

分析与解答：

第 7 行代码对整型变量 y 进行赋值操作，该语句执行之后变量 y 的值为 5。

第 8 行代码首先运算赋值运算符右侧的加法运算，得到 x+y 的运算结果，即 15，然后进行赋值操作，赋值完成后变量 y 的值为 15。

第 9 行代码首先运算赋值运算符右侧的乘法运算，得到 x*y 的值，即 150，然后赋值操作，赋值完成后变量 x 的值为 150。

2.5　编程练习

1．编写一个程序，调用一次 printf()函数。把你的名和姓打印在一行。再调用一次 printf()函数，把你的名和姓分别打印在两行。然后，再调用两次 printf()函数，把你的名和姓打印在一行。输出应如下所示（当然，要把示例的内容换成你的名字）。

```
Gustav Mahler          <-第 1 次打印的内容
Gustav                 <-第 2 次打印的内容
Mahler                 <-仍是第 2 次打印的内容
Gustav Mahler          <-第 3 次和第 4 次打印的内容
```

编程分析：

题目要求程序分别按要求打印名和姓，需要注意 printf()函数在打印姓名时是否需要添加换行符。依据题目的打印要求，在第 1 个 printf()函数末尾打印换行符；在第 2 个 printf()函数中间打印换行符；第 3 个 printf()函数不打印换行符；第 4 个 printf()函数打印换行符，这样才能实现题目要求的功能。完整代码如下。

```c
/*
第 2 章的编程练习 1
*/
#include <stdio.h>
#define NAME "Gustav"
#define SURNAME "Mahler"
/*
可以自定义自己的姓和名
*/
int main(void) {

     printf("%s %s\n",NAME,SURNAME);
     printf("%s\n%s\n",NAME,SURNAME);
     printf("%s ",NAME);
     printf("%s\n",SURNAME);

     return 0;
}
```

2．编写一个程序，打印你的姓名和地址。

编程分析：

程序要求打印姓名和地址，因此可以通过调用 printf()函数实现这个功能。姓名和地址可以使用预编译指令定义，这样可以简化程序中函数的调用方式。完整代码如下。

```
/*
第 2 章的编程练习 2
*/
#include <stdio.h>
#define NAME "Stephen Prata"
#define ADDRESS "No.11 Chengshou Street, Fengtai District, Beijing"
/*
    姓名、地址分别用预编译指令定义
*/
int main(void) {

    printf("%s\n",NAME);
    /* 打印姓名 */
    printf("%s\n",ADDRESS);
    /* 打印地址 */
    return 0;
}
```

3．编写一个程序，把你的年龄转换成天数，并显示年龄和天数。这里不用考虑闰年的问题。

编程分析：

程序要求实现的功能是将年龄转换成天数。针对指定的年龄，一年按 365 天计算，可以使用乘法计算和转换。可以使用预编译指令定义一年的天数。完整代码如下。

```
/*
第 2 章的编程练习 3
*/
#include <stdio.h>
#define DAYS_PER_YEAR 365
/* 利用预编译指令指定一年的天数*/

int main() {
   int age,days;
   age = 31;
   /* 假设有 31 岁，后面将 31 岁转换成天数*/
   days = age*DAYS_PER_YEAR;
   printf("Your age is %d, and It is %d days. \n",age,days);

   return 0;
}
```

4．编写一个程序，生成以下输出。

```
For he's a jolly good fellow!
For he's a jolly good fellow!
For he's a jolly good fellow!
Which nobody can deny!
```

除 main()函数外，该程序还要调用两个自定义函数：一个名为 jolly()，用于打印前 3 条消息，调用一次打印一条；另一个函数名为 deny()，打印最后一条消息。

编程分析：

程序的功能是通过两个函数 jolly()和 deny()，分别打印 4 条消息，其中前 3 条消息是调用 jolly()函数 3 次打印的，最后一条消息是调用 deny()函数打印的。即 jolly()函数只打印一条"For he's a jolly good fellow!"，deny()函数只打印" Which nobody can deny!"。完整代码如下。

```
/*
第 2 章的编程练习 4
*/
#include <stdio.h>

int jolly(void);
int deny(void);
/* 函数声明 */
int main(void) {
    jolly();
    jolly();
    jolly();
    deny();
/* 函数调用 */
    return 0;
}
int jolly(void){
/* 函数定义 */
    printf("For he's a jolly good fellow!\n");
    return 0;
}
int deny(void){
/* 函数定义 */
    printf("Which nobody can deny!\n");
    return 0;
}
```

5．编写一个程序，生成以下输出。

```
Brazil, Russia, India, China
India, China,
Brazil, Russia
```

除 main()函数外，该程序还要调用两个自定义函数：一个名为 br()，调用一次打印一次"Brazil, Russia"；另一个名为 ic()，调用一次打印一次"India, China"。其他功能在 main()函数中实现。

编程分析：

程序的功能是通过调用 br()函数和 ic()函数打印指定内容。其中 br()函数打印"Brazil, Russia"；ic()函数打印"India, China"。输出结果中的换行符和逗号通过在 main()函数内调用 printf()函数实现。完整代码如下。

```
/*
第 2 章的编程练习 5
*/
#include <stdio.h>
```

```
int br(void);
int ic(void);
/* 函数声明 */
int main(void) {
    br();
    /* 函数调用 */
    printf(", ");
    ic();
    printf("\n");
    ic();
    printf(", \n");
    br();
    printf("\n");
    return 0;
}
int br(void){
    /* 函数定义 */
    printf("Brazil, Russia");
    return 0;
}
int ic(void){
    /* 函数定义 */
    printf("India, China");
    return 0;
}
```

6. 编写一个程序，创建一个整型变量 toes，并将 toes 设置为 10，程序中还要计算 toes 的两倍和 toes 的平方。该程序应打印 3 个值，并分别描述以示区别。

编程分析：

程序的功能是分别计算并打印一个变量、变量的 2 倍和变量的平方。C 语言中的变量应当先声明再使用。在使用 printf()函数打印时可以直接使用乘法算式，也可以先计算结果，并保存在变量中，然后再打印。

```
/*
第 2 章的编程练习 6
*/
#include <stdio.h>
int main(void) {
    int toes;
    toes = 10;
    /* 定义整型变量 toes，并初始化为 10*/
    printf("The Variable toes = %d.\n",toes);
    printf("double toes = %d.\n",2*toes);
    /* 计算并打印 toes 的两倍，也可以先计算再打印，例如，
     * int d_toes = 2*toes;
     * printf("double toes = %d.\n",d_toes);
     * 但最好不要写成：
     * toes = 2*toes;
     * 这样会修改 toes 的值，并影响到 toes 的平方的计算
     * */
    printf("toes' square = %d.\n",toes*toes);
```

```
    /*计算并打印 toes 的平方
     * */
    return 0;
}
```

7．许多研究表明，微笑益处多多。编写一个程序，生成以下格式的输出。

```
Smile!Smile!Smile!
Smile!Smile!
Smile!
```

该程序要定义一个函数，调用该函数一次打印一次"Smile!"，根据程序的需要使用该函数。

编程分析：

程序功能是实现指定格式的打印，考虑到函数调用一次只能打印一个"Smile!"，输出格式中一行内的"Smile!"个数不相同，因此换行需要在 main()函数中单独控制。完整代码如下。

```
/*
第 2 章的编程练习 7
*/
int smile(void);
#include <stdio.h>
int main(void) {
    smile();smile();smile();
    printf("\n");
    /* 打印第 1 行 , 3 个"Smile!"*/
    smile();smile();
    printf("\n");
    /* 打印第 2 行, 2 个"Smile!"*/
    smile();
    /* 打印第 3 行, 1 个"Smile!"*/
    return 0;
}
int smile(void){
    printf("Smile!");
    return 0;
}
```

8．在 C 语言中，一个函数可以调用另一个函数。编写一个程序，用于调用一个名为 one_three()函数，该函数在一行打印“One”，再调用另一个函数 two()，然后在另一行打印单词“three”。two()函数在一行显示单词“two”。main()函数在调用 one_three()函数前要打印短语“Staring now：”，并在调用完毕后显示短语“Done!”。因此，该程序的输出应如下所示。

```
Starting now:
one
two
three
Done!
```

编程分析：

除 main()函数之外，程序内还有两个函数——one_three()和 two()。two()函数只打印单词"two"，one_three()函数内通过调用 two()函数，打印 one、two、three 这 3 个单词。其他部分是在 main()函数内实现。完整代码如下。

```
/*
第 2 章的编程练习 8
*/
#include <stdio.h>


int one_three(void);
int two(void);
/* 两个函数的声明*/
int main(void) {
    printf("Starting now:\n");
    one_three();
    printf("Done!\n");
    return 0;
}
int one_three(void){
    printf("one\n");
    two();
    /* 调用 two()函数*/
    printf("three\n");
    return 0;
}
int two(void){
    printf("two\n");
    return 0;
}
```

第3章 数据和C

本章知识点总结

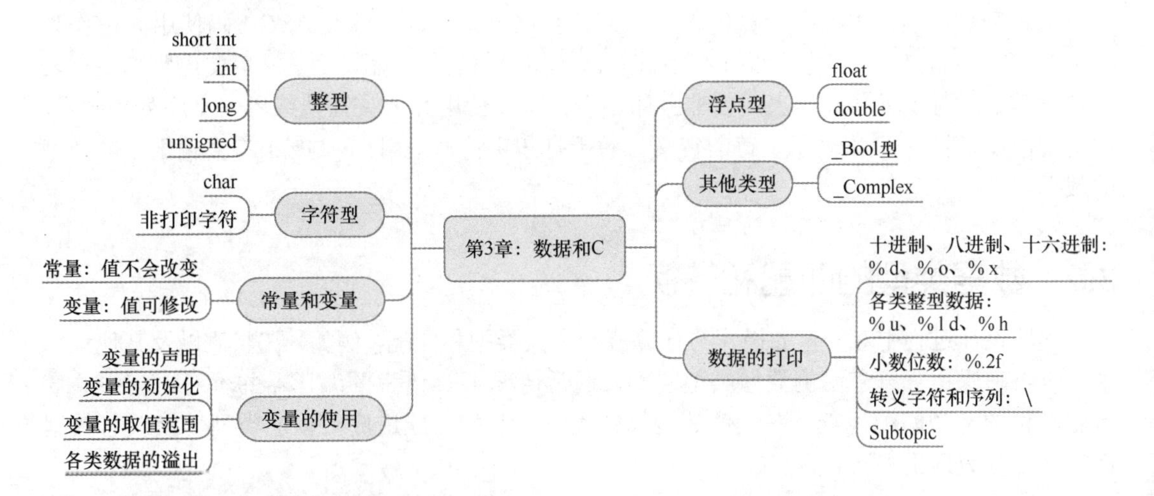

3.1 数据类型、常量和变量

计算机底层是通过二进制进行数据存取的，例如，二进制数据“0100 0001”既可以表示十进制数据 65，也可以表示字符‘A’。因此在程序设计过程中需要明确每一个数据的具体类型，才能正确地开展运算。C 语言中的基本数据类型有整型、浮点型、字符型。C 语言中数值不会改变的数据类型也称为数据常量。数值可以通过赋值语句修改的数据类型称为数据变量。为了便于记忆和编码，C 语言通常使用标识符来表示变量的名字。另外，在声明变量名时还需要指定变量的数据类型，例如，`int sum;`语句就是一个声明，标识了变量的名字和变量的类型。

3.2 C 语言中的整数

C 语言中的整型数据和数学中的整数类型基本类似，整数不包括分数和小数。C 语言中的整数类型用 int 表示，目前一个整型数据用 32 位二进制数表示，因此其取值范围值是-2^{31}～$2^{31}-1$，使用中不能超过其取值范围。除 int 类型之外，整型数据还包括短整型、长整型、无符号整型（unsigned int）等多种类型。编程过程中应当依据具体情况选择合适的类型。

3.3 C 语言中的浮点数

C 语言中的浮点类型类似于数学中的实数类型，浮点型常量数据在程序设计中通常需要显式地表示小数点部分，或者采用指数记数法。例如，1 和 1.0 分别表示整型与浮点型数据，但 3e16 可以明确表示一个浮点型数据。浮点类型有 float、double 和 long double 类型。浮点型数据在计算机中不是精确数值，而是存在一定的有效位数。C 语言规定 float 类型数据有 6 位有效数字，double 类型数据有 10 位有效数字。因此浮点数运算过程中会产生浮点数的舍入错误。浮点型数据计算过程中可能产生上溢或者下溢，其中上溢表示数据无穷大（inf 表示），下溢则表示计算过程中损失了末尾的有效数字。

3.4　C 语言中的字符类型

简单来看，字符类型在计算机内部和整数存储方式相同，标准 ASCII 码使用 8 位作为一个字符的存储单元。在程序设计中字符的常量使用单引号表示，尽量避免使用整型数据表示字符常量。对于 ASCII 码表中的非打印字符，可以使用其 ASCII 值或者转义序列来表示，通常使用反斜杠“\”来表示字符的转义。对于打印字符，采用%c 与%d 将会输出不同类型的数据。

3.5　数据类型的匹配和转换

程序设计过程中对变量的操作与计算应当和其类型相匹配。例如，在赋值以及其他运算中，应当确保运算符号两侧数据类型匹配。通常情况下 C 语言的编译器并不对语句中的变量做严格的类型匹配检查，在赋值等运算中类型不匹配可能造成数据的类型转换或者数据截断（部分数据丢失）。

3.6　复习题

1．指出下面各种数据使用的合适数据类型（有些可以使用多种数据类型）：

a．East Simpleton 的人口；

b．DVD 的价格；

c．本章出现次数最多的字母；

d．本章出现次数最多的字母的次数。

分析与解答：

对于本章介绍的 3 种基本数据类型——字符型、整型、浮点型，需要首先掌握三者的区别。其次需要掌握整型和浮点型数据的多种子类型的使用方法。

a．East Simpletion 的人口是一个整数，考虑到人口规模，应当使用 32 位的 int 类型表示。此外，也可以使用无符号整型数据，不建议使用 16 位数据进行表示，否则将会产生溢出。

b．DVD 的价格通常情况下是有小数部分的，因此不能使用整型。考虑到实际的数据精度，使用 double 类型数据会产生浪费，使用 float 类型比较合适。

c．本章出现次数最多的字母，一般使用字符型来表示，注意，字符常量用单引号表示。

d．本章出现次数最多的字母的次数是一个整数，因此，使用 int 类型或者其他无符号整型数据都可以表示。

2．在什么情况下要用 long 类型的变量代替 int 类型的变量？

分析与解答：

int 和 long 都表示整型数据，两者的差异在与数据存储位数，通常在 32 位系统下 int 型数据是 32 位，long 类型的数据是 64 位，因此在需要表示较大整数时选择使用 long 类型。

3．使用哪些可移植的数据类型可以获得 32 位有符号整数？选择的理由是什么？

分析与解答：

由于 C 语言中数据类型实际所占存储位数和精度和具体平台相关，C 语言的规范并没有强制和详细的规定，因此 C 语言程序在移植过程中可能会出现不同平台数据类型不兼容的状况。为了解决这个问题，C 语言在可移植类型 stdint.h 和 inttypes.h 中规定了精确宽度整数类型，以确保 C 语言的类型在各系统内功能相同。为了获得 32 位有符号整数，可以使用 int32_t 作为标准 32 位整型数据，使用 int_least32_t 获得至少 32 位整型数据，int_fast32_t 获得 32 整型数据的最快计算速度。

4．指出下列常量的类型和含义：

a．'\b'；

b．1066；

c．99.44；

d．0XAA；

e．2.0e30。

分析与解答：

a．'\b'，单引号表示字符类型常量，'\'表示转义，'\b'表示退格；

b．1066 是一个 int 型数据常量；

c．99.44 表示双精度浮点型数据常量；

d．0xAA 表示十六进制 unsigned int 类型数据常量，对于八进制和十六进制整型数据，系统优先解释为无符号类型；

e．2.0e30 表示双精度浮点类数据常量。从数据格式看，2.0e30 并未超出 float 类型的最大值限制，但是编译器通常将浮点型常量统一为 64 位 double 类型。

5．Dottie Cawm 编写了一个程序，请找出程序中的错误。

```
include <stdio.h>
main(
float g;h;
float tax,rate;
g = e21;
tax = rate*g;
)
```

分析与解答：

由源代码可以分析 Dottie Cawm 设计这个程序的主要目的是计算个人工资、税费。程序存在语法错误和语义错误，并不能正确计算出实际需要的结果。语法错误如下。

- 预编译指令缺少#号标识，正确写法是#include<stdio.h>。
- main 函数缺少返回值和参数列表，参数列表以圆括号表示，无参数时应该写 void。正确写法是 int main(void)。
- main()函数的函数体应该用花括号表示，程序误用了圆括号。
- 变量声明错误，相同数据类型的变量在一起声明时，中间应该以逗号隔开，语句末尾使用分号。正确写法是 `float g, h;`。
- `g=e21` 中的指数计数法错误，e 前应有数值，例如 1.0e21。
- 程序末尾应该使用 return 语句，且花括号应配对使用。

语义错误如下。

- 表示税率的变量 rate 未初始化，因此计算 tax 时会出现错误，部分编译器会默认初始化为 0。
- 计算税费后应加上所交税费，所得结果才是用户实际支出金额（如果是收入金额，则应该减去所交税费）。
- 计算完成后并未告知用户实际情况，需要添加 printf()语句，实现较好的程序交互。

修改后的正确代码如下。

```
/*
第 3 章的复习题 5
*/

#include <stdio.h>
int main(void) {
    float g, h;
    float tax, rate;

    g = 1e21;
    rate = 0.08;
    tax = rate * g;
    h = g + tax;
    printf("You owe $%f plus $%f in taxes for a total of $%f.\n",g,tax,h);
    return 0;
}
```

6．写出下列常量在声明中使用的数据类型和在 printf()中对应的转换说明。

分析与解答：

答案如下表所示，需要注意以下几点。

- 浮点型常量默认均为 double 类型，除非以 6.0f 的形式显式表示 float 类型的数据。

■ '\040'是以八进制表示的字符型数据，'\'表示转义。

■ 八进制和十六进制常量通常优先选择 unsigned int 类型，而不是 int 类型。当八进制和十六进制数据需要显示前面的 0 时，要使用%#X 转换说明符。为了显示大写 X，转换说明中也需要使用大写 X。

■ 0x5.b6p12 是浮点类型数据的 p 记数法。

常量	类型	转换说明符（%转换字符）
12	int	%d
0X3	unsigned int	%#X
'C'	char	%c
2.34E07	double	%e
'\040'	char	%c
7.0	double	%f
6L	long	%ld
6.0f	float	%f
0x5.b6p12	float	%a

7．写出下列常量在声明中使用的数据类型和在 printf()中对应的转换说明（假设 int 为 16 位）。

分析与解答：

答案如下表所示，需要注意以下几点。

■ 012 中以 0 开头表示八进制数据，八进制和十六进制常量通常优先选择 unsigned int 类型，因此使用转换说明符%#o。同理，unsigned int 类型数据 0x44 需要使用%#x。

■ 2.9e05 默认是 double 类型浮点数，其后的 L 表示其为 long double 类型。

■ 100000 超过了 int 类型的最大值（$2^{15}-1$），因此自动转换为 long 类型。

常量	类型	转换说明符（%转换字符）
012	unsigned int	%#o
2.9e05L	long double	%Le
's'	char	%c
100000	long	%ld
'\n'	char	%c
20.0f	float	%f
0x44	unsigned int	%#x
-40	int	%d

8．假设程序的开头有以下声明。

```
int imate  = 2;
long shot = 53456
char grade = 'A'
float log = 2.71828
```

把下面的 printf()语句中的转换字符补充完整。

```
printf("The odds against the %__ were %__ to 1.\n",imate, shot);
printf("A score of %__ is not an %__ grade.\n",log, grade);
```

分析与解答：

题目要求填入 printf()函数的转换说明，4 个变量分别是 int、long、char 和 float 类型。填空结果如下。

```
printf("The odds against the %d  were %ld to 1.\n",imate, shot);
printf("A score of %f is not an %c  grade.\n",log, grade);
```

9．假设 ch 是 char 类型的变量，分别使用转义序列、十进制、八进制字符常量和十六进制字符常量把回车字符赋给 ch（假设使用 ASCII 编码值）。

分析与解答：

从 C 语言的角度看，char 类型本质上也是一种整数类型。程序设计过程中可以使用字符类型的常量对 char 型变量赋值，也可以使用整型数据赋值。因此赋值方式有以下几种。

```
char ch = '\r';  //转义序列形式
char ch = 13; //整数形式
char ch = '\015'; //八进制形式
char ch = '\xd'; // 十六进制
```

10．修正下面的程序（在 C 中，/表示除以）。

```
void main(int) / this program is perfect /
{
      cows,legs,integer;
      printf("How many cows legs did you count?\n);
      scanf("%c",legs);
      cows = legs /4;
      printf("That implies there are %f cows,\n",cows)
}
```

分析与解答：

- 缺少预编译指令，应添加 #include<stdio.h>。
- main()函数参数列表和返回值未按照标准格式书写。
- main()函数后的注释标识错误，应使用"/* */"，或者在注释前面添加双斜杠//。
- 变量声明错误，C 语言中整型数据的标识使用 int，且应当放置在变量之前，应为 `int cows,legs;`。
- `printf("How many cows legs did you count?\n);`语句中缺少右双引号，应修改为`printf("How many cows legs did you count?\n");`。
- `scanf("%c",legs)`中 legs 为整型数据，转换说明符为%d，scanf()读取输入时应使用&legs，正确写法为`scanf("%d",&legs);`。
- `printf("That implies there are %f cows,\n",cows)`语句中整型数据的转换说明符为%d，语句缺少分号，正确写法为`printf("That implies there are %d cows,\n",cows);`。

■ main()函数缺少 return 语句。

修改后的代码如下。

```
/*
第 3 章的复习题 10
*/

#include <stdio.h>
int main(void) /* this program is perfect */
{
    int cows,legs;
    printf("How many cows legs did you count?\n");
    scanf("%d",&legs);
    cows = legs /4;
    printf("That implies there are %d cows,\n",cows);
    return 0;
}
```

11．指出下列转义序列的含义：

a．\n；

b．\\；

c．\"；

d．\t。

分析与解答：

C 语言中 char 类型的数据常量通常使用单引号表示，但是对于 ACSII 码表中的非打印字符则无法直接表示。C 语言可以采用整型数据直接赋值的形式或者转义序列的形式来表示。例如，`char beep = 7;`就是直接使用整型数据赋值形式表示的。转义序列则使用一些特定的符号来表示非打印字符，例如，`char beep = '\a'`，其中反斜杠一般表示转义。答案如下：

■ \n 表示换行符；

■ \\表示转义\；

■ \"表示双引号；

■ \t 表示水平制表符。

3.7 编程练习

1．通过试验（即编写带有此类问题的程序）观察系统如何处理整数上溢、浮点数上溢和浮点数下溢的情况。

编程分析：

由于系统内对数据的存储和操作处理等原因，每一种数据类型都有其最大和最小值限制。实际编程中应当充分考虑自己的程序需求，使用合适的数据类型。如果超过数据的限制，则会发生不可预期的错误，C 语言在 limits.h 和 float.h 头文件里预先定义了常见数据类型的限制。例如，float 类型的最大值就是 FLT_MAX，int 类型的最大值就是 INT_MAX。下面的代码大致展示了越界、精度限制和系统预定义的最值。

```
/*
第 3 章的编程练习 1
*/
#include <stdio.h>
#include <float.h>
#include <limits.h>
int main(void) {
    int big_int = 2147483647;
    /* 有符号整型数据最大值是 2 的 31 次方减 1 */
    float big_float = 3.4e38;
    /* 浮点型数据的最大值一般为 3.4E38 */
    float small_float = 10.0/3;
    /* 浮点型数据的有效位数为 6 位 */
    printf("The big int data is %d\n",big_int+1);
    /* 整型数据最大值加 1，会造成越界，结果为 -2147483648 */
    printf("The big float data is %f\n",big_float*10);
    /* 浮点型最大数据乘 10 造成越界，输出 inf。如果浮点数据只加 1 个
     * 小数据，由于其精确度限制，不会造成越界 */
    printf("The big float data is %f\n",small_float);
    /* 打印 3.333333,精度损失*/
    printf("The MAX float data is %f\n",FLT_MAX);
    /* 打印 340282346638528859811704183484516925440.000000 */
    printf("The MAX int data is %ld\n",INT_MAX);
    /* 打印 2147483647 */
    return 0;
}
```

2．编写一个程序，要求提示输入一个 ASCII 码值（如 66），然后打印输入的字符。

编程分析：

程序要求读取用户输入的整型数据，将该整型数值转换成 ASCII 字符并显示该字符。程序需要用到 scanf()函数和 printf()函数。完整代码如下。

```
/*
第 3 章的编程练习 2
*/
#include <stdio.h>
int main(void) {
    int input;
    printf("Enter a value of char int ASCII:");
    scanf("%d",&input);
    /* 通过 scanf()函数读取用户输入，并存储在 input 变量中*/
    printf("You input value is %d, and char is %c\n",input,input);
    /* 通过转换说明符%d 与%c 打印整型数值和字符*/
    return 0;
}
```

3．编写一个程序，发出一声警报，然后打印下列文本。

```
Starled by the sudden sound, Sally shouted,
"By the Great Pumpkin, what was that!"
```

编程分析：

ASCII 码中表示警报的非打印字符为'\a'，用十进制整数表示是 7。通常建议使用转义序列，避免使用整数赋值。文本打印可以直接使用 printf()函数打印，但是打印过程中需要注意双引号的打印需要使用转义序列'\"'。完整代码如下。

```
/*
第 3 章的编程练习 3
*/
#include <stdio.h>
int main(void) {
    char ch = '\a';
    printf("%c",ch);
    /* 输出字符 '\a' 该字符表示警报，但部分系统可能无法发声*/
    printf("Starled by the sudden sound, Sally shouted, \n");
    printf("\"By the Great Pumpkin, what was that!\"\n");
    return 0;
}
```

4．编写一个程序，读取一个浮点数，先打印小数形式，后打印指数形式。然后，如果系统支持，再打印 p 记数法（即十六进制记数法）。按以下格式输出（实际显示的指数位数因系统而异）。

```
Enter a floating-point value:64.25
fixed-point notation: 64.250000
exponential notation: 6.425000e+01
p notation: 0x1.01p+6
```

编程分析：

程序要求读取用户输入的浮点型数据，并按照不同的输出格式输出。输出格式的指定是通过 printf()函数中的转换说明符实现的。浮点数据的小数形式、指数形式、p 记数法分别使用 %f、%e、%a 表示。完整代码如下。

```
/*
第 3 章的编程练习 4
*/

#include <stdio.h>

int main(void) {
    float input;
    printf("Enter a floating-point value:");
    scanf("%f",&input);
    /* 读取用户的输入，存储至 input 变量中 */
    printf("fixed-point notation: %f \n",input);
    /* 打印普通形式，转换说明符使用 %f */
    printf("exponential notation: %e \n",input);
    /* 打印指数形式，转换说明符使用 %e */
    printf("p notation: %a \n",input);
```

```
    /* 打印 P 记数法形式，转换说明符使用 %a */
    return 0;
}
```

5．一年大约有 3.156×10^7 秒。编写一个程序，提示用户输入年龄，然后显示该年龄对应的秒数。

编程分析：

程序要求读取用户输入的年龄数据，通过计算转换成该年龄对应的秒数，年龄和秒数的大致位数估计，均可以使用 float 类型数据计算和表示。完整代码如下。

```
/*
第 3 章的编程练习 5
*/
#include <stdio.h>
#define SEC_PER_YEAR 3.156e7
/* 通过预编译指令定义每年的秒数*/
int main(void) {
    float second,year;
    /* 由于数值需要，年龄也使用浮点型数据*/
    printf("Enter how many years old you are:");
    scanf("%f",&year);
    /* 读取用户输入的年龄 */
    second = year*SEC_PER_YEAR;
    /* 计算年龄对应的秒数*/
    printf("You are: %.1f years old.\n",year);
    printf("And you are %e seconds old, too.\n",second);
    return 0;
}
```

6．一个水分子的质量约为 3.0×10^{-23} 克。1 夸脱（1 夸脱＝0.000946 立方米）水的质量大约是 950 克。编写一个程序，提示用户输入水的夸脱数，并显示水分子的数量。

编程分析：

程序的目的是计算指定夸脱数的水所含的水分子数量。程序通过 scanf()函数读取用户输入的夸脱数，并按照数量关系进行计算。完整代码如下。

```
/*
第 3 章的编程练习 6
*/

#include <stdio.h>
#define MASS_PER_MOLE 3.0e-23
#define MASS_PER_QUART 950
/* 使用预编译指令定义水分子质量，1 夸脱水的质量 */
int main(void) {
    float quart,quantity;
    printf("Enter how many quart:");
    scanf("%f",&quart);
    /* 读取用户输入的夸脱数 */
    quantity = quart*MASS_PER_QUART/MASS_PER_MOLE;
```

```
    /* 计算水分子数量 */
    printf("There are %e  molecule.\n",quantity);
    return 0;
}
```

7. 1英寸相当于2.54厘米。编写一个程序，提示用户输入身高（单位是英寸），然后以厘米为单位显示身高。

编程分析：

程序目的是实现身高的进制转换。使用scanf()函数读取用户输入的英寸数，并转换成厘米。完整代码如下。

```
/*
第3章的编程练习7
*/

#include <stdio.h>
#define INCH_TO_CM 2.54
/* 英寸到厘米的转换系数 */
int main(void) {
    float inch,cm;
    printf("Enter the inch of your heigh:");
    scanf("%f",&inch);
    cm = inch*INCH_TO_CM;
    /* 将英寸转换成厘米*/
    printf("Hi ,your are %0.2f inch ,or %.2f cm heigh\n",inch,cm);
        /* 打印计算结果*/
    return 0;
}
```

8. 在美国的测量体系中，1品脱（1品脱＝0.4731765立方分米）等于2杯，1杯等于8盎司（1盎司＝29.57353立方厘米），1盎司等于2大汤勺，1大汤勺等于3茶勺。编写一个程序，提示用户输入杯数，并且以品脱、盎司、汤勺、茶勺为单位显示等价容量。思考对于该程序，为何使用浮点型数据比整型数据更合适？

编程分析：

程序的主要目的是将用户输入的杯数，分别转换成其他的计量单位。使用浮点类型主要在于1品脱等于2杯，转换过程会产生半品脱的情况。此外，实际应用中其他计量单位也可能会产生非整数的情况。完整代码如下。

```
/*
第3章的编程练习8
*/

#include <stdio.h>
#define PINT_CUP 2
#define CUP_OUNCE 8
#define OUNCE_SPOON 2
#define SPOON_TEA 3
/* 进制转换的明示常量定义 */
```

```
int main(void) {
    float pint,cup,ounce,spoon,tea_spoon;
    printf("Enter how many cup:");
    scanf("%f",&cup);
    pint = cup/PINT_CUP;
    ounce = cup*CUP_OUNCE;
    spoon = ounce*OUNCE_SPOON;
    tea_spoon = spoon*SPOON_TEA;
    /* 进制转换计算 */
    printf("%.1f cup equals %.1f pint, %.1f ounce, %.1f spoon, %.1f tea_spoon.\n",
        cup,pint,ounce,spoon,tea_spoon);
    /* 进制转换结果打印*/
    return 0;
}
```

第4章

字符串与格式化输入/输出

本章知识点总结

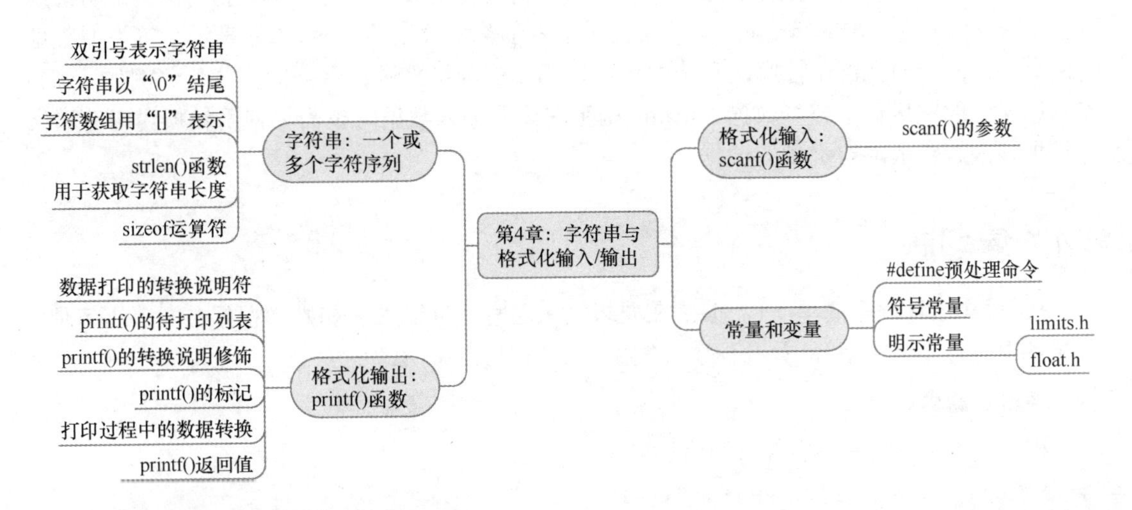

4.1 字符串的概念及操作

字符串是一个或多个字符组成的字符序列，程序设计中通常使用一对双引号表示字符串。C 语言中没有专门用来存储字符串的数据类型，而是通过一个字符数组的形式来表示。所谓数组是类型相同的一组数据顺序排列的一种数据存储形式，因此字符串在 C 语言中就是一组单个字符类型的数据顺序存储形成的数据类型。为了和纯粹的字符区别，字符串以一个空字符（"\0"）结束。

由于字符串在存储形式上的特殊性，其在定义和使用中也有很多需要注意的特性。作为字符串的存储形式，字符数组的长度和字符串的长度并不一定相等，且字符数组的长度必须大于字符串中字符数量。通常使用 strlen()函数来获取字符串内所含字符的数量，但是字符串在字符数组中实际的存储空间还需要再加上字符串结尾的一个空字符。

4.2 常量和变量

程序设计中的常量是指预先设定的并且在程序中不会修改的数据；变量则是在程序运行中会被赋值和修改的数据。C 语言中的常量有值常量、符号常量和明示常量。例如，3.14 这个数值就是数值常量，它在程序运行中不会被修改；`const int MONTH = 12;`则声明了一个符号常量，关键字 const 表示修饰的变量是只读的，不能被再次赋值；在预处理器指令中使用#define 声明的常量是明示常量。明示常量名在编译过程中会被自动替换为值常量，例如，假设有#define TAXRATE 0.015，那么在编译过程中所有的 TAXRATE 都会被替换为 0.015 这个浮点型数值。C 语言的头文件 limits.h 和 float.h 中预定义了一些经常会用到的明示常量。

4.3 输入和输出的格式化

C 语言在数据的输入和输出过程中，会根据数据类型的差异采用不同的数据输入/输出格式。C 语言在输入函数 scanf()与输出函数 printf()中有特定的转换说明符来读取和打印指定类型的数据。转换说明符用于将无特征的二进制数转换成指定的数据类型。转换说明符是以百分号（%）为标志的特定符号，例如，%d 表示整型数据的读写，%c 表示字符类型数据的读写等。printf()函数在转换说明符中还可以添加修饰符来进行数据的格式化，例如，%4d 表示以 4 位的宽度显示整型数据。scanf()函数在读取输入数据时也需要使用转换说明符和修饰符把输入解释成特定类型的数据。

4.4 复习题

1．再次运行程序清单 4.1，但是在要求输入名时，请输入名和姓（根据英文书写习惯，名和姓中间有一个空格），看看程序会发生什么情况。为什么？

分析与解答：

程序清单 4.1 使用的输入名的语句如下。

```
printf("Hi, What's your first name?\n");
scanf("%s",name);
printf("%s, what's your weight in pound?\n",name);
scanf("%f",&weight);
```

C 语言在使用 scanf()函数读取用户输入的字符串时，如果遇到第一个空白（空格、制表符、换行符），就认为完成数据读取工作，后续数据不再写入当前变量，而只保存在输入缓冲区中。因此读取名的 scanf()函数只能够在 name[]中存储第一个无空白的连续单词。在空白之后用户输入的内容仍然会保存在输入缓冲区内，等待下一次 scanf()函数的输入。因此，程序中并没有等待用户输入体重数据，而直接将刚才缓冲区内的姓赋予体重。最终 weight 变量存储的数据为 0.0。

2．假设下列示例都是完整程序的一部分，它们的打印结果分别是什么？

a．printf("He sold the painting for $%2.2f.\n",2.345e2);

b．printf("%c%c%c\n",'H',105,'\41');

c．#define Q "His Hamlet was funny without being vulgar."

printf("%s\nhas %d characters,\n",Q,strlen(Q));

d．printf("Is %2.2e the same as %2.2f?\n",1201.0,1201.0);

分析与解答：

a．输出“He sold the painting for $234.50.”这是浮点数据的格式化输出，%f 表明以十进

制计数法打印浮点数据，因此，会自动将 e 计数法转换成十进制，保留小数点后两位数字。

b．输出“Hi!”。打印语句并分别用字符型、十进制整型和八进制转义方式打印 3 个字符。整型十进制数据 105 对应 ASCII 字符'i'，'\41'中的转义序列表示八进制数据，通常表示八进制时可以写成'\041'，也可以省略 0，直接写成'\41'。

c．输出如下。

```
His Hamlet was funny without being vulgar.
has 42 characters,
```

预编译指令定义了 Q 为字符串“His Hamlet was funny without being vulgar.”，打印时会直接通过转换说明符输出该字符串，strlen(Q)函数计算实参字符串 Q 的长度，即 42，并输出。需要注意的是 strlen()函数并没有计算字符串结尾的'\0'。

d．输出如下。

```
Is 1.20e+03 the same as 1201.00?
```

printf()函数打印两个浮点数，“%e”表示按照 e 计数法打印，保留小数点后两位数字，"%2.2f"表示按照普通十进制打印数据，保留小数点后两位数字，如果不够用 0 补齐。

3．在复习题 2 的 c 选项中，要输出包含双引号的字符串 Q，应如何修改？

分析与解答：

字符串的双引号在打印时需要用转义序列\"，因此，可以使用两种方法修改。

方法 1 的打印效果相同，但是 strlen()函数返回值不同。

```
#define Q "\"His Hamlet was funny without being vulgar.\""
printf("%s\nhas %d characters,\n",Q,strlen(Q));
```

方法 2 如下。

```
#define Q "His Hamlet was funny without being vulgar."
printf("\"%s\"\nhas %d characters,\n",Q,strlen(Q));
```

4．找出下面程序中的错误。

```
define B booboo
define X 10
main(int){
      int age;
      char name;
      printf("Please enter your first name.");
      scanf("%s",name);
      printf("All right, %c, what's your age?\n",name);
      scanf("%f",age);
      xp = age + X;
      printf("That's a %s! You must be at least %d.\n",B,xp);
      rerun 0;
}
```

分析与解答：

程序中的错误和改正如下。

```
/*
第 4 章的复习题 4
*/
```

```
#include <stdio.h>
/* 原题目没有包含头文件*/
#define B "booboo"
/* 原代码
 * define B booboo
 * 没有使用#标识且字符串没有使用双引号 */
#define X 10
/* 原代码
 * define X 10
 * 没有使用#标识 */
int main(void){
    /* 原代码main(int) 没有写返回值，main 函数多了整型参数 */
    int age;
    int xp;/* 原代码中未定义变量xp*/
    char name[40];
    /* 源代码char name; 字符数组没有定义数组长度 */

    printf("Please enter your first name.");
    scanf("%s",name);
    printf("All right, %s, what's your age?\n",name);
    /* 原代码
     * printf("All right, %c, what's your age?\n",name);
     * 打印字符串的转换说明符应使用符%s
     * */
    scanf("%d",&age);
    /* 原代码
     * scanf("%f",age);
     * 整型数据应使用转换说明符%d，且变量前应添加&   */
    xp = age + X;
    printf("That's a %s! You must be at least %d.\n",B,xp);
    /* 原代码
     * printf("That's a %s! You must be at least %d.\n",B,xp);
     * */
    return 0;
    /* 原代码
     * rerun 0;
     * 拼写错误，应为return 0;*/
}
```

5．假设一个程序的开头是这样的。

```
#define BOOK "War and Peace"
int main(void){
    float coast =12.99;
    float percent = 80.0;
```

请构造一个使用 BOOK、coast 和 percent 的 printf()语句，打印以下内容。

```
This copy of "War and Peace" sells for $12.99.
That is 80% of list.
```

分析与解答：

程序要求打印带双引号的字符串，因此在 printf()函数中需要加入转义序列\"。此外，80%需要使用浮点型数据 percent，打印时需要添加修饰符，百分号的打印需要使用转换说明符号%%。具体代码如下。

```
/*
第 4 章的复习题 5
*/
#include <stdio.h>
#define BOOK "War and Peace"
int main(void){
    float coast =12.99;
    float percent = 80.0;
    printf("This copy of \"%s\" sells for $%.2f.\n",BOOK,coast);
    printf("That is %.0f%% of list.\n",percent);
    return 0;
}
```

6．打印下列各项内容要分别使用什么转换说明符？

a．一个字段宽度与位数相同的十进制整数；

b．一个形如 8A、字段宽度为 4 的十六进制整数；

c．一个形如 232.346、字段宽度为 10 的浮点数；

d．一个形如 2.33e+002、字段宽度为 12 的浮点数；

e．一个字段宽度为 30、左对齐的字符串。

分析与解答：

a．整型数据使用转换说明符%d，字段宽度与位数相同不需要使用特殊修饰符，因此转换说明符为%d；

b．十六进制数据的转换说明符（输出大写字符应当使用大写 X）是%X，因为宽度是 4，使用 4 作为修饰符，因此转换说明符为%4X；

c．浮点型数据转换说明符是%f，10 位，小数点后有 3 位修饰符，应表示为 10.3，因此转换说明符为%10.3f；

d．显示指数使用转换说明符%e，字段宽度为 12，小数点后有 2 位的修饰符，应表示为 12.2，因此转换说明符为%12.2e；

e．字符串使用转换说明符%s，长度为 30，左对齐，使用−30 修饰符，因此转换说明符为%−30s；

7．打印下面的内容要分别使用什么转换说明符？

a．字段宽度为 15 的 unsigned long 类型整数；

b．一个形如 0x8a、字段宽度为 4 的十六进制整数；

c．一个形如 2.33E+02、字段宽度为 12、左对齐的浮点数；

d．一个形如+232.346、字段宽度为 10 的浮点数；

e．一个字段宽度为 8 的字符串的前 8 个字符。

分析与解答：

a．unsigned 类型整数转换说明符是%u，对于 long 类型字段宽度，应添加 l 修饰符，字段宽度为 15，就需要添加 15 修饰符，因此转换说明符为%15lu。

b．十六进制整型数据的转换说明符是%x（输出小写字母使用小写 x），输出 0X 使用#修饰符；长度为 4 就使用 4 作为修饰符，因此转换说明符为%#4x；

c．输出科学计数法使用转换说明符%E（输出大写字母使用大写 E），左对齐使用'−'号修饰符，字符宽度为 12，显示两位小数使用 12.2 修饰符，因此转换说明符为%−12.2E；

d．浮点数转换说明符是%f，显示正号使用'+'修饰符，字符宽度是 10，有 3 位小数，使用 10.3 修饰符，因此转换说明符为%+10.3f；

e．字符串转换说明符是%s，字段宽度为 8，显示前 8 个字符使用 8.8 修饰符，因此转换说明符为%8.8s。

8．打印下面各项内容要分别使用什么样的转换说明符？

a．一个字段宽度为 6、最少有 4 位数字的十进制数；

b．一个在参数列表中给定字段宽度的八进制整数；

c．一个字段宽度为 2 的字符；

d．一个形如+3.13、字段宽度等于数字中字符数的浮点数；

e．一个字段宽度为 7、左对齐的字符串中的前 5 个字符。

分析与解答：

a．十进制整数使用转换说明符%d，字段宽度为 6，最少有 4 位数字，使用 6.4 修饰符，因此转换说明符为%6.4d；

b．八进制数据使用转换说明符%o，字段宽度由参数列表指定，使用修饰符' * '，因此转换说明符为%*o；

c．字符数据使用转换说明符%c，字段宽度为 2，使用修饰符 2，因此转换说明符为%2c；

d．浮点型数据使用转换说明符%f，显示正号，字段宽度为数字中字符数，即不指定字段宽度，小数点后显示两位，使用修饰符+0.2，因此转换说明符为%+0.2f；

e．字符串使用转换说明符%s，字段宽度为 7，显示前 5 个字符，左对齐，使用修饰符−7.5，因此转换说明符为%−7.5s。

9．分别写出读取下列各输入行的 scanf()语句，并声明语句中用到的变量和数组：

a．101；

b．22.32 8.34E-09；

c．linguini；

d．catch 22；

e．catch 22（但是跳过 catch）。

分析与解答：

a．输入数据是整型数据，首先定义整型变量 i， scanf()函数使用转换说明符%d。

```
int dalmations;
scanf("%d",&dalmations);
```

b．输入数据有两个浮点型数据，sacnf()使用转换说明符%f 或者%e %g。

```
float kgs, share;
scanf("%f %f",&kgs,&share);
```

c．输入数据为字符串，scanf()函数使用转换说明符%s，需要注意的是，对于字符数组，scanf()函数的参数列表不需要使用&符号。

```
char pasta[20];
scanf("%s", pasta);
```

d．输入数据为字符串和整型数据，因此 scanf()需要使用%s 和%d 两个转换说明符。

```
char action[20];
int value;
scanf("%s %d", action, &value);
```

e．输入数据为字符串和整型数据，忽略字符串，应当使用' * '修饰字符串转换说明符。

```
int value;
scanf("%*s %d", &value);
```

10．什么是空白？

分析与解答：

C 语言中的空白是指空格、制表符、换行符，这 3 种空白是 scanf()函数进行输入分割的符号。

11．下面的语句中有什么问题？如何修正？

```
printf("The double type is %z bytes..\n",sizeof(double))
```

分析与解答：

百分号（%）后的 z 在 printf()函数中表示一个修饰符，需要注意的是，修饰符是百分号和转换说明符中间用于表示特定数据类型的符号。修饰符不能单独使用。z 修饰符和整型转换说明符一起，表示使用 sizeof 的返回类型——size_t，例如，%zd 表示十进制，%zo 表示八进制。因此，应当修改为%zd，表示打印 sizeof 的十进制整型数据。

12．假设要在程序中用圆括号代替花括号，以下方法是否可行？

```
#define ( {
#define ) }
```

分析与解答：

C 语言中的预编译指令#define 语句，可以对相应的符号进行编译时替换，即编译器在对源代码进行编译时进行符号替换。但是例子中的#define 语句替换的是 C 语言中表示语句块和一些重要语句的符号，替换后会导致程序出现语法错误。

4.5 编程练习

1．编写一个程序，提示用户输入名和姓，然后以“名，姓”的格式打印。

编程分析：

程序功能是读取用户输入的字符串，并且重新格式化输出。应针对名和姓分别定义对应的字符数组，使用 scanf()函数和%s 转换说明符读取数据。完整代码如下。

```
/*
第 4 章的编程练习 1
*/
#include <stdio.h>
int main(void){
    char name[40];
    char surname[40];
    printf("Please input your first name:");
    scanf("%s",name);
    /* 读取名字输入，存储至 name[]数组中。由于 scanf()函数的特性，
     * 字符串的输入不能有空白*/
    printf("Please input your last name:");
    scanf("%s",surname);
    /* 读取姓输入，存储至 surname[]数组中*/
    printf("Hello, %s, %s.",name,surname);
    return 0;
}
```

2．编写一个程序，提示用户输入名字，并执行以下操作：

a．打印名字，包括双引号；

b．在宽度为 20 的字段右端打印名字，并包括双引号；

c．在宽度为 20 的字段左端打印名字，并包括双引号；

d．在比姓名宽度长 3 的字段中打印名字。

编程分析：

程序主要用于实现字符串的格式化输出，比姓名宽度长 3，需要使用修饰符'*'，且需要获取用户输入的字符串长度。完整代码如下。

```
/*
第 4 章的编程练习 2
*/

#include <stdio.h>
int main(void){
    char name[40];
    int width;
    printf("Please input your  name:");
    scanf("%s",name);
    width = printf("\"%s\"\n.",name);
    /* 打印用户输入的名字，使用转义序列\" 打印双引号，
     * 并通过 printf()函数的返回值获取名字的字符长度
     */
    width -= 4;
    /* printf()的返回值为打印字符数，因此需要排除两个引号、
```

```
     * 一个换行符、一个句号，或者直接使用
     * width = strlen(name);
     * */
    printf("\"%20s\".\n",name);
    /* 在宽度为 20 的字段右端打印名字，使用转义序列\"打印双引号 */
    printf("\"%-20s\".\n",name);
    /* 在宽度为 20 的字段左端打印名字，使用转义序列\"打印双引号 */
    printf("\"%*s\".",(width+3),name);
    /* 使用修饰符*，指定宽度参数，打印名字字符串*/
    return 0;
}
```

3．编写一个程序，读取一个浮点数，首先以小数点计数法打印，然后以指数计数法打印，用下面的格式输出（系统不同，指数计数法显示的位数可能不同）：

a．The input is 21.3 or 2.1e+001；

b．The input is +21.290 or 2.129E+001。

编程分析：

程序要求分别使用小数点计数法和指数计数法打印一个浮点型数据，需要分别使用转换说明符%f 和%e，此外，可以添加相应的修饰符进一步格式化。完整代码如下。

```
/*
第 4 章的编程练习 3
*/
#include <stdio.h>
int main(void) {
    float input;
    printf("Enter a float number:");
    scanf("%f",&input);
    /* 读取用户输入的浮点数据*/
    printf("The input is %.1f or %.1e \n",input,input);
    /* 转换说明符%f 和 %e 分别表示以普通浮点数和科学记数法格式显示，
     * 如果不需要指定小数点位数和字符宽度，可以直接使用如下代码
     * printf("The input is %f or %e \n",input,input);
     * printf("The input is %+.3f or %.3E \n",input,input);
     * */
    return 0;
}
```

4．编写一个程序，提示用户输入身高（以英寸为单位）和姓名，然后以下面的格式显示用户刚输入的信息。

```
Dabney, you are 6.208 feet tall.
```

使用 float 类型，并用“/”作为除号。如果你愿意，可以要求用户以厘米为单位输入身高，并以米为单位显示出来。

编程解析：

程序要求用户输入以英寸为单位的身高，进行转化，输出以英尺为单位的身高。1 英尺等于 12 英寸。输入的英寸数需要转换成英尺输出，保留小数点后 3 位有效数字。

```
/*
第 4 章的编程练习 4
*/
#include <stdio.h>
int main() {
    float heigh;
    char name[40];
    printf("Enter your name :");
    scanf("%s",name);
    /* scanf()函数读取用户输入的姓名,存入 name[]数组中 */
    printf("Hi %s, how tall you are( inch ):",name);
    scanf("%f",&heigh);
    /* scanf()读取用户输入的英寸数值, 存入变量 heigh 中*/
    printf("%s, you are %.3f feet tall \n",name,heigh/12.0);
    /* 题目要求显示小数点后 3 位数字*/
    return 0;
}
```

5. 编写一个程序，提示用户输入以兆位每秒(Mbit/s)为单位的下载速度和以兆字节(MB)为单位的文件大小。程序中应计算文件下载时间。注意，这里的 1 字节等于 8 位。使用 float 类型，并用“/”作为除号。该程序要以下面的格式打印 3 个变量（下载速度、文件大小和下载时间）的值，显示小数点后两位数字。

```
At 18.12 megabits per second, a file of 2.20 megabytes download in 0.97 seconds.
```

编程分析：

程序读取用户输入的下载速度和文件大小，通过计算来估计文件下载时间。注意，文件大小通常以字节为单位，网络下载速度以位/秒为单位，因此需要将单位统一。对于浮点型数据，显示小数点后两位数字。完整代码如下。

```
/*
第 4 章的编程练习 5
*/
#include <stdio.h>
int main(void) {
    float speed,size,time;
    printf("Pleast input the net speed(megabits per second):");
    scanf("%f",&speed);
    printf("Pleast input the file size(megabyte):");
    scanf("%f",&size);
    /* 分别读取网络下载速度和文件大小, 存入相应变量中 */
    time = size*8/speed;
    /* 计算下载时间, 文件大小需要转换成兆字节*/
    printf("At %.2f megabits per second, a file of %.2f megabytes download in %.
       2f seconds.",speed,size,time);
    return 0;
}
```

6. 编写一个程序，先提示用户输入名，然后提示用户输入姓。在一行打印用户输入的名和姓，下一行分别打印名和姓的字母数。字母数要与相应的名和姓结尾对齐，如下所示。

```
Melissa Honeybee
       7        8
```

接下来，再打印相同的信息，但是字母数与相应名和姓的开头对齐，如下所示。

```
Melissa Honeybee
7       8
```

编程分析：

程序读取用户输入的姓名，并打印姓名中的字符数。为了获取用户姓名中的字符数，可以使用 printf()函数的返回值，也可以使用 strlen()函数。字母数的对齐用到的字符宽度需要使用' * '号修饰符来通过参数指定。完整代码如下。

```
/*
第 4 章的编程练习 6
*/
#include <stdio.h>
int main(void){
    char name[40],surname[40];
    int wname, wsurname;
    printf("Please input your first name:");
    scanf("%s",name);
    printf("Please input your last name:");
    scanf("%s",surname);
    /* 通过 scanf()函数分别读取用户的名和姓*/
    wname = printf("%s",name);
    printf(" ");
    wsurname = printf("%s",surname);
    /* 分别打印用户的名和姓，通过返回值记录其字符数量*/
    printf("\n%*d %*d",wname,wname,wsurname,wsurname);
    /* 打印其字符数量，由于数量不确定，因此使用*号修饰符和参数的形式。
     * 如果使用 strlen()函数，则可以不用定义 wname 和 wsurname 变量，
     * 直接使用以下代码
     * printf("\n%*d %*d",strlen(name),strlen(name),strlen(surname),strlen(surname));
     * */
    return 0;
}
```

7．编写一个程序，将一个 double 类型的变量设置为 1.0/3.0，一个 float 类型的变量设置为 1.0/3.0。分别计算两个表达式各 3 次：一次显示小数点后面的 6 位数字；一次显示小数点后面的 12 位数字；一次显示小数点后面的 16 位数字。程序中要包含 float.h 头文件，并显示 FLT_DIG 和 DBL_DIG 的值。1.0/3.0 的值与这些值一致吗？

编程分析：

C 语言中 float 类型最多能够表示 6 位有效数字。由于系统的差异，double 类型至少能够保留 10 位有效数字。系统内有效数字的最大位数保存在 float.h 头文件的 FLT_DIG 和 DBL_DIG 两个常量中。通过分别打印 float 和 double 类型的值，可以看出浮点型数据的有效位数的差异（Mac OS 系统）。printf()函数在打印浮点型数时使用转化说明符%f，double 类型也可以使用%lf，虽然编译器在打印时统一转换为 double 类型，但是打印时的转换并不能提高原 float 类型数据的精度。完整代码如下。

```
/*
第 4 章的编程练习 7
*/

#include <stdio.h>
#include <float.h>
int main(void){
    double d_third = 1.0/3.0;
    float f_third = 1.0/3.0;
    printf("float of one third(6) = %.6f\n",f_third);
    /* float 类型，有 6 位有效数字*/
    printf("float of one third(12) = %.12f\n",f_third);
    /* float 类型，有 12 位有效数字*/
    printf("float of one third(16) = %.16f\n",f_third);
    /* float 类型，有 16 位有效数字*/
    printf("double of one third(6) = %.6lf\n",d_third);
    /* double 类型，有 6 位有效数字 */
    printf("double of one third(12) = %.12lf\n",d_third);
    /* double 类型，有 12 位有效数字 */
    printf("double of one third(16) = %.16lf\n",d_third);
    /* double 类型，有 16 位有效数字 */
    printf("FLT_DIG in float.h is %d\n",FLT_DIG);
    /* float 类型精度 */
    printf("DBL_DIG in float.h is %d\n",DBL_DIG);
    /* double 类型精度 */

    return 0;
}
```

打印结果如下。

```
float of one third = 0.333333
float of one third = 0.333333343267
float of one third = 0.3333333432674408
double of one third = 0.333333
double of one third = 0.333333333333
double of one third = 0.3333333333333333
FLT_DIG in float.h is 6
DBL_DIG in float.h is 15
```

8．编写一个程序，首先要求用户输入旅行里程和消耗的汽油量，然后计算并显示消耗每加仑汽油行驶的英里数，显示小数点后的一位数字。接下来，根据 1 加仑大约等于 3.785 升，1 英里大约等于 1.609 千米，把单位是英里/加仑的值转换为升/100 千米（欧洲通用的燃料消耗表示法），并显示结果，显示小数点后面的 1 位数字。注意，美国测量消耗单位燃料的行程（值越大越好），而欧洲测量单位距离消耗的燃料（值越小越好）。使用#define 创建符号常量或者使用 const 限定符创建变量来表示两个转换系数。

编程分析：

程序读取用户输入的行驶里程和消耗的汽油量，然后通过多种计量单位计算耗油量，其中需要使用不同计量单位之间的换算关系，还需要分别使用每 100 千米油耗和每加仑可行驶的英里数来表示耗油量。完整代码如下。

```
/*
第 4 章的编程练习 8
*/
#include <stdio.h>
#define GALLON_TO_LITRE 3.785
#define MILE_TO_KM 1.609
/* 使用 define 语句定义单位之间的换算比例 */
int main(void){
   float range,oil;
   printf("Pleast input the range you traveled(in mile):");
   scanf("%f",&range);
   /* 以英里为单位读取旅行里程 */
   printf("Pleast input the oil you spend(in gallon):");
   scanf("%f",&oil);
   /* 以加仑为单位读取消耗的汽油 */
   printf("In UAS, your oil wear is %.1f M/G\n",range/oil);
   /* 打印 USA 的耗油量 */
   printf("In Europe, your oil wear is %.1fL/100KM",(oil*GALLON_TO_LITRE*100)/
      (range*MILE_TO_KM));
   /* 打印欧洲的耗油量 */

   return 0;
}
```

第5章

运算符、表达式和语句

本章知识点总结

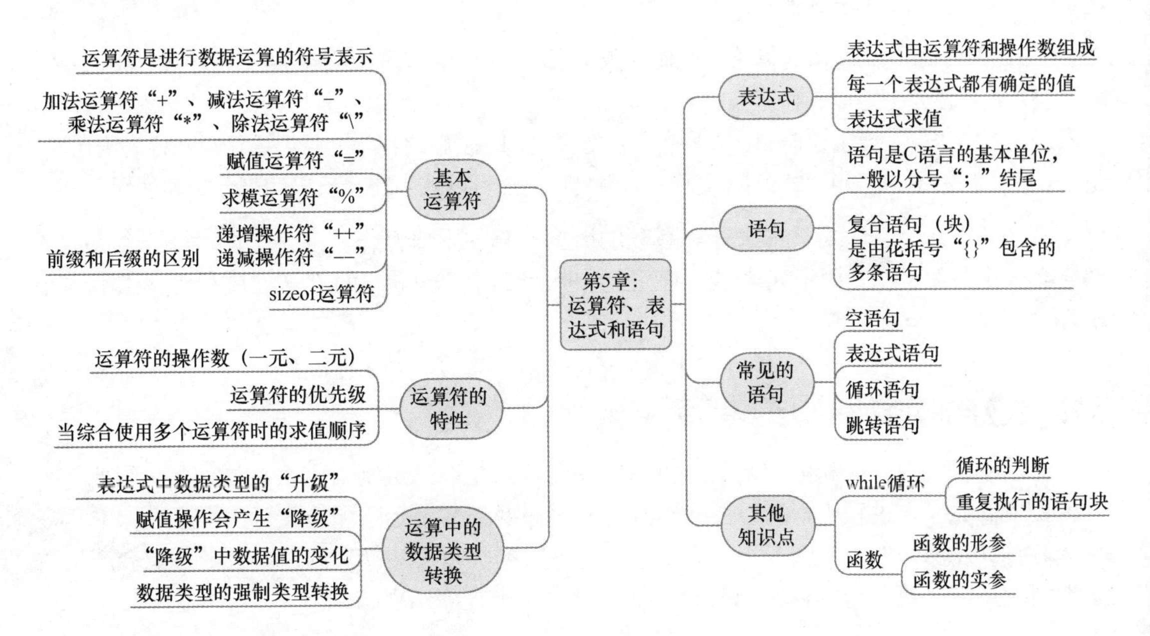

5.1 基本运算符

运算符是C语言程序设计中用来对数值或变量进行操作与运算的基本符号。本章主要介绍C语言中的基本运算符，主要包括赋值运算符“=”、加法运算符“+”、减法运算符“-”、乘法运算符“*”、除法运算符“/”、“sizeof”运算符、递增运算符“++”、递减运算符“--”、求模运算符“%”等。

在运算过程中，运算符必须和操作对象结合，共同表达一个具体的运算，这里操作对象也就是一个或多个数值、变量。其中能够对一个数据或变量进行操作的运算符称为一元运算符，如符号运算符、递增和递减运算符；需要对两个数值或变量进行操作的运算符称为二元运算符，如加法运算符。

初学者在运算符的应用中经常出现错误的是赋值运算符，其中赋值操作“=”表示将运算符右侧的数值赋予左侧变量，并不表示判断两数是否相等。此外，除法运算符“/”根据操作数的数据类型，会得到不同的操作结果。整数相除得到的结果是整数，即结果的整数部分，浮点型数据相除得到浮点型数据。递增和递减运算符在操作对象的左侧与右侧所表示的含义略有不同，这些都需要在程序设计中引起足够的重视。

5.2　运算符的优先级

当综合使用多个运算符时，运算符的优先级决定了这个复杂算式的求解过程，并且最终会影响整个值。本章主要介绍了基本运算符，其优先级排序是符号运算符 > 递增和递减运算符 > sizeof 运算符 > 乘法、除法、求模运算符 > 加法、减法运算符 > 赋值运算符。在程序设计过程中，为了更加清晰地表示运算符的运算过程，建议使用圆括号“( )”来调整和表述整个运算符的优先级，这样更加有利增强代码的可读性和程序的可移植性。

5.3　表达式和语句

C 语言中的表达式是由运算符和操作对象组成的一个算式。语句是 C 语言程序设计中的基本构件块，每条语句都可以看作一条完整的计算机指令，其特点是以分号作为语句的结束标志。常见的语句有空语句、表达式语句、循环语句、选择语句、跳转语句等。复合语句也常称为语句块，是指花括号内的多条语句。特定情况下，一个复合语句可以被当作一条语句来分析和处理。

从功能上看，表达式负责进行一系列的数据计算和求值操作。也就是说，每一个表达式都会有一个最终的值，而语句则是程序设计中指令的基本单位，两者从性质和含义上有着根本性的区别。

5.4　数据的类型和类型转换

计算机在内部存储和处理所有数据时，本质上都是以二进制数据进行操作的。因此，在表达式求值的操作过程中，C 语言编译器需要对数据类型进行匹配检查。在程序设计中有多个运算符以及操作对象的情况下，需要谨慎考虑数据类型的转换和匹配，否则可能会产生数据类型转换错误或者造成数值的截断，从而导致整个程序出现错误。

C 语言中数据类型的转换可以分为自动转换和强制转换两种。自动类型转换是在表达式内部当多个数据类型不同时 C 语言系统自动进行的类型转换，这种自动类型转换一般都从较小的字节类型转换为较大的字节类型，也就是将小类型进行升级。强制类型转换是为了避免表达式类型不匹配，程序员主动进行的数据类型转换。强制类型转换需要显式使用类型转换运算符，即“()”加上新类型的形式。

此外，赋值运算符会将右侧数值转换成左侧变量类型。对于数据类型的转换，尤其是数据的降级，可能会产生数值的变化，这一定在程序设计中尤为重要。

5.5　复习题

1．假设所有变量的类型都是 int，下列各项变量的值是多少？

a．`x = (2+3)*6;`

b．`x = (12+6)/2*3;`

c．`y = x=(2+3)/4;`

d．`y = 3+2*(x = 7/2)`。

分析与解答：

题目考查运算符的优先级问题，实际程序设计中程序员应当熟练掌握运算符的优先级，并且尽量简化表达式，避免语义含混的表达式。由于C语言的标准并没有明确表达式求值的顺序，对于表达式求值中有较多运算符的情况，可以通过括号来显式地明确表达式的求值顺序。此外，题目明确所有变量均为整数，因此“/”对于整数运算结果进行截断，即只保留商，舍弃余数部分。

a．答案：变量 x 被赋值为 30。

解析：题目表达式首先计算括号内加法算式（2+3），得到 5，然后再与 6 相乘，最终把结果赋值给 x。

b．答案：变量 x 被赋值为 27。

解析：题目首先计算括号内加法算式（12+6），得到结果 18，由于整数除与乘优先级相同，按照从左往右的计算顺序，18 先除以 2，结果 9 再乘以 3，把最终结果赋值给变量 y。

c．答案：变量 x 被赋值为 1，变量 y 被赋值为 1。

解析：整个语句将首先对变量 x 的赋值表达式求值，由于 x 是整数，因此“/”进行整数的截断，得到的商为 1，并把 1 赋值给变量 x。数值 1 同时也作为变量 x 的赋值表达式的返回值，再次赋值给变量 y，最终，变量 x 和 y 均等于 1。

d．答案：变量 x 被赋值为 3；变量 y 被赋值为 9。

解析：整个语句首先对括号内变量 x 的赋值表达式进行求值，商为 3，该赋值表达式的返回值为 3，参与变量 y 的求值，最终结果为 9，把 9 赋值给变量 y。

2．假设所有变量的类型都是 int，下列各项变量的值是多少？

a．`x = (int)3.8 +3.3;`

b．`x = (2+3)*10.5;`

c．`x = 3/5*22.0;`

d．`x = 22.0*3/5`。

分析与解答：

题目考查在表达式求值过程中数据类型的自动转换。此类问题主要有两个特点：首先，数据类型的自动转换一般是由低位数的数据类型转换为高位数的数据类型；其次，赋值运算符会将右侧数值转换成左侧变量的类型。此外，强制类型转换的操作优先级高于其他运算符。

a．答案：变量 x 被赋值为 6。

解析：浮点类型数据 3.8 首先被强制转换为整型数据 3，加法操作后得到浮点型数据 6.3。由于变量 x 是整型数据，因此在赋值操作中，再次被转换为整型数据 6。

b．答案：变量 x 被赋值为 52。

解析：表达式先计算括号内加法，得到整型数据 5。由于有浮点型数据 10.5，因此乘法操作自动升级为浮点型数据 52.5。赋值操作后，截断为整型数据 52。

c．答案：变量 x 被赋值为 0。

解析：除法运算符与乘法运算符的优先级相同，首先计算“3/5”，操作数为整型数据，因此得到的结果为整型数据 0，最终计算结果为 0.0。赋值操作产生截断，x 被赋值为整型数据 0。

d．答案：变量 x 被赋值为 13。

解析：除法运算符与乘法运算符的优先级相同，首先进行乘法计算，数据类型自动转换为浮点型数 66.0。除法操作得到的结果是浮点数据 13.2，最终赋值产生截断，x 被赋值为整型数据 13。

3．对下列表达式求值。

a．`30.0/4.0 *5.0;`

b．`30.0/(4.0*5.0);`

c．`30/4*5;`

d．`30*5/4;`

e．`30/4.0*5;`

f．`30/4*5.0`。

分析与解答：

题目考查在表达式求值过程中运算符优先级和数据类型的自动转换，浮点型数据和整型数据的“升级整型”。

a．答案：表达式值为 37.5。

解析：表达式中所有数据均为浮点型数据。浮点类型数据 30.0 除以浮点型数据 4.0，得到浮点型数据 7.5，与浮点型数据 5.0 相乘，得到 37.5。

b．答案：表达式值为 1.5。

解析：表达式中所有数据均为浮点型数据，不会产生类型转换。表达式先计算圆括号内的乘法，得到浮点型数据 20.0。除法运算得到结果 1.5。

c．答案：表达式结果为 35。

解析：表达式中所有操作对象均为整型，运算符优先级相同，首先进行除法运算，得到整型数据 7。乘法运算后，得到结果 35。

d．答案：表达式结果为 37。

解析：表达式优先级先计算 30*5，得到整数结果 150，之后计算 150/4，得到整数计算结果 37。

e．答案：表达式结果为 37.5。

解析：表达式中 4.0 为浮点型数据，产生数据类型转换。乘法运算结果升级为浮点类型 7.5。同理，7.5*5 得到结果浮点型数据 37.5。

f．答案：表达式结果为 35.0。

解析：表达式首先计算 30/4，得到整数结果 7，之后计算 7*5.0，由于 5.0 是浮点型数据，得到浮点结果 35.0。

4. 请找出下面程序中的错误。

```
int main(void)
{
    int i  = 1,
    float n;
printf("Watch out! Here come a bunch of fractions!\n");
while(i < 30)
    n = 1/i;
    printf(" %f " , n);
printf("That's all, folks!\n");
return;
}
```

分析与解答:

从循环和除法算式可以分析出程序的功能是计算并打印自然数1~30（含1和30）的倒数（以小数形式）。表达式语句中整型数据的除法 `n = 1/i` 只能得到整型数据0。此外，变量 `i` 的数值也没有从1递增到30。循环的布尔表达式 `(i < 30 )` 也将永远为真，程序进入死循环。此外，程序还有部分语法错误。正确代码如下。

```
/*
第 5 章的复习题 4
*/

#include <stdio.h>
/*C 语言程序需要调用标准库中的预定义函数，因此需要添加 #include <stdio.h>
 * */
int main(void) {
      int i  = 1;
      /*int i = 1; 语句结束需要用分号，原逗号错误
       * */
      float n;
   printf("Watch out! Here come a bunch of fractions!\n");
   while(i++ < 30){
       /*添加 i++，实现自增操作，在循环判断条件内进行自增，将会影响循环内值的变化。这一点
         需要注意。也可以在 n = 1.0/i++处修改。打印结果略有不同
        * */
      n = 1.0/i;
      /* 修改整型数据 1，使用浮点型数据 1.0，
       * 使之产生类型转换，将 i 转换为浮点型数据并计算倒数
       * */
      printf(" %f \n" , n);
      /*添加换行符，增加输出可读性
       * */
   }
   /*原 while 循环丢失花括号，没有形成语句块的循环，将会循环计算，
    * 但是仅打印最后 i 为 30 时的计算数据
    * */
   printf("That's all, folks!\n");
   return 0;
   /*main 函数的返回值为整型，因此，return 后需要有整型数据，添加 0
    * */
}
```

5．这是程序清单 5.9 的另一个版本，从表面上看，该程序只使用了一条 scanf()语句，比原有程序简单，请找出不如原版之处。

```
#include <stdio.h>
#define S_TO_M 60

int main(int argc, char *argv[]) {
    int sec , min,left ;
    printf("This porgram converts seconds to minutes and ");
    printf("seconds,\n");
    printf("Just enter the number of secondes.\n");
    printf("Enter 0 to end the program.\n");
    while(sec > 0){
        scanf("%d",&sec);
        min = sec / S_TO_M;
        left = sec % S_TO_M;
        printf(" %d sec is %d min %d sec. \n" , sec,min,left);
        printf("Next input?");
    }
    printf("Bye!\n");
    return 0;
}
```

分析与解答：

程序的主要问题在于第一次进入 while 循环判断时 sec 并未赋值。sec 数据无法确定（不同编译器有不同处理结果，有可能是垃圾数据，也有可能被清零）。(sec > 0)的逻辑判断不能正确获得真或者假。此外，scanf()语句位于 while 循环语句块中第一行，输入数据 0 也将会进行数据转换和打印，直到下一次循环判断才能退出。修改如下。

```
/*
第 5 章的复习题 5
*/

#include <stdio.h>
#define S_TO_M 60

int main(int argc, char *argv[]) {
    int sec=1 , min,left ;
    printf("This porgram converts seconds to minutes and ");
    printf("seconds,\n");
    printf("Just enter the number of secondes.\n");
    printf("Enter 0 to end the program.\n");
    while(sec > 0){
        scanf("%d",&sec);
        min = sec / S_TO_M;
        left = sec % S_TO_M;
        printf(" %d sec is %d min %d sec. \n" , sec,min,left);
        printf("Next input?");
    }
    printf("Bye!\n");
    return 0;
}
```

6．下面的程序将打印出什么内容？

```
#include <stdio.h>
#define FORMAT "%s! C is cool!\n"
int main(int argc, char *argv[]) {
        int num = 10;
```

```
    printf(FORMAT,FORMAT);
    printf("%d\n",++num);
    printf("%d\n",num++);
    printf("%d\n",num--);
    printf("%d\n",num);
    return 0;
}
```

分析与解答：

题目主要考察包含 define 预处理语句以及递增/递减的前缀和后缀问题。首先，C 语言中的预处理语句在编译时进行替换，本题中 FORMAT 将会在编译时替换成之后的字符串。以递增或递减运算符作为前缀，则变量先递增或递减，再参与其他运算；以递增或递减运算符作为后缀，则先参与运算，再递增。具体到本题目，效果如下。

```
/*
第 5 章的复习题 6
*/

#include <stdio.h>
#define FORMAT "%s! C is cool!\n"
int main(int argc, char *argv[]) {
    int num = 10;
    printf(FORMAT,FORMAT);
    /*该语句编译时替换成 printf("%s! C is cool!\n","%s! C is cool!\n");
     * 打印效果为
     * %s! C is cool!
     * ! C is cool!
     * */
    printf("%d\n",++num);
    /*以递增运算符作为前缀，先递增，再参与打印，输出结果为 11，打印语句完成后，num 值为 11*/
    printf("%d\n",num++);
    /*以递增运算符作为后缀，先打印，随后递增，输出结果是 11，打印语句完成后，num 值为 12*/
    printf("%d\n",num--);
    /*以递减运算符作为后缀，先打印，随后递减，输出结果是 12，打印语句完成后，num 值为 11*/
    printf("%d\n",num);
    /*输出结果：11，num 值为 11*/
    return 0;
}
```

7. 下面的程序将打印出什么内容？

```
#include <stdio.h>

int main(int argc, char *argv[]) {
     char c1,c2;
     int diff;
     float num;

     c1 = 'S';
     c2 = 'O';
     diff = c1-c2;
     num = diff;
     printf("%c%c%c:%d %3.2f\n",c1,c2,c1,diff,num);
     return 0;
}
```

分析与解答：

程序输出的重点在于整型数据和浮点型数据的值。diff 赋值运算是 c1-c2 的减法运算，实际运算结果等于字符'S' 和 'O' 的 ASCII 值相减（即 83−79），结果是整型数据 4。浮点型数据 num 在赋值运算后升级为 4.0。

运行结果如下。

```
SOS: 4 4.00
```

8．下面的程序将打印出什么内容？

```
#include <stdio.h>
#define TEN 10

int main(int argc, char *argv[]) {
     int n = 0;
     while(n++ < TEN){
          printf("%5d",n);
          printf("\n");
     }
     return 0;
}
```

分析与解答：

题目主要考察两个知识点——递增运算符和 printf()函数的打印格式。在循环初始判断时 n 递增，printf()语句打印递增后 n 的值，输出结果 1～10。输出格式%5d 表明整型数据占 5 位字符。

9．修改上一个程序，使它可以打印字母 a～g。

分析与解答：

上一个程序的功能是打印整型数据，本题要求打印字符类型数据。字符类型数据在存储形式上和整数类型相同，因此可以使用原始程序中的循环语句等代码。为了循环打印字符，可以查找 ASCII 码表，初始化字符变量值为'a' –1，通过循环递增，即可实现程序要求的功能。完整代码如下。

```
/*
第 5 章的复习题 9
*/
#include <stdio.h>
#define END 'g'
/* 修改预定义终止值为 g */

int main(int argc, char *argv[]) {
    char n = 'a' - 1;
    /* 修改预定义起始值 */
    while(n++ < END){
    /* while 语句之后 n 的值为'a'   */
        printf("%5c",n);
        printf("\n");
    }
    return 0;
}
```

10．假设下面是完整程序中的一部分，它们分别打印什么内容？

```
a. int x = 0;
       while (++x <3)
       printf("%4d",x);
```

分析与解答：

以递增操作符作为前缀，先做自增操作，然后进行小于3的逻辑判断，因此，打印结果为1，2。

b．
```
int x = 100;
       while (x++ <103)
        printf("%4d\n",x);
        printf("%4d\n",x);
```

分析与解答：

以递增运算符作为后缀，先进行while()循环逻辑判断，然后自增。while()循环未使用花括号进行语句块限定，循环只作用于第一个printf()语句，在循环结束之后再执行第2个printf()语句。因此输出结果为：

```
101
102
103
104
```

c.

```
char ch = 's';
while( ch < 'w'){
printf("%c",ch);
ch++;
}
printf("%c\n",ch);
```

分析与解答：

程序通过while()循环，打印字符类型变量ch的值，且循环条件判断是ch < 'w', ch初始化为's'，因此会循环打印stuvw。其中stuv在循环内打印，字符'w'由循环外printf()语句打印，并同时输出换行符。

11．下面的程序将打印出什么内容？

```
#define MESG "COMPUTER BYTE DOG"
#include <stdio.h>

int main(int argc, char *argv[]) {
    int n = 0;
    while(n < 5)
        printf("%s\n", MESG);
        n++;
        printf("That's all.\n");
    return 0;
}
```

分析与解答：

程序while()循环语句根据`(n<5)`的条件表达式进行循环判断，程序原功能是打印5遍“COMPUTER BYTE DOG”。但while()循环语句没有使用花括号将`n++`递增语句包含进入循环块。因此，程序将永远打印MESG，进入死循环。

12．分别编写一条语句，完成下列任务（或者说，使其有以下副作用）。

a．将变量x的值增加10。

分析与解答：将变量增加10，通常使用`x = x +10;`，某些时候也可以使用`x += 10;`。

b．将变量 x 的值增加 1。

分析与解答：将变量值增加 1 可以有多种方法，x++;或++x；或 x = x + 1;或 x += 1。

c．将 a 与 b 之和的两倍赋予 c。

分析与解答：c = 2*(a + b);

很多时候初学者容易写成 c=2(a+b);，即按照数学公式的写法，省略乘法运算符。

d．将 a 与 b 的两倍之和赋给 c。

```
c = a + b*2;
```

分析与解答：和 c 项类似，初学者容易省略乘法运算符，写成 2b 或者 b2，这两种写法均不正确。

13．分别编写一条语句，完成下列任务。

a．将变量 x 值减少 1。

分析与解答：将变量的值减 1，可以使用多种方法，如 x--;或--x;或者 x = x -1;。

b．将 n 除以 k 的余数赋给 m。

分析与解答：m = n%k;

c．q 除以 b 减去 a，并将结果赋给 p。

分析与解答：p=q/b-a;这里应当区分"q 除以 b 减去 a 的差""q 除以 b 减去 a"（原书答案按照第一种方式 p=q/(b-a)，但不够严谨）。

d．a 和 b 之和除以 c 和 d 的乘积，并将结果赋给 x。

分析与解答：x=(a+b)/(c*d);由于加法运算符优先级较低，因此应当使用圆括号()改变运算顺序。

5.6 编程练习

1．编写一个程序，把用分钟表示的时间转换成用小时和分钟表示的时间。使用#define 或者 const 创建一个表示 60 的符号常量或者 const 常量。通过 while 循环让用户重复输入值，直到用户输入小于或者等于 0 的值才停止循环。

题目分析：

程序需要实现的功能是将用户输入的以分钟表示的时间转换成以小时表示的时间。转换的基本算法是将用户输入数据除以 60，所得结果的商即是程序需要显示的小时数，余数则是不足 1 小时的分钟数。对于程序设计初学者，对程序功能的分析可以通过模拟用户输入的形式实现。例如，模拟用户输入 100 分钟后，程序应当将该数据转换成 1 小时 40 分钟。这时，就可以判断程序内应当分别使用整数的除和取模两种运算符进行计算。

在分析程序的主要算法之后，程序设计中还需要注意按照题目要求，使用任意一种常量形式表示每小时的分钟数。应用 while 循环实现用户选择并控制程序的运行。

```
/*
第 5 章的编程练习 1
*/
#include <stdio.h>
#define MIN_PER_HOU 60 // 每小时有 60 分钟
int main(int argc, char *argv[]) {
    int hours, minutes, input;
    /*  定义 MIN_PER_HOU const 常量;
     * const int  MIN_PER_HOU = 60;
     */
    printf("CONVERT MINUTES TO HOURS!\n");
    printf("PLEASE INPUT THE NUMBER OF MINUTES( <=0 TO QUIT ):");
    scanf("%d",&input);
    while(input >0){
        hours = input/MIN_PER_HOU;
        minutes = input%MIN_PER_HOU;
        printf("CONVERT TO %d HOUR AND %d MINUTES\n",hours,minutes);
        /* 程序设计中也经常使用以下方法计算，从而减少变量 hours 和 minutes 的定义和使用;
         * printf("CONVERT TO %d HOUR AND %d MINUTES\n",input/MIN_PER_HOU,input%MIN
               _PER_HOU);
         */
        printf("PLEASE CONTINUE INPUT THE NUMBER OF MINUTES( <=0 TO QUIT ):");
        scanf("%d",&input);
    }
    printf("PROGRAM EXIT!\n");
}
```

2．编写一个程序，提示用户输入一个整数，然后打印从该数到比该数大 10 的所有整数（例如，用户输入 5，则打印 5～15 的所有整数，包括 5 和 15）。要求打印的各值之间用一个空格、制表格或换行符分开。

编程分析：

题目要求程序打印一定范围内的整型数据。可以使用循环的方式打印指定范围的数据，程序首先通过 scanf()函数读取用户输入，循环指定打印从输入数据开始的 10 个整数。代码如下。

```
/*
第 5 章的编程练习 2
*/
#include <stdio.h>

int main(int argc, char *argv[]) {
    int counter, i = 0;
    printf("PRINT COUNTINUE 10 NUMBERS!\n");
    printf("PLEASE INPUT THE START NUMBER :");
    scanf("%d",&counter);
    /* 读取用户输入，保存至 counter 中 */
    while(i++ < 11){
        printf(" %d \n",counter++);
    }
    /* 循环 10 次，打印范围为从输入数据开始的 10 个整数 */
```

```
    printf("PROGRAM EXIT!\n");
    return 0;
}
```

3．编写一个程序，提示用户输入天数，然后将其转换成周数和天数。例如，如果用户输入 18，则转换成 2 周 4 天，以下面的格式显示结果。

```
18 days are 2 weeks, 4 days
```

通过 while 循环让用户重复输入天数，当用户输入一个非正值（如 0 或–20）时，循环结束。

编程分析：

题目要求程序循环读取用户输入的天数，计算周数和不足一周的天数。可以通过“/”除法运算符和“%”取余运算符进行计算。完整代码如下。

```
/*
 * 第 5 章的编程练习 3
 * */
#include <stdio.h>
#define WEEK_PER_DAY 7 // 每周有 7 天
int main(int argc, char *argv[]) {
    int days, weeks, input;

    printf("CONVERT DAYS TO WEEKS!\n");
    printf("PLEASE INPUT THE NUMBER OF DAYS( <=0 TO QUIT ):");
    scanf("%d",&input);
    /* 读取用户输入，保存至 input 变量中 */
    while(input > 0){
        weeks = input/WEEK_PER_DAY;
        /* 计算周数 */
        days = input%WEEK_PER_DAY;
        /* 计算不足一周的天数 */
        printf("%d days are %d weeks, %d days\n",input,weeks,days);
        /* 打印结果 */
        printf("PLEASE INPUT THE NUMBER OF DAYS( <=0 TO QUIT ):");
        scanf("%d",&input);
        /* 继续下一次输入 */
    }
    printf("PROGRAM EXIT!\n");
    return 0;
}
```

4．编写一个程序，提示用户输入一个身高（单位是厘米），并分别以厘米和英寸为单位显示该值，允许有小数部分。程序应该能让用户重复输入身高，直到用户输入一个非正值。其输入示例如下。

```
/*
 * 第 5 章的编程练习 4
 * */
#include <stdio.h>
#define  FEET_TO_CM 30.48
#define  INCH_TO_CM 2.54
```

```
/* 预定义转换单位明示常量 */

int main(int argc, char *argv[]) {
    int feet;
    float inches, cm;
    printf("CONVERT CM TO INCHES!\n");
    printf("Enter the height in centimeters:");
    scanf("%f",&cm);
    /* 读取用户输入的数据 */
    while(cm > 0){
        feet = cm/FEET_TO_CM;
        inches = (cm - feet*FEET_TO_CM)/INCH_TO_CM;
        /* 数据转换计算 */
        printf(" %.1f cm = %d feet , %.1f inches\n",cm,feet,inches);
        /* 打印结果 */
        printf("Enter the height in centimeters( <=0 TO QUIT ):");
        scanf("%f",&cm);
        /* 循环读取用户输入 */
    }
    printf("PROGRAM EXIT!\n");
    return 0;
}
```

5．修改程序 addemp.c（程序清单 5.13），你可以认为 addemup.c 是计算 20 天里赚多少钱的程序（假设第一天赚$1，第二天赚$2，第三天赚$3，以此类推）。修改程序，使其可以与用户交互，根据用户输入的数进行计算（即，用读入的变量代替 20）。

编程分析：

程序清单 5.13 原来的功能是利用循环计算工资总和。题目要求通过用户输入的工作天数，计算对应的工资总和。计算方法上还使用循环的方式，但循环的次数需要使用用户输入的天数进行循环入口判断。完整代码如下。

```
/*
 * 第 5 章的编程练习 5
 * */
#include <stdio.h>

int main(int argc, char *argv[]) {
    int count = 0, sum = 0;
    printf("Enter the number of days you work:");
    scanf("%d",&count);
    /* 读取用户输入的天数 */
    while(count > 0){
        sum = sum + count--;
    }
    /* 通过递减运算，控制循环，计算工资总和 */
    printf("You earned $ %d total!\n",sum);
    printf("PROGRAM EXIT!\n");
    return 0;
}
```

6．修改编程练习 5 的程序，使之能够计算整数的平方和（可以认为第一天赚$1，第二天赚$4，第三天赚$9，以此类推，这看起来很不错)，C 没有平方函数，但是可以用 n*n 来表示 n 的平方。

编程分析：

在编程练习 5 的基础上，将天数对应的工资转换成平方，即以 n*n 的方式进行累计计算，程序其他部分保留原有的代码。完整程序如下。

```
/*
 * 第 5 章的编程练习 6
 * */

#include <stdio.h>

int main(int argc, char *argv[]) {
    int count = 0, sum = 0;
    printf("Enter the number of days you work:");
    scanf("%d",&count);
    /* 读取用户输入的天数数据 */
    while(count > 0){
        sum = sum + count * count;
        count--;
    }
    /* 通过天数递减控制循环 ，工资使用 count*count 转换成平方 */
    printf("You earned $ %d total!\n",sum);
    printf("PROGRAM EXIT!\n");
    return 0;
}
```

7. 编写一个程序，提示用户输入一个 double 类型的数，并打印该数的立方值。自己设计一个函数，计算并打印立方值。main 函数要把用户输入的值传递给该函数。

编程分析：

题目要求设计一个函数计算 double 类型数据的立方值。函数的参数是 double 类型的数据，返回值是 double 类型的立方值。在 main()函数内提示用户输入数据并读取输入的 double 类型数据，调用函数计算其立方值。完整代码如下。

```
/*
 * 第 5 章的编程练习 7
 * */
#include <stdio.h>

double cubic(double n);
int main(int argc, char *argv[]) {
    double input;
    printf("Enter the double datum to calc cubic :");
    scanf("%lf",&input);
    /* 读取用户的输入 */
    cubic(input);
    /* 调用立方函数计算立方值 */
    printf("PROGRAM EXIT!\n");
    return 0;
```

```
}
double cubic(double n){
    double t = n * n * n;
    printf("The %lg's cubic is %lg !\n",n,t);
    return t;
}
/* 定义立方函数 */
```

8．编写一个程序，显示求模运算的结果。把用户输入的第 1 个整数作为求模运算符的第 2 个运算对象，该数在运算过程中保持不变。用户输入的后一个数是第一个运算对象。当用户输入一个非正值时，程序结束。其输出示例如下。

```
This program computes moduli.
Enter an integer to server as the second operand:256
Now enter the first operand:438
438 % 256 is 182
Enter next number for first operand( <= 0 to quit):1234567
1234567 % 256 is 135
Enter next number for first operand( <= 0 to quit):0
Done!
```

编程分析：

程序要求读取用户输入的数据并进行求模运算。当用户输入非正数据时，退出循环块，因此循环的条件是用户输入的数据与 0 的比较关系运算，循环计算中需要保证第 1 个输入数据不变，只反复读取第 2 个运算对象。完整代码如下。

```
/*
 * 第 5 章的编程练习 8
 * */

#include <stdio.h>

int main(int argc, char *argv[]) {
    int first, second;
    printf("This program computes moduli.\n");
    printf("Enter an integer to server as the second operand:");
    scanf("%d",&second);
    /* 用户输入的 second 数据保持不变 */
    printf("Now enter the first operand:");
    scanf("%d",&first);
    /* 分别读取用户输入的数据 */
    while(first > 0){
        printf("%d %% %d is %d\n",first,second,(first%second));
        printf("Enter next number for first operand( <= 0 to quit):");
        scanf("%d",&first);
    }
    /* 循环读取用户的输入，计算并打印结果 */
    printf("Done!\n");
    return 0;
}
```

9．编写一个程序，要求用户输入一个华氏温度。程序应读取 double 类型的值作为温度值，并把该值作为参数传递给一个用户自定义的函数 Temperatures()。该函数计算摄氏温度和开氏温度，并以小数点后面两位数字的精度显示 3 种温度。要使用不同的温标来表示这 3 个温度值。下面是华氏温度转换摄氏温度的公式。

摄氏温度 = 5.0/9.0*(华氏温度−32)

开氏温标常用于科学研究，0 表示绝对零度，代表最低的温度。下面是摄氏温度转开氏温度的公式。

开氏温度 = 摄氏温度 + 273.16

Temperatures()函数中用 const 创建温度转换中使用的变量。在 main()函数中使用一个循环让用户重复输入温度，当用户输入 q 或者其他非数字时，循环结束。scanf()函数返回读取数据的数量，所以如果读取数字则返回 1，如果读取 q 则不返回 1。可以使用“==”运算符将 scanf()的返回值和 1 做比较，测试两值是否相等。

编程分析：

题目要求程序通过 Temperatures()函数进行温度转换计算，计算公式为开氏温度 = 摄氏温度 + 273.16，函数的参数为华氏温度，函数内通过 printf()函数打印转换结果。main() 函数内通过循环读取用户的输入数据，调用函数计算并显示温度转换结果。while 循环的入口判断条件是 scanf()函数读取数据后的返回值，如果用户输入字符，返回值为 0，则应当退出循环。完整代码如下。

```
/*
 * 第 5 章的编程练习 9
 * */
#include <stdio.h>

int Temperatures(double fahrenheit);
int main(int argc, char *argv[]) {
    double input;
    printf("This program convert fahrenheit to celsius and kelvin.\n");
    printf("Enter a fahrenheit to start : ");
    while(scanf("%lf",&input) == 1){
        Temperatures(input);
        printf("Enter next fahrenheit! ( q to quit): ");
    }
    printf("Done!\n");
    return 0;
}
int Temperatures(double fahrenheit){
    const double F_TO_C = 32.0;
    const double C_TO_K = 273.16;
    double celsius ,kelvin;
    celsius = 5.0/9.0*(fahrenheit - F_TO_C);
    kelvin = celsius + C_TO_K;
    printf("%.2f. fahrenheit, equal %.2f celsius, and %.2f kelvin\n",fahrenheit,
        celsius,kelvin);
    return 0;
}
```

第 6 章

C 控制语句——循环

本章知识点总结

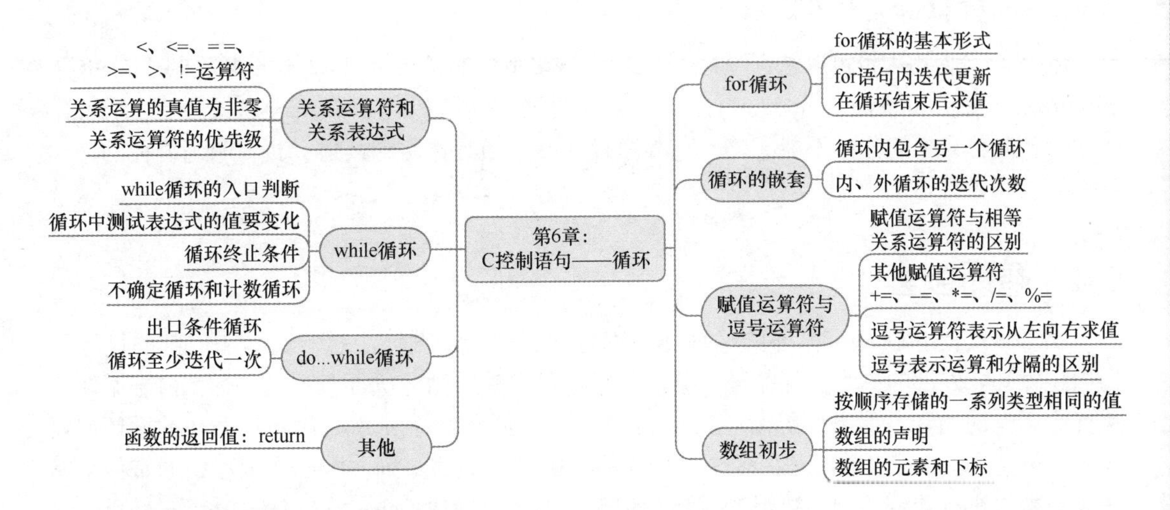

6.1 关系运算与逻辑值

虽然 C99 标准使用了_Bool 类型表示逻辑值的真和假，但是为了保证更好的兼容性，通常程序设计中还使用 int 类型的变量表示真和假，通常情况下整型 0 值表示假，所有非 0 值表示真。除直接使用整型数据表示真和假之外，C 语言中经常使用关系运算表示逻辑真和假。常见的关系运算符有<、<=、==、>=、>、!=这 6 种。当关系成立时，表示真；否则，为假。这 6 种关系运算符中“==”和“!=”的优先级略低于其他 4 种。

此外，本章还介绍了其他几种赋值运算符，+=、-=、*=、/=和%=这 5 种赋值运算是普通赋值的一种简化形式，例如，sum += 20 和 sum = sum + 20 等价。除表示分割符号的含义之外，C 语言中的逗号还可以作为逗号运算符表示一种从左向右的求值顺序序列，且整个逗号表达式的值是最右侧表达式的值。

6.2 while 循环和 do…while 循环

循环是程序设计中控制代码在特定条件下重复执行的一种控制语句。while 循环和 do…while 循环是最基本的两种循环形式。while 循环和 do…while 循环都依据相应表达式的真假条件来确定是否循环执行指定的语句块。两者的区别在于 while 循环是入口条件循环，可能一次都不会执行循环体；do…while 循环是出口条件判断，会至少执行一次循环体。在使用循环语句时，需要特别注意循环是否能够满足终止条件，避免程序进入无限的循环当中。

6.3　for 循环语句

C 语言中 while 循环和 do…while 循环通常以不确定循环的形式使用，即在测试表达式为假之前，无法确定循环要执行多少遍。C 语言中的确定循环通常使用 for 循环的形式。for 循环的基本形式 for(initialize; test; update){……}，其中 initialize 表示执行 for 循环前执行一次的语句，负责循环前部分变量的初始化工作；test 表达式表示循环的执行判断，如果为真则执行循环，否则退出循环；update 表达式在循环体执行完毕后对某些变量更新，随后再次进行循环条件的测试。for 循环使用中更加灵活，能够很简洁地实现确定次数循环，也能实现类型 while 循环的不确定循环形式。

for 循环在使用中也可以结合逗号表达式，实现多变量的初始化，其基本形式为 for(initialize1, initialize2 ; test; update1, update2){}。也可以通过省略初始化和更新表达式，例如，for(; test;){}，但是其中的分号不能省略。在程序设计中应当具体问题具体分析，明确循环的起始条件和终止条件。

6.4　循环嵌套

循环嵌套是指在一个循环的循环体内部包含另外一个循环。通常嵌套在内部的循环称为内层循环，外部的称为外层循环。循环运行过程中外层循环执行一次循环体，内层循环要执行完所有的循环。如果外层循环执行 *m* 次，内层循环执行 *n* 次，则内层循环的循环体要执行 *mn* 次。C 语言中数组是由多个相同类型的数据组成的序列，因此在编程中通常使用循环来对数组进行快速访问。数组的明显标识是方括号，例如，char array[100]表示长度为 100 的字符类型数据组成的数组。

6.5　复习题

1．写出执行完下列各行后 quack 的值是多少。后 5 行中使用的是前一行生成的 quack 的值。

```
int quack = 2;
quack += 5;
quack *= 10;
quack -= 6;
quack /= 8;
quack %= 3;
```

分析与解答：

- `int quack = 2;`声明赋值，语句执行完成后 quack 的值为 2。
- `quack+=5;`通过+=赋值，`quack=quack+5;`先计算赋值运算符右侧，得到结果 7 随后赋值，语句结束后 quack 值为 7。
- `quack*=10;`通过*=赋值，`quack=quack*10` 先计算赋值运算符右侧，得到结果 70 后，赋值，语句结束后 quack 的值为 70。
- `quack-=6;`通过-=赋值，`quack=quack-6`，语句结束后，quack 的值为 64。

■ `quack/=8`;通过/=赋值，`quack=quack/8`，语句结束后，quack 的值为 8。

■ `quack%=3`;通过%= 赋值，`quack=quack%3`,语句结束后，quack 的值为 2。

2．假设 value 是 int 类型，下面的循环输出什么？

```
for(value = 36; value > 0 ;value /= 2)
     printf("%3d",value);
```

如果 value 是 double 类型，会出现什么问题？

分析与解答：

在 for 循环语句中初始化 value 为 36，循环测试条件为 value > 0，循环的更新表达式是 value /= 2。由于 value 是整型变量，当 value≤0 时停止循环，当 value =1 时执行最后一次循环，因此，循环输出：36　18　9　4　2　1。打印宽度为 3 个字符。

3．用代码表示以下测试条件：

a．x 大于 5；

b．scanf()读取一个名为 x 的 double 类型值且失败；

c．x 的值等于 5。

分析与解答：

a．x 大于 5 的表达式为　`x>5;`

b．scanf()函数返回的值为按指定格式正确接收到值的变量个数，如果读取 double 类型数据失败，则函数返回值 0，表达式为 `scanf("%lf",&x) == 0;`

c．`x == 5`。

4．用代码表示以下测试条件：

a．scanf()成功读入一个整数；

b．x 不等于 5；

c．x 大于或者等于 20。

分析与解答：

a．scanf()函数返回的值为按指定格式正确接收到值的变量个数，表达式为 scanf("%d",&x) == 1;

b．`x!=5;`

c．`x>=20`。

5．下面的程序有点问题，请找出问题所在。

```
#include <stdio.h>
int main(void)
{
    int i,j,list(10);
    for(i = 1, i <= 10, i++)
    {
        list[i] = 2*i + 3;
```

```
        for(j = 1, j >= i, j++)
            printf("%d",list[j]);
        printf("\n");
    }
```

分析与解答：

- for 循环的初始化和循环条件应当使用分号隔开，不是逗号；
- list 声明错误，程序本意是定义一个整型数组，应该使用方括号表示 list[10]；
- list[]数组长度为 10，下标值为 0～9，第一个 for 循环会产生越界。
- 当 `i` 值为 1 时嵌套循环的内层循环将会是无限循环，且该 for 循环使用>=在逻辑上错误。
- 程序花括号不匹配，main()函数缺少一个配对的花括号，也缺少 return 语句。

正确的代码如下。

```
#include <stdio.h>
int main(void)
{
    int i,j,list[10];
    for(i = 1; i < 10; i++)
    {
        list[i] = 2*i + 3;
        for(j = 1; j <= i; j++)
            printf("%d ",list[j]);
        printf("\n");
    }
    return 0;
}
```

程序运行结果如下。

```
5
5 7
5 7 9
5 7 9 11
5 7 9 11 13
5 7 9 11 13 15
5 7 9 11 13 15 17
5 7 9 11 13 15 17 19
5 7 9 11 13 15 17 19 21
```

6．编写一个程序，打印下面的图案，要求使用嵌套循环。

```
$$$$$$$$
$$$$$$$$
$$$$$$$$
$$$$$$$$
```

分析与解答：

在使用循环嵌套打印多行数据时，由于打印方式是从上向下、从左向右。因此通常行数使用外层循环控制，行内数据通过内层循环控制打印。图案共 4 行，每行 8 个$符号，因此循环次数可以确定为外层循环 4 次，内层循环 8 次，在外层循环中打印换行符。完整代码如下：

```
/*
第 6 章的复习题 6
*/
#include <stdio.h>
int main(void){
    for(int i = 1;i < 5;i++){
        /*循环次数为 4*/
        for(int j = 1; j < 9; j++)
            /*循环次数为 8*/
            printf("$");
        printf("\n");
        /* 在外层循环中打印换行符*/
    }
    return 0;
}
```

7. 下面的程序各打印什么内容？

a.

```
#include <stdio.h>
int main(void){
    int i = 0;
    while(++i<4)
        printf("Hi! ");
    do
        printf("Bye! ");
    while(i++ < 8);
    return 0;
}
```

b.

```
#include <stdio.h>
int main(void){
    int i;
    char ch;
    for(i = 0,cha = 'A';i<4; i++ , cha += 2*i)
    printf("%c",ch);
return 0;
}
```

分析与解答：

a．程序分别使用了 while 循环和 do...while 循环。两个循环在使用中略有不同，while 循环是入口判断，do...while 循环是出口判断。其次，程序分别使用了递增运算符号。递增运算符在左侧，就先进行递增，在右侧就后进行递增。变量 i 初始值为 0，while 循环将会循环 3 次；do...while 循环开始时变量 i 的值为 4，所以 Bye 打印 5 次，最终 i 的值为 9。

程序打印结果如下。

```
Hi! Hi! Hi! Bye! Bye! Bye! Bye! Bye!
```

b．程序使用 for 循环，初始时变量 i 的值为 0，cha 的值为'A'，循环更新表达式是 i++ 和 cha+=2*i，循环条件是 i<4。因此循环执行 4 次，i 值分别为 0、1、2、3；打印的 cha 值分别是'A'、'A'+2、'A'+2+4、'A'+2+4+6，按照 ASCII 码表可得对应字母。

程序打印结果如下。

```
ACGM
```

8．假设用户输入的是“Go west, young man!”，下面各程序的输出是什么？（在 ASCII 码中，“!”紧跟在空格字符后面。）

a．

```
 #include <stdio.h>
int main(void){
    char ch;
    scanf("%c",&ch);
    while( ch != 'g')
    {
        printf("%c",ch);
        scanf("%c",&ch);
    }
    return 0;
}
```

b．

```
 #include <stdio.h>
int main(void){
    char ch;
    scanf("%c",&ch);
    while( ch != 'g')
    {
        printf("%c",++ch);
        scanf("%c",&ch);
    }
    return 0;
}
```

c．

```
#include <stdio.h>
int main(void){
    char ch;
    scanf("%c",&ch);
    do {
        printf("%c",ch);
        scanf("%c",&ch);
    } while( ch != 'g');
    return 0;
}
```

d．

```
#include <stdio.h>
int main(void){
    char ch;
    scanf("%c",&ch);
    for(ch ='$';ch!='g';scanf("%c",&ch))
        printf("%c",ch);
    return 0;
}
```

分析与解答：

a．程序一次读取输入，while 循环的入口判断条件是 ch != 'g'，在 ASCII 码表中区分大小写字母。循环体内直接回显读取的字符，因此程序输出如下。

```
Go west, youn
```

b．程序一次读取输入，while 循环的入口判断条件是 ch != 'g'。循环体内将读取字符 ch，递增再回显，因此结果是输入的每一个字符在 ASCII 码表中的下一个字符。输出结果如下（空格和逗号也依次递增）。

```
Hp!xftu-!zpvo
```

c．程序使用 do...while 循环，属于出口判断，因此对于出口条件 ch != 'g'，依然会先打印该字符。所以程序的输出如下。

```
Go west, young
```

d．程序使用 for 循环，将 ch 初始化为'$'，因此 for 循环之前的 scanf()函数的读取结果被覆盖，当 ch != 'g'时，循环依次读取输入，直到 'g'为止，输出结果如下。

```
$o west, youn
```

9．下面的程序将打印什么内容？

```
#include <stdio.h>
int main()
{
    int n,m;
    n = 30;
    while(++n <= 33)
        printf("%d|",n);
    n = 30;
    do
    printf("%d|",n);
    while(++n<=33);
    printf("\n***\n");
    for(n = 1;n*n < 200; n+=4)
        printf("%d\n",n);
    printf("\n***\n");

    for(n = 2, m = 6;n < m; n*=2,m+=2)
        printf("%d %d\n",n,m);
    printf("\n***\n");
    for(n = 5;n > 0; n--)
    {
        for(m=0;m<=n;m++)
            printf("=");
        printf("\n");
    }
    return 0;
}
```

分析与解答：

程序中的第一个循环是 while 循环，n 的初始值为 30；循环入口条件使用++n<=33。综合以上条件，while 循环执行 3 遍，分别打印结果 31、32、33。随后 do...while 循环初始化 n 值为 30，循环出口条件是++n>33。因此循环 4 次，打印 30、31、32、33。

在 for 循环语句 for(n = 1;n*n < 200; n+=4)中，初始化 n 值为 1，循环条件判断为 n 的平方小于 200，循环更新条件是 n += 4，因此循环 4 次，打印 1、5、9、13。

在 for 循环语句 `for(n = 2, m = 6;n < m; n*=2,m+=2)`中，初始化 `n = 2,m = 6`。循环更新条件是 `n*=2, m+=2`。循环条件是 n<m，因此共循环 3 次，分别打印 n 和 m 的值，即(2、6)，(4、8)，(4、10)。

在程序最后一个嵌套循环中，外层循环控制行数，内层循环控制打印行内数据，因此等号'='从每行 6 个开始逐行递减，共打印 5 行。

程序的完整输出结果如下。

```
31|32|33|30|31|32|33|
***
1
5
9
13

***
2 6
4 8
8 10

***
======
=====
====
===
==
```

10．考虑下面的声明：

```
double mint[10];
```

a．数组名是什么？

b．该数组有多少个元素？

c．每个元素可以存储什么类型的值？

d．下面哪一个 scanf()的用法正确？

```
i. scanf("%lf",mint[2])
ii. scanf("%lf",&mint[2])
iii. scanf("%lf",&mint)
```

分析与解答：

- 语句 `double mint[10];`表示一个 double 类型数组的定义。
- 数组名是 mint，该数组共有 10 个元素，下标分别是 0～9，即 mint[0]～mint[9]。
- 其中每一个元素都可以存储 double 类型的数据。
- scanf() 函数读取用户输入，写入数组的用法应当使用第 2 种用法，即 scanf("%lf",&mint[2])。

这里需要注意的是&符号。前面章节在使用 scanf()函数处理字符串时没有使用&符号，例如：

```
char s[10];
scanf("%s",s);
```

通常在写入字符串时从第 1 个元素开始顺序写入，而数组名就是第 1 个元素的地址，因此不应当使用&符号表示第 1 个元素的地址。

但是当我们向某一个确定位置的元素写入数据时需要使用&符号。如果我们明确向第一个元素 mint[0]写入数据，也可以用 scanf("%lf",mint)，但是这样的代码容易引起误解，所以对于非字符串数组的写入，还应当明确元素的位置并加&符号。

11．Noah 先生喜欢以 2 计数，所以编写了下面的程序，创建了一个存储 2、4、6、8 等数字的数组，这个程序是否有错误之处？如果有，请指出。

```
#include <stdio.h>
#define SIZE 8
int main(void){
    int by_two[SIZE];
    int index;
    for (index = 1;index <= SIZE;index++)
        by_two[index] = 2*index;
    for (index = 1;index <= SIZE;index++)
        printf("%d ",by_two);
    printf("\n");
    return 0;
}
```

分析与解答：

题目主要考察数组的元素个数和下标的关系。当元素个数为 *N* 时，下标值应当介于 0～*N*−1，而题目的循环部分访问了 by_two[SIZE]，这会产生越界。此外，程序在打印元素数据时，需要使用下标访问 by_two[index]。正确的代码如下。

```
/*
第 6 章的复习题 11
*/
#include <stdio.h>
#define SIZE 8
int main(void){
    int by_two[SIZE];
    int index;
    for (index = 0;index < SIZE;index++)
        by_two[index] = 2*index;
    for (index = 0;index < SIZE;index++)
        printf("%d ",by_two[index]);
    printf("\n");
    return 0;
}
```

12．假设要编写一个返回 long 类型值的函数，函数定义中应包含什么？

分析与解答：

如果定义一个返回 long 类型值的函数，则函数的声明并当标识其返回值类型——long。函数的定义中也需要在 return 语句中显式地表明返回一个 long 类型的值。

```
long function(/* 参数列表*/);/*函数声明*/
```

```
long function(/*参数列表*/){/*函数定义*/
long x;
/* 函数代码块*/
return  x; /*或者其他long类型的变量*/
}
```

13. 定义一个函数，接受一个int类型的参数，并以long类型返回参数的平方。

分析与解答：

函数的参数为int类型，为了确保返回值为long类型，必须使用类型转换，且数值等于该参数的平方。处理方法有很多，其中更加安全的方式如下。

```
long square(int num){
    return ((long)num) * num
}
```

这样能够保证在计算平方之前就已经将类型转换为long类型，返回值为long类型。下面的代码则不够安全，主要原因在于计算平方时使用int类型，对于较大的数值，会产生int类型的越界，截断结果。转换为long类型后，结果依然是截断后的错误数据。

```
long square(int num){
    return (long) (num * num);
}
```

14. 下面的程序会打印什么？

```
#include <stdio.h>
int main(void){
    int k;
    for (k = 1,printf("%d: Hi!\n",k);printf("k = %d\n",k),k*k < 26;k += 2 ,printf
        ("Now k is %d\n",k))
        printf("k is %d in the loop\n",k);
    return 0;
}
```

分析与解答：

- 程序内for循环的初始化部分包含两个语句，`k = 1, print("%d : Hi!\n",k);` 这两句代码优先执行，且只执行一次。首先打印的结果如下。

```
1: Hi!
```

- 循环条件代码包含两条语句，`printf("k = %d\n",k),k*k < 26;`两句代码随后执行，且每一次循环都会执行这两句，进行循环条件检查。然后打印的结果如下。

```
k = 1
```

- 如果循环条件为真，则打印循环体，代码`printf("k is %d in the loop\n",k)`在每次循环时打印。接下来，打印以下内容。

```
k is 1 in the loop
```

- 循环更新语句为两条，`k += 2 ,printf("Now k is %d\n",k)`语句在循环体内，代码继续执行后，打印结果如下。

```
Now k is 3
```

- 循环更新语句之后再次进入循环条件判断，`printf("k = %d\n",k),k*k < 26;` 打印`k = 3`。依次类推，直到循环终止。全部打印结果如下。

```
1: Hi!
```

```
k = 1
k is 1 in the loop
Now k is 3
k = 3
k is 3 in the loop
Now k is 5
k = 5
k is 5 in the loop
Now k is 7
k = 7
```

6.6　编程练习

1．编写一个程序，创建一个包含 26 个元素的数组，并在其中存储 26 个小写字母。然后打印数组的所有内容。

编程分析：

程序的主要功能是使用数组存储并显示 26 个小写字母。程序需要两个循环，第一个循环初始化并存储小写字母，第二个循环用来打印数组的元素。数组存储的是小写字母，所以应定义元素数据类型为字符的数组，长度应当等于 26。

```
/*
第 6 章的编程练习 1
*/
#include <stdio.h>
int main(void){
    char alphabet[26];
    int i;
    char c = 'a';
    /* 定义变量 i 为数组的下标，c 从字符 a 开始递增，
     * 获得 26 个字母*/
    for (i = 0; i < 26 ; i++,c++)
        alphabet[i] = c;
    /* for 循环的循环更新部分，更新了下标和字母表*/
    for (i = 0; i < 26 ; i++)
        printf("%c ",alphabet[i]);
    return 0;
}
```

2．使用嵌套循环，按下面的格式打印字符。

```
$
$$
$$$
$$$$
$$$$$
```

编程分析：

通常在屏幕上打印多行数据时需要使用嵌套循环来控制打印。外层循环控制打印的行数，内层循环控制打印的行内内容。题目要求打印 5 行，因此外层循环的次数为 5，内层循环在第 1 行打印 1 个字符，在第 2 行打印 2 个字符，即循环次数为行数。因此外层循环的第 *N* 次循环需要作为内层循环的循环次数。完整代码如下。

```
/*
第 6 章的编程练习 2
*/
#include <stdio.h>
int main(void){
    int i ,j;
    for (i = 1; i <= 5 ; i++){
        /* 外层循环控制行数*/
        for (j = 0; j < i ; j++)
            /* 内层循环使用 j < i 表示第 N 行打印 N 个字符*/
            printf("$");
        printf("\n");
    }
    return 0;
}
```

3．使用嵌套循环，按下面的格式打印字母。

```
F
FE
FED
FEDC
FEDCB
FEDCBA
```

注意，如果你的系统不使用 ASCII 码或其他以数字顺序编码的代码，可以把字符数组初始化为字母表中的字母：

```
char lets[27]= "ABCDEFGHIJKLMNOPQRSTUVWXYZ"
```

然后，使用数组下标选择单独的字母，例如，lets[0]是'A'，等等。

编程分析：

程序最终打印 6 行字符，字符数量逐行递增，且行内字符从'F'递减。由此可以分析出嵌套循环中外层循环执行 6 次，内层循环表示第 *N* 行打印 *N* 个字符，且字符从'F'递减。完整代码如下。

```
/*
第 6 章的编程练习 3
*/
#include <stdio.h>
int main(void){
    int i ,j;
    char c;
    /* 循环控制变量的定义*/
    for (i = 1; i <= 6 ; i++){
        /* 外层循环控制行数，共 6 行*/
        for (j = 0, c = 'F'; j < i ; j++,c--)
            /* 内层循环控制行内打印的字符数，j<i 表示第 N 行打印 N 个字符
             * char 类型 c 从'F'开始，每次打印时，更新 c--
             * 实现字符的递减效果。在第 6 行，可以输出 'A' */
            printf("%c",c);
        printf("\n");
    }
    return 0;
}
```

4．使用嵌套循环，按照下面的格式打印字母。

```
A
BC
DEF
GHIJ
KLMNO
PQRSTU
```

如果你的系统不使用以数字顺序编码的代码，请参照练习3的方案解决。

编程分析：

程序使用嵌套循环，打印6行，每行内数据递增。与编程练习3的区别在于内层循环中不初始化待打印字符，`for(j=0,c='F';j<i;j++,c--)`，即删除`c='F'`的赋值使其持续递增。完整代码如下。

```
/*
第6章的编程练习4
*/
#include <stdio.h>
int main(void){
    int i ,j;
    char c = 'A';
    /* 初始化待打印字符*/
    for (i = 1; i <= 6 ; i++){
        /* 外层循环控制行数，共6行*/
        for (j = 0; j < i ; j++,c++)
            /* 内层循环不初始化待打印数据，且使用c++ 进行递增*/
            printf("%c",c);
        printf("\n");
    }
    return 0;
}
```

5．编写一个程序，提示用户输入大写字母。使用嵌套循环以金字塔形的格式打印字母。

```
    A
   ABA
  ABCBA
 ABCDCBA
ABCDEDCBA
```

编程分析：

- 程序首先读取用户输入的大写字母，并通过嵌套循环打印金字塔类型的字母表；
- 其中每行的字母都需要正序和逆序显示，每行的最大字符（中间字符）与行数有关，第1行的最大字符为'A'，第2行的最大字符为'B'，第3行的最大字符为'C'，……第5行的最大字符为用户输入的'E'。
- 为了保证每行字符居中，若字符数量不足，需要通过空格填充，使其成为正三角形结构。

■ 为了保证行内的打印效果，在内层循环中应当判断每行打印的空格数。

■ 程序的算法有很多种，其中最简单的算法是，空格数、正序字符数、逆序字符数分开打印。

■ 例如，若用户输入 E，则需要打印 5 行，每行中间字符为 A～E，第 1 行需要补 4 个空格，最后一行不需要补空格。先打印从 A 到中间字符（中间字符 ='A'+'行号' - 1)。打印逆序字母后不需要打印空格。

完整代码如下。

```
/*
第 6 章的编程练习 5
*/
#include <stdio.h>
int main(void){
    int i ,j,num;
    char c ;
    printf("Enter the core char you want to print(A...Z):");
    scanf("%c",&c);
    char ch = 'A';
    num = c - 'A' + 1;
    /* 输入字符的 ASCII 码减去 'A' 加 1 得到的十进制结果 num
     * num 即是需要打印的从 A 开始的字符数，也是打印的总行数 */
    for (i = 1; i <= num ; i++){
        /* 外层循环控制打印行数，num 为输入字符和 A 的差加 1* */
        for (j = 0; j < num - i ; j++)
            printf(" ");
        /* 打印空格，空格数为总字符数减去当前行应打印的字符数，
         * 即，本行应打印空格数 + 应打印字符数 = 总字符数（总行数）*/
        for (ch ='A'; j < num ; j++)
            printf("%c",ch++);
        /* 在打印正序字符数时，需要通过 ch 做递增操作，起始值 j 在空格处已经通过循环
         * 做了初始化，因此只打印剩余字符数 */
        for (j = 1, ch-=2; j < i  ; j++,ch--)
            printf("%c",ch);
        /* 在打印逆序字符时，字符做递减操作*/
        printf("\n");
    }
    return 0;
}
```

6. 编写一个程序，打印一个表格，每 1 行打印 1 个整数、该数的平方、该数的立方。要求用户输入表格的上下限。使用一个 for 循环。

编程分析：

程序要求在表格中打印整数、整数的平方、整数的立方。表格的起始数据、终止数据由用户输入确定。使用 for 循环实现确定次数的循环。完整代码如下。

```
/*
第 6 章的编程练习 6
```

```
*/
#include <stdio.h>
int main(void){
    int start ,end;
    printf("Please enter the start number:");
    scanf("%d",&start);
    printf("Please enter the end number:");
    scanf("%d",&end);
    /* 读取用户输入的起始数据和终止数据*/
    printf("    Ori:       Square:    Cubic:\n");
    for (int i = start; i <= end ; i++){
        printf("%6d,%10d,%10d",i,i*i,i*i*i);
        printf("\n");
        /* 打印 3 个数据，循环的入口判断为 i <= end，保证
         * 最后一个值是用户输入的结束值
         *
         * 对于整型数据，计算大数的立方值可能会产生溢出，需要注意
         * */
    }
    return 0;
}
```

7. 编写一个程序，把一个单词读入一个字符数组中，然后倒序打印这个单词。提示：strlen()函数可用于计算数组最后一个字符的下标。

编程分析：

程序要求读取用户输入的单词，并存入字符数组中，因此可以不考虑空格、换行符等空白字符，直接使用 scanf()函数读取数据。由于字符数组保存单词的特性，字符数组的最后一个元素存储 '\0'，因此需要判断最后一个有内容的数组元素的下标。题目提示使用 strlen()函数来确定字符数组的有效长度，通过返回值来确定下标，注意循环的起始位置是单词长度−1，循环的终止位置是 0。完整代码如下。

```
/*
第 6 章的编程练习 7
*/
#include <stdio.h>
#include <string.h>
int main(void){
    char word[30];
    printf("Please enter the words: ");
    scanf("%s",word);
    /* scanf()函数读取用户的输入，保存至 word 字符数组中*/
    printf("The word you enter is : %s\n",word);
    printf("The reverse word you enter is : ");
    printf("%d",strlen(word));
    for (int i = strlen(word) - 1; i >= 0 ; i--){
        printf("%c",word[i]);
    }
    /* 逆序打印，下标值通过 strlen()函数获得。strlen()返回的长度值
```

```
     * 不包含'\0',但是数组下标介于 0～(数组长度-1) */
    printf("\n");
    return 0;
}
```

8．编写一个程序，要求用户输入两个浮点数，并打印两数之差除以两数之积的结果。在用户输入非数字之前，程序应循环处理用户输入的每对值。

编程分析：

程序要求计算两个浮点型数据的差除以两数之积。计算部分的编码相对简单。需要用循环语句来反复读取并计算，直到用户输入非数字。可以选择使用 while 循环或者 do...while 循环，循环的入口条件是 scanf()函数成功读取浮点型数据的个数。完整代码如下。

```
/*
 * 第 6 章的编程练习 8
*/
#include <stdio.h>

int main(void){
    float x,y;
    printf("Please enter the two float data(separated by blank): ");
    while(scanf("%f %f",&x,&y) == 2){
        /* scanf()函数的返回值是成功读取浮点型数据的个数，
         * 因此只有成功读取两个浮点型数据，其返回值才为 2 */
        printf("The answer is %f\n",(x-y)/(x*y));
        /* 程序不处理 x 或者 y 为 0 的情况。如果有必要，可以自行添加条件判断语句*/
        printf("Please enter the two float data(separated by blank): ");
    }
    printf("Program end!");
    return 0;
}
```

9．修改编程练习 8，使用一个函数返回计算结果。

编程分析：

使用函数计算两个浮点型数据的差除以两数乘积，因此函数的返回值应当是浮点型数据，函数的参数是用户输入的两个浮点型数据。完整代码如下。

```
/*
第 6 章的编程练习 9
*/
#include <stdio.h>
float calc(float x, float y);
int main(void){
    float x,y;
    printf("Please enter the two float data(seprate by blank): ");
    while(scanf("%f %f",&x,&y) == 2){
        printf("The answer is %f\n",calc(x,y));
        printf("Please enter the two float data(seprate by blank): ");
```

```
    }
    printf("Program end!");
    return 0;
}
float calc(float x, float y){
    float result;
    result  = (x-y)/(x*y);
    return result;
    /* 处理运算的函数，整个函数体也可以简化为 return (x-y)/(x*y);
     * 函数不处理 x 或者 y 为 0 的情况*/
}
```

10．编写一个程序，要求用户输入一个上限整数和一个下限整数，计算从上限到下限范围内所有整数的平方和，并显示计算结果。然后继续提示用户输入上限和下限整数，并显示结果，直到用户输入的上限整数等于或小于下限整数为止。程序运行的示例如下。

```
Enter lower and upper integer limits: 5 9
The sum of the squares form 25 to 81 is 255
Enter lower and upper integer limits: 3 25
The sum of the squares form 9 to 625 is 5520
Enter lower and upper integer limits: 5 5
Done!
```

编程分析：

程序要求计算指定范围内整数的平方和，平方和的计算可以使用 for 循环实现。对于用户的循环输入，需要判断两个输入值的大小关系，当下限数值大于或等于上限数值时，终止程序。完整代码如下。

```
/*
第 6 章的编程练习 10
*/
#include <stdio.h>
int main(void){
    int lower,upper;
    printf("Enter lower and upper integer limits: ");
    scanf("%d %d",&lower,&upper);
    /* 使用 scanf()函数读取上下限数值*/
    while(upper > lower){
        /* 判断用户输入的上下限数值*/
        int sum = 0;
        for(int i = lower;i <= upper; i++){
            sum = sum + i*i;
        /* 通过 for 循环计算平方和*/
        }
        printf("The sum of the squares form %d to %d is %d\n",lower,upper,sum);
        printf("Enter lower and upper integer limits: ");
        scanf("%d %d",&lower,&upper);
        /* 用户再次输入上下限数值*/
    }
    printf("Done!");
```

```
    return 0;
}
```

11．编写一个程序，在数组中读入 8 个整数，然后倒序打印这 8 个整数。

编程分析：

程序要求首先读取 8 个整数，并存入整型数组，然后倒序打印。

```
/*
第 6 章的编程练习 11
*/
#include <stdio.h>
int main(void){
    int data[8];
    printf("Enter the 8 integer data (seperate by blank): ");
    for(int i = 0;i < 8; i++){
        scanf("%d",&data[i]);
    }
    /* 通过用户的输入，读取 8 个整型数据*/

    printf("Ok, the reverse data is :");
    for(int i = 7;i >= 0 ; i--){
        printf(" %d",data[i]);
    }
    /* 倒序打印，需要注意下标越界问题*/
    printf("\nDone!\n");
    return 0;
}
```

12．考虑下面两个无限序列。

```
1.0 + 1.0/2.0 + 1.0/3.0 + 1.0/4.0 + ...
1.0 - 1.0/2.0 + 1.0/3.0 - 1.0/4.0 + ...
```

编写一个程序，计算这两个无限序列的总和，直到到达某次数。提示：奇数个−1 相乘得−1，偶数个−1 相乘得 1。让用户交互地输入指定的次数，当用户输入 0 或负值时结束输入。查看输入 100 项、1000 项、10000 项后的总和，是否发现每个序列都收敛于某值？

编程分析：

程序读取用户输入的整型数据，计算两个无限序列的总和。求和算法可以直接使用 for 循环。第 1 个序列可以直接求和，第 2 个序列需要通过判断奇偶项来获取该项的正负号。两个数列的和只计算奇数项。完整代码如下。

```
/*
第 6 章的编程练习 12
*/
#include <stdio.h>
int main(void){
    int length;
    double sum = 0.0;
    printf("Enter the limit length: ");
```

```
    scanf("%d",&length);
    while(length>0){
        sum = 0.0;
        for(int i = 1;i <= length; i++){
            sum = sum + 1.0/i;
        }
        /* 计算1 + 1/2 + 1/3+... */
        printf("The sum for 1.0 +...+ 1.0/%d.0 is %lf\n",length,sum);
        sum = 0.0;
        for(int i = 1;i <= length; i++){
            if(i%2==0) sum = sum - 1.0/i;
            else sum = sum + 1.0/i;
        }
        /* 计算1 - 1/2 + 1/3 - 1/4+...*/
        printf("The sum for 1.0 -...+ 1.0/%d.0 is %lf\n",length,sum);

        sum = 0.0;
        for(int i = 1;i <= length; i++){
            if(i%2 != 0) sum = sum + 2*1.0/i;
        }/* 两个数列的和只计算奇数项，偶数项相抵消*/
        printf("The sum for 1.0 + 1.0+ 2.0/3.0+...+ 2.0/%d.0 is %lf\n",length,sum)
;

        printf("Enter the limit length: ");
        scanf("%d",&length);
    }
    printf("\nDone!\n");
    return 0;
}
```

13．编写一个程序，创建一个包含 8 个元素的 int 类型数组，分别把数组元素设置为 2 的前 8 次幂，使用 for 循环设置数组元素的值，使用 do...while 循环显示数组元素的值。

编程分析：

程序首先定义包含 8 个元素的整型数组，数组元素分别是 2 的前 8 次幂，计算方法可以是，当前元素的值等于前一元素值的 2 倍。分别使用 for 循环赋值、do...while 循环打印。完整代码如下。

```
/*
第 6 章的编程练习 13
*/
#include <stdio.h>
int main(void){
    int data[8];
    data[0] = 2;
    /* 初始化第 1 个元素为 2 的 1 次幂 */
    for(int i = 1; i < 8;i++){
        data[i] = data[i-1] * 2;
    }
    /* 2 的 n 次幂等于 2 乘以 2 的 n-1 次幂*/
    int i = 0;
    do{
```

```
        printf("%d  ",data[i++]);
    }while(i<8);

    printf("\nDone!\n");
    return 0;
}
```

14. 编写一个程序，创建两个包含 8 个元素的 double 类型数组，使用循环提示用户为第 1 个数组输入 8 个值。第 2 个数组元素的值设置为第 1 个数组对应元素的累加和。例如，第 2 个数组的第 4 个元素的值是第 1 个数组的前 4 个元素之和。第 2 个数组的第 5 个元素是第 1 个数组的前 5 个元素之和（用嵌套循环可以完成，但是利用第 2 个数组的第 5 个元素是第 2 个数组的第 4 个元素和第 1 个数组的第 5 个元素之和，只用一个循环就能完成任务，不需要使用嵌套循环）。最后使用循环显示两个数组的内容，第 1 个数组显示成 1 行，第 2 个数组显示在第 1 个数组的下一行，而且每 1 个元素都与第 1 个数组的元素相对应。

编程分析：

程序定义两个包含 8 个元素的 double 类型数组，第 1 个数组存储用户输入的数值，第 2 个数组计算第 1 个数组的前 *N* 项和。算法可以通过单循环或者嵌套循环来实现。完整代码如下。

```
/*
第 6 章的编程练习 14
*/
#include <stdio.h>
int main(void){
    double first[8], second[8];
    printf("Enter 8 data to the FIRST array: ");
    for(int i = 0; i < 8;i++){
        scanf("%lf",&first[i]);
    }
    /* 读取用户输入的 8 个数据，并赋值给第一个数组*/
    for(int i = 0;i < 8;i++){
        double sum = 0;
        for(int j = 0;j<=i ;j++){
            sum = sum + first[j];
        }
        second[i] = sum;
    }
    /* 使用嵌套循环来计算第一个数组的前 N 项和。
     * 也可以使用单循环，代码如下：
     *     second[0] = first[0];
     *  for(int i = 1;i < 8;i++){
     *    second[i] =  second[i-1] + first[i];
     *   }
     * */
    printf("All the data of  two array:\n");
    printf("First  Array: ");
    for(int i = 0; i < 8;i++){
        printf("%12lf. ",first[i]);
    }
    printf("\nSecond Array: ");
```

```
    for(int i = 0; i < 8;i++){
        printf("%12lf. ",second[i]);
    }

    printf("\nDone!\n");
    return 0;
}
```

15．编写 1 个程序，读取 1 行输入，然后把输入的内容倒序打印出来。可以把输入存储在 char 类型的数组中，假设每行字符不超过 255 个。回忆一下，根据%c 转换说明符，scanf()函数一次只能从输入中读取 1 个字符，而且在用户按下 Enter 键时，scanf()函数才会生成 1 个换行字符（\n）。

编程分析：

程序通过字符数组，存储用户输入的 1 行字符，并按照倒序打印，字符数组的长度是 255。程序的关键在于读取用户输入的函数。在使用%c 转换说明符时，如果 scanf()遇到用户输入回车符，会自动生成换行符（\n），因此可以使用换行符来判断用户输入完毕。完整代码如下。

```
/*
第 6 章的编程练习 15
*/
#include <stdio.h>
#include <string.h>
int main(void){
    char data[256];
    printf("Enter the char in a line : ");
    int i = 0;
    do{
        scanf("%c",&data[i]);
    }while(data[i]!='\n' && ++i);
    /* 循环读取用户输入的字符，并保存在字符数组中，直到用户输入回车符
     * 循环未检查输入字符的数量，特定情况下可能会产生溢出*/
    printf("The reverse char of the data: ");
    for(i--;i >=0;i--){
        /* 原下标 i 为最后一个字符的下标，初始化时 i—的目的是删除最后那个换行符 */
        printf("%c",data[i]);
    }
    printf("\nDone!\n");
    return 0;
}
```

16．Daphne 以 10%的单利投资了 100 美元（也就是说，每年投资获利相当于原始投资的 10%）。Deirdre 以 5%的复利投资了 100 美元（也就是说，利息是当前余额的 5%，包含之前的利息）。编写一个程序计算需要多少年 Deirdre 的投资额才会超过 Daphne，并显示那时两人的投资额。

编程分析：

程序分别计算两人在每年的利息及投资额。两人的投资额计算方法略有不同。Daphne 的原始投资额不变，投资获利一直是原始投资额；Deirdre 的投资额每年递增，利息自动转

入原始投资额。完整代码如下。

```
/*
第 6 章的编程练习 16
*/
#include <stdio.h>
#include <string.h>
int main(void){
    float daphne,deirdre;
    daphne = deirdre = 100.0;
    int year = 0;
    do{
        daphne = daphne + 100*0.1;
        deirdre = deirdre + deirdre*0.05;
        year++;
        /* 计算两人每年的利息及投资额*/
    }while((deirdre - daphne) < 0);
    /* 当 daphne 高于 deirdre 时，退出循环*/
    printf("%d years later.\nDaphne = %f.\nDeirdre= %f \n",year,daphne,deirdre);
    printf("\nDone!\n");
    return 0;
}
```

17. Chuckie Lucky 赢得了 100 万美元（税后），他把奖金存入了年利率为 8%的账户中。在每年的最后一天 Chuckie 取出 10 万美元。编写一个程序，计算多少年后 Chuckie 会取完账户的钱。

编程分析：

Chuckie 账户每年获取存款总额的 8%的年利息，且最后一天取出 10 万美元，因此通过不定次数循环进行计算更加合理，当取出 10 万美元之后，若余额低于 9 万美元，则不够下一年支取。完整代码如下。

```
/*
第 6 章的编程练习 17
*/
#include <stdio.h>
#include <string.h>
int main(void){
    float chuckie = 100;
    int year = 0;
    do{
        chuckie = chuckie + chuckie*0.08;
        chuckie -= 10;
        year++;
        printf("%f\n",chuckie);
    }while( chuckie > 9);
    /* 若账户余额小于 9 万美元，则下一年将会被全部支取*/
    printf("%d years later. Chuckie's account %f \n",year,chuckie);
    printf("%d years later. Chuckie's account is null \n",++year);
    printf("\nDone!\n");
    return 0;
}
```

18．Rabnud 博士加入了一个社交圈，起初他有 5 个朋友。他注意到他的朋友以下面的方式增长。第 1 周少了 1 个朋友，剩下的朋友数量翻倍；第 2 周少了两个朋友，剩下的朋友数量翻倍。一般而言，第 *N* 周少了 *N* 个朋友，剩下的朋友数量翻倍。编写一个程序，计算并显示 Rabnud 博士每周的朋友数量。该程序一直运行，直到超过邓巴数（Dunbar's number）。邓巴数是粗略估算一个人在社交圈中有稳定关系的成员的最大值，该值约是 150。

编程分析：

在该程序中，Rabnud 朋友圈的算法可以表述为 2×（朋友数−周数），朋友数的起始值为 5，为了计算何时达到邓巴数，应使用不定次循环，循环入口条件设置为朋友数小于邓巴数。完整代码如下。

```
/*
第 6 章的编程练习 18
*/
#include <stdio.h>
#include <string.h>
int main(void){
    int rabnud = 5;
    int weeks = 1;
    while(rabnud < 150){
        printf("At %d weeks, Rabnud has %4d friends \n",weeks,rabnud);
        rabnud = 2*(rabnud-weeks++);
        /* 计算每周 Rabnud 博士的朋友数*/
    };
    printf("\nDone!\n");
    return 0;
}
```

第 7 章

C 控制语句——分支和跳转

本章知识点总结

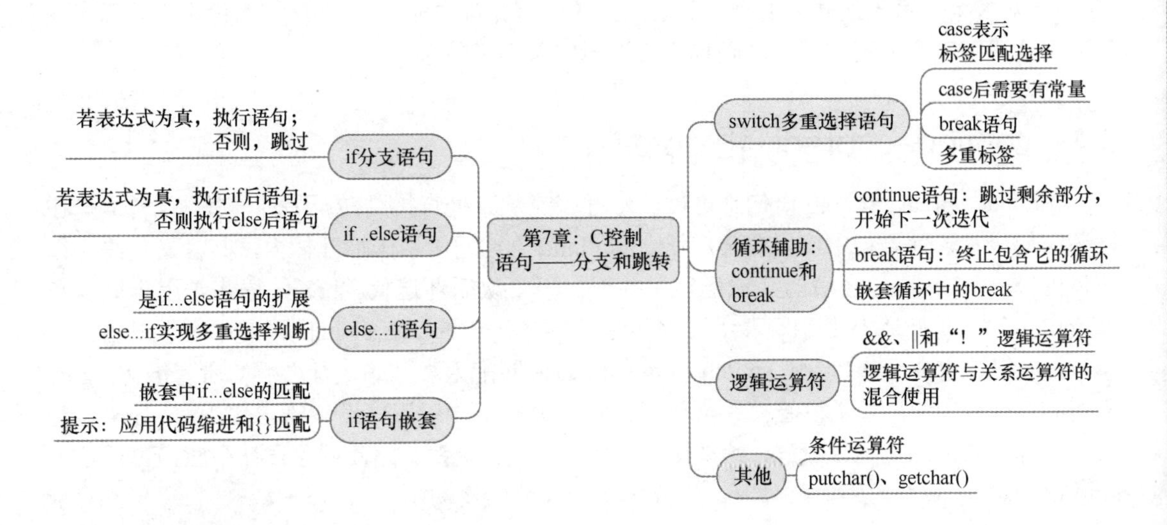

7.1 if 语句和 if…else 语句

C 程序设计中通常使用 if 语句、if…else 语句、else…if 语句及其嵌套形式来表示依据不同条件产生的语句分支。在最基本的 if 语句中，如果 if 关键字之后的逻辑判断为真（条件符合），则执行 if 语句之后的代码块；否则，就跳过该代码块。if…else 语句通过逻辑判断在两个语句块之间选择执行，如果 if 关键字之后的逻辑判断为真，执行 if 语句之后的语句块；否则，执行 else 关键字后的语句块。此外，还可以通过 if…else if 语句实现多重的条件判断，当 if 或者 else if 的逻辑判断为真时，执行之后的语句块。使用 else…if 语句可以组合出较长的多重选择和判断语句。在使用 if 语句时，需要注意的是逻辑表达式的规范表达和对其真假的预期。

7.2 多重选择语句 switch…case

C 语言中除可以使用 else…if 语句表达多重选择的形式之外，还可以使用 switch…case 语句来表示。相比之下，switch…case 语句更加清晰、可读。其基本用法是 switch 关键字之后的圆括号内是一个变量名，case 关键字之后是一个常量。当 switch 后的变量值和常量匹配时，执行 case 后的语句；当变量和 case 后的常量不匹配时，会执行 default 语句。switch 语句还可以实现多重标签。当程序设计不需要多重标签时，需要使用 break 语句退出当前的多重选择。switch 语句和 else…if 语句都能够处理多重选择，但是对于浮点类型变量或者某区间进行判别时是无法使用 switch 语句的。

7.3　逻辑运算符

条件语句中的判断依据是逻辑值。C 语言中逻辑值真的值也就是非 0，逻辑假的值就是 0。程序设计中常用比较运算符来表示逻辑真和假，如==、>、<、>=、<=、!=。编程过程中需要注意赋值语句和比较运算符的误用可能会导致循环或者条件语句的逻辑错误。对于逻辑真和假，C 语言中还有 3 种逻辑运算符——与（&&）、或（||）、非（!）表示对多个逻辑值（常用于对多个关系表达式）的合运算。3 种逻辑运算符中非（!）运算符的优先级较高，在复杂表达式中应当使用圆括号清晰标识其逻辑关系的求值顺序。

7.4　continue、break 和 goto

continue、break 和 goto 语句都可以表示程序流从一处直接跳转至另外一处。跳转语句在循环语句或者条件语句中应用非常广泛。continue 语句通常用于循环体内，其含义是终止循环体内 continue 语句之后的其他语句，并开始下一次循环迭代。break 语句常用于循环和 switch 语句。在循环中 break 表示终止并退出当前的循环；在 switch 语句中表示退出当前 switch 语句的剩余部分，否则 switch 语句会从 case 匹配为真开始执行之后的所有语句。goto 语句的使用范围更广，能够直接跳转到指定标签处。但一般程序设计语言都认为 goto 语句破坏了程序的标准化运行流程，频繁使用会使程序代码混乱，因此程序设计中应当慎重使用 goto 语句。

7.5　复习题

1．判断下面的表达式是 true 还是 false：

a．100 > 3 && 'a'>'c'

b．100>3 ||'a'>'c'

c．!(100>3)

分析与解答：

- 100 > 3 为 true，'a'>'c'为 false，表达式等价于 true && false。&&表示与，当两个操作数均为 true 时，表达式才为 true，其余为 false，因此表达式为 false。
- 100 > 3 为 true，'a'>'c'为 false，表达式等价于 true || false。||表示或，当两个表达式均为 false 时，表达式才为 false，其余为 true，因此表达式为 true。
- 100 > 3 为 true，“!”表示非，即取反，因此表达式!(100 > 3)为 false。

2．根据下列描述的条件，分别构造一个表达式：

a．number 等于或大于 9，但是小于 100；

b．ch 不是字符 q 或 k；

c. number 介于 1～9（包括 1 和 9），但不是 5；

d. number 不介于 1～9。

分析与解答：

■ number 等于或者大于 9　可以表示为 number >= 9，但是小于 100 可以表示为 number < 100，两个比较运算式取与（&&）。表达式为

```
(number >=9) && (number <100)
```

■ ch 不是字符 q 或 k，使用比较运算符"! ="，两个运算表达式取或（||），注意，表达式中字符 q 和 k 应使用单引号标识。表达式为

```
ch != 'q' || ch != 'k'
```

■ number 介于 1～9（包含 1 和 9）。闭区间的表示应当是与（&&）的关系，即 number > =1 && number <= 9。由于区间内含 5，因此应当将其排除。表达式为

```
(number > =1 && number <= 9) && number != 5
```

■ number 不介于 1～9 表示为小于 1 和大于 9 两个开区间，因此用或（||）。表达式为

```
number < 1 || number > 9
```

3. 下面的程序关系表达式过于复杂，而且还有些错误，请简化并改正。

```
#include <stdio.h>
int main(void)                              /* 第 1 行 */
{                                           /* 第 2 行 */
    int weight,height; /*weight 以磅为单位,
                height 以英寸为单位 */      /* 第 4 行 */
    scanf("%d",weight,height);              /* 第 5 行 */
    if(weight<100&&height>64)               /* 第 6 行 */
        if(height>=72)                      /* 第 7 行 */
            prinft("you are very tall for your weight\n");
        else if(height<72 && >64)               /* 第 9 行 */
    printf("you are tall for your weight\n");   /* 第 10 行 */
    else if(weight>300 && !(weight<=300) && height <48)    /* 第 11 行 */

        if(!(height >= 48))                     /* 第 13 行 */
            printf(" you are quite short for you weight.\n");
        else                                    /* 第 15 行 */
            printf("You weight is ideal.\n");   /* 第 16 行 */
    /* 17 */
    return 0;
}
```

分析与解答：

源代码内的主要语法错误为如下所示。

■ 在第 5 行代码中，scanf()函数在读取两个整型数据时缺少一个%d 转换说明符，且 weight 和 height 前缺少&符号。正确的代码应为

```
scanf("%d %d",&weight,&height);
```

■ 第 6 行代码开始的条件判断语句逻辑混乱，未能正确使用条件语句。依据现有的代码可以分析 weight 的判断标准为 100 磅和 300 磅；height 的判断标准为 48 英寸、64

英寸和 72 英寸。分别针对这两个变量的数据标准进行条件判断，得到 4 种情况，然后分别打印。

```
printf ("you are very tall for your weight\n");
printf ("you are tall for your weight\n");
printf(" you are quite short for you weight.\n");
printf("You weight is ideal.\n");
```

因此可以重新梳理原有条件语句中的逻辑判断，重新实现的代码如下。

```
/*
第 7 章的复习题 3
*/

#include <stdio.h>
int main(void)
{
    int weight, height; /* weight 以磅为单位, height 以英寸为单位 */
    scanf("%d %d", &weight, &height);
    if (weight < 100 && height > 64)
        if (height >= 72)
            /* weight 小于 100, height 大于或等于 72*/
            printf("You are very tall for your weight.\n");
        else
            /* weight 小于 100, weight 大于 64 且小于 72*/
            printf("You are tall for your weight.\n");
    else if (weight > 300 && height < 48)
        /* weight 大于 300, height 小于 48*/
        printf(" You are quite short for your weight.\n");
    else
        /* weight 大于 100 且小于 300, height 大于 48 且小于 64*/
        printf("Your weight is ideal.\n");
    return 0;
}
```

4．下列各表达式的值是多少？

a．`5>2;`

b．`3+4>2&&3<2;`

c．`x>=y||y>x;`

d．`d = 5+(6>2);`

e．`'X'>'T'?10:5;`

f．`x>y?y>x:x>y`。

分析与解答：

■ 对于 `5>2;` 5 大于 2，因此表达式的值为 1（true）。

■ 对于 `3+4>2&&3<2`，考虑运算符优先级，表达式首先运算 3+4，即 7>2&&3<2，再进行比较操作，得到 true && false，逻辑与运算的最终结果为 0（false）。

■ 对于 x>=y||y>x，由优先级确定表达式先计算两个关系运算，最后进行逻辑或判断，x>=y 与 y>x 两个关系运算必有一个为 true，另一个为 false，因此表达式为 1（true）。

■ 对于 d = 5+(6>2)，由运算符优先级可知，先计算 6>2，得 true，随后进行加法运算，将 true 转换为整型数据 1，加法运算的结果为 6，最后进行赋值语句，表达式为 6，变量 d 也为 6。

■ 'X'>'T'?10:5 是标准的问号表达式，字符'X'在 ASCII 码表中在字符'T'之后，因此十进制数据大于'T'，'X'>'T'的值为 true。表达式的结果为 10。

■ 对于 x>y?y>x:x>y，首先考虑变量 x 与变量 y 的大小关系，当 x>y 时，表达式为 y>x（此时为 false）；当 y>x 时，表达式值为 x>y（此时为 false）。因此该表达式无论 x 与 y 的大小关系，总是为 0（false）。

5．下面的程序将打印什么？

```
#include <stdio.h>
int main(void)
{
    int num;
    for(num = 1;num<=11;num++)
    {
        if(num%3 ==0)
            putchar('$');
        else
            putchar('*');
        putchar('#');
        putchar('%');
    }
    putchar('\n');
    return 0;
}
```

分析与解答：

打印*#%*#%$#%*#%*#%$#%*#%*#%$#%*#%*#%。

for 循环初始化 num 为 1，当 num 为 3 的倍数时打印'$'，否则打印'*'。完成该 if 条件语句后，再打印'#'和'%'。当 num 取 1～11 的整数时，打印 11 组*#%；当 num 是 3 的倍数时，用'$'替换'*'。

6．下面的程序将打印什么？

```
#include <stdio.h>
int main(void)
{
    int i = 0;
    while(i<3){
        switch(i++){
            case 0:printf("fat ");
            case 1:printf("hat ");
            case 2:printf("cat ");
            default:printf("Oh no! ");
        }
        putchar('\n');
```

```
    }
    return 0;
}
```

分析与解答：

打印结果如下。

```
fat hat cat Oh no!
hat cat Oh no!
cat Oh no!
```

程序代码的 switch 语句中没有使用 break 语句，在 while 循环中 i 取值从 0 开始，语句会依次执行 case 的匹配语句之下的所有语句。例如，当 i 为 0 时，会执行 0、1、2 和 default 这 4 条打印语句，其余依次类推。

7．下面的程序有哪些错误？

```
#include <stdio.h>
int main(void)
{
    char ch;
    int lc = 0; /*统计小写字母
   int uc = 0; /*统计大写字母
   int oc = 0; /*统计其他字母
   while((ch = getchar()) != '#')
   {
      if ('a' <= ch >= 'z')
         lc++;
      else if(!(ch < 'A')||!(ch >'Z'))
         uc++;
      oc++;
   }
   printf("%d lowercase, %d uppercase, %d other,lc,uc,oc");
   return 0;
}
```

分析与解答：

- 应使用配对的/* */表示注释多行代码，或者使用// 符号表示注释一行代码。
- `'a' <= ch >= 'z'`在表达`'a'～'z'`时应使用与运算符&&，表达式为 `ch >='a' && ch <= 'z'`;
- `!(ch < 'A') || !(ch >'Z')` 表达式应当使用与运算符&&表示'A' ～ 'Z'，简洁的表达式为：`ch >= 'A' && ch <='Z'`;
- 英文字母的大小写判断可以直接使用 islower()和 isupper()函数；
- printf()函数中的字符串应当使用双引号，格式化变量应在双引号外部；
- 为表达除大小写之外的其他字符统计，oc++表达式前应添加 else。原题目会统计所有字符。

正确代码如下。

```
/*
第 7 章的复习题 7
```

```
*/
#include <stdio.h>
int main(void)
{
    char ch;
    int lc = 0; /*统计小写字母 */
    int uc = 0; /*统计大写字母 */
    int oc = 0; /*统计其他字母*/
    /* 两种注释方式均可，但//不能表示注释多行代码 */
    while((ch = getchar())!= '#')
    {
        if (ch >='a' && ch <= 'z')
            /* 也可以使用 if(islower(ch))，但需要添加头文件，方法为#include <ctype.h> */
            lc++;
        else if(ch >= 'A' && ch <='Z')
            /* 也可以使用 if(isupper(ch)) */
            uc++;
        else oc++;
    }
    printf("%d lowercase, %d uppercase, %d other",lc,uc,oc);

    return 0;
}
```

8．下面的程序将打印什么？

```
/*retire.c*/
#include <stdio.h>
int main(void)
{
    int age = 20;
    while(age++<=65)
    {
        if((age%20) == 0)
            printf("You are %d. Here is a raise.\n",age);
        if(age = 65)
            printf("You are %d. Here is your gold watch.\n",age);
    }
    return 0;
}
```

分析与解答：

源代码中存在表达式错误，在 while 循环内 if(age = 65)通过不断赋值，age 变量的值一直为 65，因此 while 循环无法退出，且赋值语句也使得该条件判断为真，该段代码会循环打印

```
You are 65. Here is your gold watch.
```

将 if(age = 65) 修改为 if(age == 65)后，可以正确打印以下内容。

```
You are 40. Here is a raise.
You are 60. Here is a raise.
You are 65. Here is your gold watch.
```

9．当给定下面输入时，以下程序将打印什么？

```
q
c
h
b

#include <stdio.h>
int main(void)
{
    char ch;
    while((ch = getchar()) != '#')
    {
        if(ch == '\n')
            continue;
        printf("Step 1\n");
        if (ch == 'c')
            continue;
        else if(ch == 'b')
            break;
        else if(ch == 'h')
            goto laststep;
        printf("Step 2\n");
        laststep: printf("Step 3\n");
    }
    printf("Done\n");
    return 0;
}
```

分析与解答：

程序代码的 while 循环判断在输入非'#'字符时执行循环体。循环体内首先判断如果为换行符，则终止当前循环，执行下一次循环。若不是换行符，则打印 Step 1。打印完成后，通过 else…if 语句进行多重选择：若 ch 为'c'，终止当前循环，执行下一循环；若 ch 为'b'，则终止循环；若 ch 为'h'，则不打印 Step 2，直接打印 Step 3。

按照题目要求输入字符，输出结果如下。

```
q
Step 1
Step 2
Step 3
c
Step 1
h
Step 1
Step 3
b
Step 1
Done
```

10．重做复习题 9，但这次不能使用 continue 和 goto 语句。

分析与解答：

按照复习题 9 的逻辑关系，需要特殊判断和处理的字符主要是'\n'、'b'、'c'、'h'。4 个字符需要进行条件判断，基本逻辑是：若 ch 为非换行符'\n'，则打印 Step 1；若 ch 为'b'，则终止循环；若 ch 为'c'，则终止当前循环；若 ch 为'h'，则直接打印 Step 3；若为其余字符则打印 Step 2 和 Step 3。因此修改后的代码如下。

```
/*
第 7 章的复习题 10
*/

#include <stdio.h>
int main(void)
{
    char ch;
    while((ch = getchar()) != '#')
    {
        if(ch != '\n'){ /* ch 为换行符，则执行下一次循环，重新读取 ch */
            printf("Step 1\n");
            if(ch == 'b') break; /* 若 ch 为字符 b，表示退出循环*/
            if(ch != 'c'){ /* 若 ch 为字符 c，表示执行下一次循环 */
                if(ch == 'h'){ /* 若 ch 为字符 h，表示只打印 Step 3 */
                    printf("Step 3\n");}
                else{/* ch 为其余字符 */
                    printf("Step 2\n");
                    printf("Step 3\n");}
            }
        }
    }
    printf("Done\n");
    return 0;
}
```

7.6 编程练习

1. 编写一个程序，读取输入，读到#字符停止，然后报告读取的空格数、换行符数和所有其他字符的数量。

编程解析：

程序要求统计输入的字符数量，因此应当使用 getchar()依次读取所有字符并分类，再进行计数。当读取到第一个'#'字符时，程序停止字符统计，并汇报统计结果。完整代码如下。

```
/*
第 7 章的编程练习 1
*/

#include <stdio.h>
int main(void)
{
    char ch;
    int blank = 0;
    int endline = 0;
    int others = 0;
    printf("Please input chars( # for exit):");
    while((ch = getchar())!= '#')
    {
        if (ch == ' ')
            blank++;
        /* 统计空格*/
```

```
        else if(ch == '\n')
            endline++;
        /* 统计换行符*/
        else others++;
        /* 统计其余所有符号 */
    }
    printf("%d blank, %d endline, %d others",blank,endline,others);
    return 0;
}
```

2．编写一个程序，读取输入，读到#字符为止。程序要打印每个输入的字符以及对应的 ASCII 码（十进制），每行打印 8 个“字符-ASCII 码”组合。建议：使用字符计数和求模运算符（%）每 8 个循环周期打印 1 个换行符。

编程解析：

程序的基本功能是读取输入字符，并将字符转换成“字符-ASCII 码”组合，每 8 个组合，打印 1 个换行符。程序中需要注意的是，输入字符中的换行符可以按照题目要求使用计数器对 8 求模。在字符打印过程中需要转换成字符的 ASCII 码的十进制数，其中对于换行符和制表符这两个特殊字符，在打印时要进行显示转换。完整代码如下。

```
/*
第 7 章的编程练习 2
*/

#include <stdio.h>
int main(void)
{
    char ch;
    int counter = 0;
    printf("Please input chars( # for exit):");
    while((ch = getchar()) != '#')
    {
        if(counter++%8 == 0)
            printf("\n");
        /* 使用计数器，每 8 个字符打印一个换行符。注意，
         * 本行代码在 counter 为 0 时会首先打印一个换行符
         */
        if(ch == '\n')
            printf("'\\n'-%03d. ",ch);
        /* 对于换行符，需要转换显示方式，否则会可能会在
         * 不足 8 个字符时就换行
         */
        else if(ch == '\t')
            printf("'\\t'-%03d. ",ch);
            /* 对于制表符，需要转换显示方式 */
        else printf("'%c'-%03d. ",ch,ch);
         /* 对于其他字符，打印原字符和十进制数 */
    }
    printf("Done\n");
    return 0;
}
```

3．编写一个程序，读取整数，直到用户输入 0。输入结束后，程序应报告用户输入的偶数（不包括 0）个数、这些偶数的平均值、输入的奇数个数和这些奇数的平均值。

编程分析：

程序的主要功能是处理用户输入的数值类型数据，通过判断输入数据的奇偶性，进行分别计数和统计。程序可以使用 scanf() 函数直接读取输入数值。一些细节在程序代码中通过注释标识。完整代码如下。

```
/*
第 7 章的编程练习 3
*/

#include <stdio.h>
int main(void)
{
    int odd_sum = 0;
    int even_sum = 0;
    int odd_count = 0;
    int even_count = 0;
    int input = 0;
    /* 定义变量分别对奇数和偶数进行计数与求和*/
    printf("Please input numbers ( 0 for exit):");
    while(scanf("%d",&input))
    {
        if (input == 0) break;
        if (input%2 == 0){
            even_sum = even_sum + input;
            /* 使用+= 运算符: even_sum += input; */
            even_count++;
        }else{
            odd_sum = odd_sum + input;
            /* 使用+= 运算符: odd_sum += input; */
            odd_count++;
        }
    }
    printf("Have %d even number, average is %g\n",even_count,1.0*even_sum/even_count);
    /* 平均数应当以浮点型数据显示，因此先乘以 1.0, 1.0*even_sum 将结果隐式转换为浮点型数据 */
    printf("Have %d odd number, average is %g\n",odd_count,1.0*odd_sum/odd_count);
    printf("Done\n");
    return 0;
}
```

4．使用 if...else 语句编写一个程序，读取输入，读到#字符时停止。用感叹号替换句号，用两个感叹号替换原来的感叹号，最后报告替换了多少次。

编程解析：

程序的功能是进行输入字符的替换，使用 if...else 语句进行字符替换的条件判断，并计数。完整代码如下。

```
/*
第 7 章的编程练习 4
```

```
*/

#include <stdio.h>
int main(void)
{
    int counter = 0;
    char ch;
    printf("Please input chars( # for exit):");
    while((ch = getchar()) != '#')
    {
        if (ch == '!'){
            printf("!!");
            counter++;
            /* 替换感叹号，并计数*/
        }else if(ch == '.'){
            printf("!");
            counter++;
            /* 替换句号，并计数*/
        }else{
            printf("%c",ch);
            /* 对于其余字符，直接输出*/
        }
    }
    printf("\nTotal replace %d times\n",counter);
    printf("Done\n");
    return 0;
}
```

5．使用 switch 重做编程练习 4。

编程解析：

程序的基本功能与编程练习 4 相同，只是使用 switch 语句替换 else...if 多重选择语句。完整代码如下。

```
/*
第 7 章的编程练习 5
*/

#include <stdio.h>
int main(void)
{
   int counter = 0;
   char ch;
   printf("Please input chars( # for exit):");
   while((ch = getchar()) != '#')
   /* 循环读取标准输入字符，直到输入#号*/
   {
      switch(ch){
         case '!':
            printf("!!");
            counter++;
            break;
         case '.':
            printf("!");
            counter++;
```

```
            break;
        default:
            printf("%c",ch);
        }
    }
    printf("\nTotal replace %d times\n",counter);
    printf("Done\n");
    return 0;
}
```

6．编写一个程序，读取输入，读到#字符时停止，报告 ei 出现的次数。

> **注意**
>
> 该程序要记录前一个字符和当前字符。用“Receive your eieio award”这样的输入来测试。

编程分析：

程序要求统计 ei 出现的次数。和处理单个字符的方式不同，题目需要匹配两个字符。基本的算法可以逐个匹配。即首先判断字符是否是 e，如果是，则做出部分匹配的标记，并判断下一个字符是否是 i。如果第 2 个字符也能够匹配，则计数；否则，清除部分匹配标记。按照该匹配算法循环统计数据，能够比较简单地处理这种匹配要求。完整代码如下。

```
/*
第 7 章的编程练习 6
*/

#include <stdio.h>
int main(void)
{
    int counter = 0;
    int halfpair = 0;
    /* 部分匹配标记 */
    char ch;
    printf("Please input chars( # for exit):");
    while((ch = getchar()) != '#')
    {
        switch(ch){
            case 'e':
                halfpair = 1;
                break;
                /* 字符 e 的匹配标记*/
            case 'i':
                if(halfpair == 1){
                    counter++;
                    halfpair = 0;
                }
                /* 若匹配标记为 1，表明前一个字符 e 已经匹配 ，此时，若 i 匹配则计数，并
                 * 清除部分匹配标记*/
                break;
            default:
                halfpair = 0 ;
                /* 无论字符 e 是否匹配，非 e 的字符和字符 i 均可以清空部分匹配标记*/
        }
```

```
    }
    printf("\nTotally exist %d \'ei\' in all char!\n",counter);
    printf("Done\n");
    return 0;
}
```

7．编写一个程序，提示用户输入 1 周工作的小时数，然后打印工资总额、税金和净收入。做如下假设：

a．基本工资 =10.00 美元/小时；

b．加班（工作时间超过 40 小时）=按 1.5 倍的时间计算；

c．税率：前 300 美元为 15%；

接下来的 150 美元为 20%；

余下的为 25%。

用#define 定义符号常量。不用在意是否符合当前税法。

编程分析：

程序的主要功能是计算指定工作时间的工资总额和税金。使用 if 语句判断每周工作时间不同的条件下对应的计算公式。依据题目给定的工作时间，节点主要是 30 小时和 40 小时这两个，且这两个节点形成了 3 个区间。大于 40 小时工作时长之后，还要判断其税率是否达到 25%标准，需要使用嵌套的 if 语句。完整代码如下。

```
/*
第 7 章的编程练习 7
*/

#include <stdio.h>
#define BASE_SALARY 10.00
#define EXTRA_HOUR 1.5
#define BASE_TAX 0.15
#define EXTRA_TAX 0.2
#define EXCEED_TAX 0.25
/* 常量的定义 */
int main(void)
{
    float hours = 0;
    float salary,tax,taxed_salary;
    /* 工资、税金、净收入*/
    printf("Enter the working hours a week:");
    scanf("%f",&hours);
    if(hours<=30){
        salary = hours*BASE_SALARY;
        tax = salary*BASE_TAX;
        taxed_salary = salary - tax;
        /* 30 小时以内，无加班，标准基础税率 */
    }else if(hours<=40){
        salary = hours*BASE_SALARY;
```

```
        tax = 300*BASE_TAX + (salary-300)*EXTRA_TAX;
        taxed_salary = salary - tax;
        /* 30～40 小时，无加班，额外税率*/
    }else{
        salary = (40 + (hours - 40)*EXTRA_HOUR)*BASE_SALARY;
        if(salary<=450) tax = 300*BASE_TAX + (salary-300)*EXTRA_TAX;
        else tax = 300*BASE_TAX + 150*EXTRA_TAX + (salary-450)*EXCEED_TAX;
        taxed_salary = salary - tax;
        /* 40 小时以上，加班，税率按工资 450 美元的分界扣减 */
    }
    printf("Your salary before tax is %.2f, tax is %.2f, salary after tax is %.2f\
        n",salary,tax,taxed_salary);
    printf("Done\n");
    return 0;
}
```

8．修改编程练习 7 的假设 a，让程序可以给出一个供选择的工资等级菜单。使用 switch 语句完成工资等级选择。运行程序后，显示的菜单应该类似这样。

```
*****************************************************************
Enter the number corresponding to the desired pay rate or action
1) $8.75/hr                         2) $9.33/hr
3) $10.00/hr                        4) $11.20/hr
5) Quit
*****************************************************************
```

编程解析：

题目要求使用 switch 语句实现编程练习 7 的基本功能，增加每小时工资为 4 档，使用菜单形式显示并读取输入。由于基本工资有 4 档，因此不能使用原有的工资常量来表示基本工资。为了简化代码，使用函数形式制作菜单，并计算工资和税金。完整代码如下。

```
/*
第 7 章的编程练习 8
*/

#include <stdio.h>
#define EXTRA_HOUR 1.5
#define BASE_TAX 0.15
#define EXTRA_TAX 0.2
#define EXCEED_TAX 0.25

void show_menu(void);/*显示基本工资的菜单函数*/
float get_hours(void);
/* 读取用户输入工作时长的函数*/
void calc_salary(float base_salary,float hours);
/* 依据基本工资和工作时长计算工资、税金、净收入的函数*/
int main(void)
{
    float hours = 0;
    char selected;
    do{
        show_menu();
```

```
        scanf("%c",&selected);
        switch(selected){
            case '1':
                printf("Hello, you select $8.75/hr. Enter the work hours: ");
                scanf("%f",&hours);
                calc_salary(8.75,hours);
                break;
                /* 选定基本工资，读取用户输入的工作时长，计算工资、税金及净收入*/
            case '2':
                printf("Hello, you select $8.75/hr. Enter the work hours: ");
                scanf("%f",&hours);
                calc_salary(9.33,hours);
                break;
            case '3':
                printf("Hello, you select $8.75/hr. Enter the work hours: ");
                scanf("%f",&hours);
                calc_salary(10.00,hours);
                break;
            case '4':
                printf("Hello, you select $8.75/hr. Enter the work hours: ");
                scanf("%f",&hours);
                calc_salary(11.20,hours);
                break;
            case '5':
                break;
            default:
                printf("Error selected! please retry!\n");
                getchar();
                break;
        }
    }while(selected != '5' );
    printf("Done\n");
    return 0;
}
void show_menu(void){
    /* 显示提示菜单 */
    char s1[] = "1) $8.75/hr";
    char s2[] = "2) $9.33/hr";
    char s3[] = "3) $10.00/hr";
    char s4[] = "4) $11.20/hr";
    char s5[] = "5) quit";

    printf("*********************************************************************\n");
    printf("Enter the number corresponding to the desired pay rate or action\n");
    printf("%-40s",s1);
    printf("%-40s\n",s2);
    printf("%-40s",s3);
    printf("%-40s\n",s4);
    printf("%-40s\n",s5);
    printf("*********************************************************************\n");
}

void calc_salary(float base_salary,float hours){
    float salary,tax,taxed_salary;
```

```
    if(hours<=30){
        /* 工作时长小于 30 小时的情况*/
        salary = hours*base_salary;
        tax = salary*BASE_TAX;
        taxed_salary = salary - tax;
    }else if(hours<=40){
        /* 工作时长大于 40 小时的情况*/
        salary = hours*base_salary;
        tax = 300*BASE_TAX + (salary-300)*EXTRA_TAX;
        taxed_salary = salary - tax;
    }else{
        /* 其他工作时长条件下的税收计算 */
        salary = (40 + (hours - 40)*EXTRA_HOUR)*base_salary;
        if(salary<=450) tax = 300*BASE_TAX + (salary-300)*EXTRA_TAX;
        else tax = 300*BASE_TAX + (salary-300)*EXTRA_TAX + (salary-450)*EXCEED_TAX;
        taxed_salary = salary - tax;
    }
    printf("Your salary before tax is %.2f, tax is %.2f, salary after tax is %.2f\n",
        salary,tax,taxed_salary);
    printf("\ncontinue....\n");
}
```

9. 编写一个程序，只接受正整数输入，然后显示小于或者等于该数的素数。

编程分析：

程序的功能是计算指定范围的素数。按照素数的定义可以设计基本素数判别算法，即只能够被 1 和其本身整除的自然数就是素数。程序需要判别指定范围内所有的素数，因此需要使用嵌套的循环。外层循环指定判别范围，内层循环对该范围内的每一个整数进行判别。

```
/*
第 7 章的编程练习 9
*/

#include <stdio.h>

int main(int argc, char *argv[]) {
    int datum;
    do{
        printf("Enter a number( 0 to exit ):");
        scanf("%d",&datum);
        if(datum < 2){
            if(datum == 0) break;
            printf("%d is out of range, retry.\n",datum);
            continue;
        }
        /* 读取用户输入的正整数 */
        printf("You input %d, so the prime from %d to 2 is: ",datum,datum);
        for(int i = datum;i > 1;i--){
            /* 输入数据到 2 的循环，循环判断区间内的每一个数是否是素数*/
            int is_prime = 1;
            for(int j = 2;j <= i/2 ;j++){
                if(i%j == 0) {
```

```
                is_prime = 0;
                break;
            }/* 可以被 1 或其本身之外的数整除，表示 is_prime 为 0，退出素数判别循环*/
        }
        if(is_prime == 1)
            printf("%d, ",i);
        /* 依据素数标记，判别是否打印区间内的素数*/
    }
    printf("\n");
  }while(datum != 0);
  printf("Done! bye.");
  return 0;
}
```

10．1998 年的美国联邦税收计划是近代最简单的税收方案。它分为 4 个类别，每个类别有两个等级。下面是该税收计划的摘要（美元数为应征税的收入）。

类别	税金
单身	17850 美元按 15%计，超出部分按 28%计
户主	23900 美元按 15%计，超出部分按 28%计
已婚，共有	29750 美元按 15%计，超出部分按 28%计
已婚，离异	14875 美元按 15%计，超出部分按 28%计

例如，一位工资为20000美元的单身纳税人，应缴纳税费 $0.15\times7850 + 0.28\times(20000-17850)$ 美元。编写一个程序，让用户指定缴纳税金的种类和应纳税收入，然后计算税金。程序应通过循环让用户可以多次输入。

编程分析：

程序的功能是读取用户输入，并按照指定公式计算税金。用户首先应当选择类别，随后输入应纳税收入。程序使用 switch 语句可以更加清晰地表示多个类别的判断条件。完整代码如下。

```
/*
第 7 章的编程练习 10
*/

#include <stdio.h>
#define SINGLE 17850
#define HOLDER 23900
#define MARRY 29750
#define DIVORCE 14875
#define BASE_TAX 0.15
#define EXTRA_TAX 0.28
/* 定义相关的常量数据 */

int main(void)
{
    char type;
    float salary;
    float tax, salary_taxed;
```

```
do{
    printf("Please select tax type. There are for type:\n");
    printf("1)Single   2)House holder  3)Married    4)Divorced    5)Quit:");
    scanf("%c",&type);
    /* 选择纳税类型, switch语句对不同类型分别计算*/
    switch(type){
        case '1':/* single类型 */
            printf("Enter your salary:");
            scanf("%f",&salary);
            if(salary <= SINGLE){
                tax = salary*BASE_TAX;
                salary_taxed = salary - tax;
            }else{
                tax = salary*BASE_TAX + (salary - SINGLE)*EXTRA_TAX;
                salary_taxed = salary - tax;
            }
            printf("Hi,your salary is %.2f, tax is %.2f ,after tax salary is %.
            2f\b",salary,tax,salary_taxed);
            break;
        case '2':/* House holder类型 */
            printf("Enter your salary:");
            scanf("%f",&salary);
            if(salary <= HOLDER){
                tax = salary*BASE_TAX;
                salary_taxed = salary - tax;
            }else{
                tax = salary*BASE_TAX + (salary - HOLDER)*EXTRA_TAX;
                salary_taxed = salary - tax;
            }
            printf("Hi,your salary is %.2f, tax is %.2f ,after tax salary is %.
            2f\b",salary,tax,salary_taxed);
            break;
        case '3':/* Married类型 */
            printf("Enter your salary:");
            scanf("%f",&salary);
            if(salary <= MARRY){
                tax = salary*BASE_TAX;
                salary_taxed = salary - tax;
            }else{
                tax = salary*BASE_TAX + (salary - MARRY)*EXTRA_TAX;
                salary_taxed = salary - tax;
            }
            printf("Hi,your salary is %.2f, tax is %.2f ,after tax salary is %.
            2f\b",salary,tax,salary_taxed);
            break;
        case '4':/* Divorced类型 */
            printf("Enter your salary:");
            scanf("%f",&salary);
            if(salary <= DIVORCE){
                tax = salary*BASE_TAX;
                salary_taxed = salary - tax;
            }else{
                tax = salary*BASE_TAX + (salary - DIVORCE)*EXTRA_TAX;
```

```
                salary_taxed = salary - tax;
            }
            printf("Hi,your salary is %.2f, tax is %.2f ,after tax salary is %.
            2f\b",salary,tax,salary_taxed);
            break;
        case '5':
            break;
        default:
            printf("Wrong type. Please retry.\n");
        }
    }while(type != '5');
    printf("Done\n");
    return 0;
}
```

11. ABC 邮购杂货店出售的洋蓟售价为 2.05 美元/磅（1 磅＝0.45359237 千克），甜菜售价为 1.15 美元/磅，胡萝卜售价为 1.09 美元/磅。在添加运费之前，100 美元订单有 5%的打折优惠。少于或者等于 5 磅的订单收取 6.5 美元的运费和包装费，5～20 磅的订单收取 14 美元的运费和包装费，超过 20 磅的订单在 14 美元的基础上每续重 1 磅增加 0.5 美元。编写一个程序，在循环中用 switch 语句实现用户输入不同字母时有不同响应，即输入 a 的响应是输入洋蓟的磅数，b 是甜菜的磅数，c 是胡萝卜的磅数，q 是退出订购。程序要记录累计的重量。即，如果用户输入 4 磅的甜菜，然后输入 5 磅的甜菜，程序应该报告 9 磅的甜菜。然后，该程序要计算货物总价、折扣（如果有的话）、运费和包装费。随后，程序应显示所有的购买信息，包括物品售价、订购的重量（单位是磅）、订购的蔬菜费用、订单的总费用、折扣（如果有的话）、运费和包装费，以及费用总额。

编程分析：

题目要求设计程序计算 ABC 杂货店的邮购费用，计算费用的基础数据是 4 种货物的购买数量。在 4 种货物购买数量确定后，就可以得到货物总金额和货物重量两个数据，随后可以依据重量计算邮费和包装费，通过货物金额计算优惠。最终可以显示题目要求的所有购买信息——物品售价、订购的重量（单位是磅）、订购的蔬菜费用、订单的总费用、折扣（如果有的话）、运费和包装费，以及费用总额。完整代码如下。

```
/*
第 7 章的编程练习 11
*/

#include <stdio.h>
#define PRICE_ARTI 2.05
#define PRICE_BEET 1.15
#define PRICE_CARROT 1.09
#define DISCOUNT 0.05
/* 常量定义*/
void show_menu(void);
float get_weight(void);
/* 函数声明*/

int main(void)
{
```

```
    float w_arti = 0;
    float w_beet = 0;
    float w_carrot = 0;
    char selected;
    float weight,amount,rebate,freight,total;
    do{
        show_menu();
        scanf("%c",&selected);
        switch(selected){
            case 'a':
                w_arti += get_weight();
                break;
            case 'b':
                w_beet += get_weight();
                break;
            case 'c':
                w_carrot += get_weight();
                break;
            case 'q':
                break;
            default:
                printf("Error input, retry!\n");
        }
    }while(selected != 'q');
    /* 获取所有订购货物的数量 */

    amount = w_arti*PRICE_ARTI+w_beet*PRICE_BEET+w_carrot*PRICE_CARROT;
    weight = w_arti + w_beet + w_carrot;
    /* 计算金额和货物重量 */

    if(amount >= 100 ) rebate = amount*DISCOUNT;
    else rebate = 0;
    /* 依据货物金额计算折扣 */

    if(weight <= 5) freight = 6.5;
    else if(weight >5 && weight <= 20 ) freight = 14;
    else freight = 14 + (weight - 20) * 0.5;
    /* 依据条件计算邮费 */
    total = amount + freight - rebate;

    printf("The price of vegetable:\nartichoke %g$/pound, beet %g$/pound, carrot
        %g$/pound.\n",PRICE_ARTI,PRICE_BEET,PRICE_CARROT);
    printf("You order %g pound artichoke,  %g pound beet, %g pound carrot.\n",
        w_arti,w_beet,w_carrot);
    printf("You total order %g pounds, discunt %g$,  amount %g$, freight %g$,
        total %g$.\n",weight,rebate,amount,freight,total);
    printf("Done\n");
    return 0;
}
void show_menu(void){
    /* 显示订购选择菜单 */
    printf("**********************************************************************\n");
    printf("Enter the char corresponding to the desired vegetable.\n");
    printf("a) artichoke                        b) beet\n");
```

```
    printf("c) carrot                              q) quit & checkout\n");
    printf("************************************************************************\n");
    printf("Please input the vegetable you want to buy(a,b,c or q for quit): ");
}
float get_weight(void){
    /* 读取用户输入的购买数量 */
    float weight;
    printf("Please input how many pounds you buy:");
    scanf("%f",&weight);
    printf("Ok, add %g pound to cart。\n",weight);
    getchar();
    return weight;
}
```

第8章

字符输入/输出和输入验证

本章知识点总结

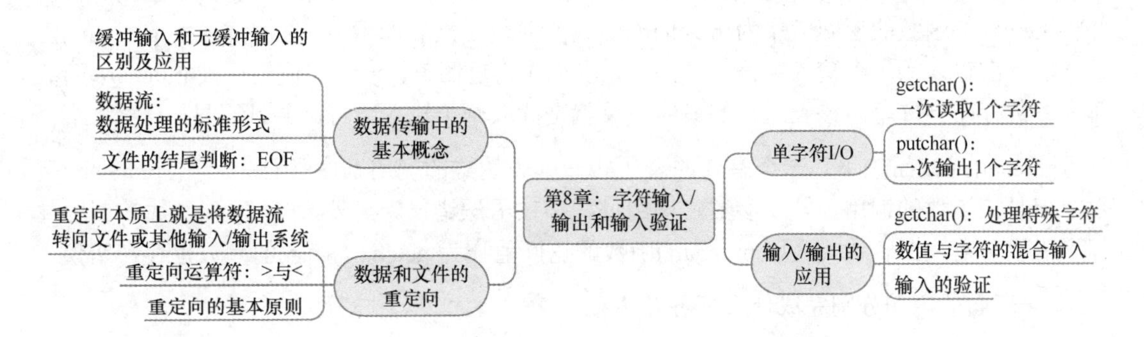

8.1 单字符的输入/输出处理

I/O 系统是指计算机内基本的数据输入/输出系统，本质上是系统内各个功能模块之间进行数据交换的基本方式。作为一门高级程序设计语言，C 语言通过提供大量的函数库来实现数据的传输和转换功能，隐藏了计算机系统底层对 I/O 的处理细节。例如，我们通常使用的 scanf()函数、printf()函数可以用来读取和输出指定格式的数据，使用 getchar()函数和 putchar()函数处理单个字符，而不必关心系统是如何读取键盘输入和控制屏幕输出的。为了统一和简化数据 I/O 操作，C 语言使用一种统一的流模式来进行数据的传输管理。流类似于一种传输管道，它的两端分别连接多种符合规范的数据源，作为输入和输出。系统通过统一的读写操作函数进行数据传输。通过流也可以进行数据 I/O 的重定向，将流的输入端从标准输入（stdin）转换至文件，就可以实现文件数据读取。通常我们需要使用重定向符“<”与“>”按照一定规范进行。Windows 系统下重定向的基本用法为 program.exe > outputfile <inputfiele 的形式。

8.2 数据的混合输入和数据验证

在程序设计中，程序员要合理地处理用户输入的数据，全面考虑和处理程序运行中的非预期数据输入。其中需要注意的问题有数据缓冲输入和数据的混合输入两种。数据缓冲区要求用户按下 Enter 键才能完成用户的输入，但是这样也会在输入中带来换行符，因此必须妥善处理换行符。一般情况下可以使用 getchar()函数循环读取输入并判断是否读取到换行符，针对特定需求，随时转换数据的输入格式。此外，数据输入过程中空格和制表符等多种不可见字符也需要特殊处理。对于文件的读取操作，需要通过 EOF 来判断是否到文件末尾，使用 Ctrl+Z 快捷键或者 Ctrl+D 快捷键作为文件结束的输入标识。输入混合数值和字符的过程中需要注意 scanf()函数能够自动消除换行符与空格，但 getchar()函数会读取每一个字符，因此在两者混用时需要注意缓冲区内数据的清理。常用的清理方法是使用 while 循环，调用 getchar()函数判断并清空缓冲区数据。

8.3　复习题

1．putchar(getchar())是一个有效的表达式，它要实现什么功能？getchar(putchar())是否也是有效的表达式？

分析与解答：

putchar(getchar())表达式包含两个函数的调用。函数调用顺序是首先调用 getchar()函数，并将 getchar()函数的返回值作为 putchar()函数的参数，然后调用 putchar()函数。getchar()函数读取标准输入的一个输入字符，并且将该字符作为返回值。该返回值最后被 putchar()函数作为参数打印到屏幕。该表达式的最终效果就是读取一个输入字符，并且回显。

getchar(putchar())不是一个有效的表达式，其表达式的调用顺序是首先调用 putchar()函数，但是该函数的调用中缺少参数，调用过程存在语法错误。另外，getchar()函数的调用过程不需要参数，在表达式内以 putchar()函数的返回值作为 getchar()函数的参数也存在错误。

2．下面的语句分别完成什么任务？

a．`putchar('H');`

b．`putchar('\007');`

c．`putchar('\n');`

d．`putchar('\b')`。

分析与解答：

a．`putchar('H')`语句打印字符'H'，其中单引号表示字符；

b．`putchar('\007')`语句中'\007'转义序列表示 ASCII 中的八进制字符，'\007'就是 beep 或者 ANSI C 中的'\a'，表示警报；

c．`putchar('\n')`语句打印一个换行符，转义序列'\n'表示换行符；

d．`putchar('\b')`语句表示打印 1 个退格符号，即删除前一个字符，转义序列'\b'表示退格。

3．假设有一个名为 count 的可执行程序，用于统计输入的字符数。设计一个命令行，该命令行使用 count 程序统计 essay 文件中的字符数，并把统计结果保存在 essayct 文件中。

分析与解答：

前几章内容中，程序中对数据的读写都是通过键盘和屏幕实现的。C 程序也可以使用多种方法对文件进行重定向，如使用数据流的重定向方式向文件等其他设备和数据进行读写操作。除后面章节将要学习的各类函数方法之外，还可以使用重定向运算符“<”与“>”将 stdin 流重新定向到指定的文件。UNIX 和 Windows 下可使用如下命令进行输入/输出的重定向操作。

```
count < essay
```

该语句将输入重定向到 essay 文件，仍输出到屏幕，因此会在屏幕上输出 count 程序的统计结果。

```
count < essay > essayct
```

或者

```
count > essayct < essay
```

上面两条语句则重新定向了输入和输出两个数据流，count 程序会从输入 essay 文件读取字符，将输出写入 essayct 文件。

4．根据复习题 3 中的程序和文件，下面哪一条是有效的命令？

a．`essayct <essay;`

b．`count essay;`

c．`essay > count`。

分析与解答：

输入/输出重定向中的基本规则是重定向符号连接一个程序和一个输入/输出文件，且不能同时输入或者输出多个文件。

a．essayct<essay 命令中只有两个数据文件，缺少可执行程序。

b．count essay 缺少重定向符号。

c．essay>count 中程序和文件位置前后颠倒。在很多操作系统中，系统会认为 essay 是程序，而 count 是输出文件。

5．EOF 是什么？

分析与解答：

EOF 表示 C 语言中 getchar()和 scanf()函数读取文件过程中检测到文件结尾时返回的一个特殊数值。EOF 是在 stdio.h 文件中利用预编译指令定义的。

```
#define EOF (-1)
```

C 语言将 EOF 定义为-1，以区别于普通 ASCII 字符。EOF 在使用过程中不表示特定的字符，只表示读取到文件末尾（end of file）。实际程序设计中使用以下循环语句来保证读取整个文件的内容。

```
while((ch = getchar()) != EOF)
```

6．对于给定的输出（ch 是 int 类型，而且是缓冲输入），下面各程序段的输出分别是什么？

a．输入如下。

```
If you quit, I will.[enter]
```

程序段如下。

```
while((ch = getchar()) != 'i')
    putchar(ch);
```

b．输入如下。

```
Harhar[enter]
```

程序段如下。

```
while((ch = getchar()) != '\n')
{
    putchar(ch++);
    putchar(++ch)
}
```

分析与解答：

a．程序段中的 while 循环是入口判断，循环条件是读入的字符不等于字符'i'，否则退出循环。循环程序块用于打印前面读取的字符 ch。因此，当读取到退出的字符'i'时，循环终止，最终程序输出以下内容。

```
If you qu
```

b．程序块中的 while 循环的循环条件是读取的字符不等于换行符'\n'，循环程序块用于打印两次读取的字符（分别是 ch++和++ch），判断程序的输出主要在于对递增运算符的理解，第一个 putchar()先打印 ch，再自增，第二个 putchar()先自增，再打印。两次打印的字符增加了 2，打印结果是输入字符及其随后的第二个字符。程序输出以下内容。

```
HJacrthjacrt
```

7．C 如何处理不同计算机系统中的不同文件和换行约定？

分析与解答：

文件本质上就是存储在计算机存储器中的信息区域，不同的系统存储文件的形式不同，这和系统的软硬件底层技术相关。而文件的结构也会因系统处理文件的差异有所不同，例如，换行符和回车符作为段落换行标记在很多系统上并不是统一的。为了解决文件存储形式上的差异和文件结构上的差异给程序设计带来的难题，C 语言应用预定义的标准 I/O 库形式，将不同属性和不同种类的输入作为统一的流进行处理。标准 I/O 库隐藏了文件原有的差异，更加有利于程序员的编程和处理。

8．在使用缓冲输入的系统中，混合输入数值和字符会遇到什么潜在的问题？

分析与解答：

在缓冲区系统中，通常使用 scanf()函数读取数值，该函数会自动略过输入中的空白字符，如空格、制表符、回车符等。在混合输入数值和字符时，如果使用 getchar()函数处理字符输入，虽然可以处理所有的输入字符，但是将'0'～'9'的字符转换成数字，并处理数值的位数关系又过于复杂。因此通常情况下使用 scanf()函数读取数值，并配合 getchar()函数读取缓冲区内其他字符，才能较好地解决数值和字符混合输入问题。

8.4　编程练习

1．设计一个程序，统计在读到文件结尾之前读取的字符数。

编程分析：

程序需要实现文件字符统计功能，因此需要使用单字符 I/O 函数 getchar()。程序一次读取文件中的 1 个字符并计数，直到读取文件末尾的 EOF。在处理字符的程序中，对于字符的类型还应当重视，ASCII 字符编码中存在部分非打印字符，部分情况下需要特殊处理。由于题目要求统计文件内的字符数，因此可以不用考虑判断文件字符的范围。完整程序代码如下。

```
/*
第 8 章的编程练习 1
/*
int main(void) {
   int counter = 0;
   char ch;
   while((ch = getchar())!= EOF){
      counter++;
      /*如果程序需要分别统计不同类型的字符，可以在本处
       *使用分支判断语句分类别统计；
       *此外，本处 counter++的计数语句也可以使用如下语句：
       *if(ch > '\040') counter++;
       *其含义是 ASCII 码表内大于空格符（'\040'）的字符均是文本中使用的字符，由于
       *本题并未对待统计的具体字符类型做出规定，因此可以直接使用 counter++计数
       * */
   }
   printf("The File has %d characters.\n",counter);
```

2．编写一个程序，在遇到 EOF 之前，作为字符流读取输入。程序要打印每个输入的字符及其相应的 ACSII 十进制。注意，在 ASCII 序列中，空格前面的字符都是非打印字符，要特殊处理这些字符。如果非打印字符是换行符或制表符，分别打印\n 或\t；否则，使用控制字符表示法。例如，在 ASCII 码中，1 表示的是 Ctrl+A，可显示为^A。注意，A 的 ASCII 值是 Ctrl+A 的值加上 64。对于其他非打印字符，也有类似关系。除每次遇到换行符打印新的 1 行之外，每行打印 10 对值。（注意，不同操作系统的控制字符可能不同。）

编程分析：

和本章编程练习 1 不同，本题要求处理特殊字符并打印 1 组字符和对应十进制数据。其中的难点在于非打印字符和排版字符的特殊处理上。依据题意，可以使用多重选择 else...if 语句进行字符类型的判断和特定形式的打印。例如，在打印 Ctrl+A 时使用^符号，同时将 Ctrl+A 的十进制数据加 64，转换为字符 A 并显示。为保证每行打印 10 组对应字符，也需要设置计数器以进行排版控制。程序完整代码如下。

```
/*
第 8 章的编程练习 2
*/

#include <stdio.h>

int main(void) {
    int counter = 0;
    char ch;
    while((ch=getchar())!= EOF){
        if(counter++ == 10){
            printf("\n");
            counter = 1;
        }/*输入计数器，并判断是否打印换行符 */
        if(ch >= '\040'){
            printf(" \'%c\'--%3d ",ch,ch);
            /*大于空格字符的可显示为字符的处理和判断*/
        }else if(ch == '\n'){
            printf(" \\n--\\n\n ");
```

```
            counter = 0;
            /*换行符的处理*/
        }else if(ch == '\t'){
            printf(" \\t--\\t ");
            /*制表符的处理*/
        }else{
            printf(" \'%c\'--^%c ",ch,(ch+64));
            /*其他非显示字符的处理*/
        }
    }
    return 0;
}
```

3．编写一个程序，在遇到 EOF 之前，作为字符流读取输入。该程序要报告输入中大写字母和小写字母的个数。假设大小写字母的数值是连续的。或者使用 ctype.h 库中合适的分类函数更方便。

编程分析：

程序读取字符输入，并且统计大小写字符数量。ASCII 码表中大小写字母连续，因此可以使用字符的区间范围进行统计。也可以使用 ctype.h 库中的分类函数 isupper() 与 islower() 进行字符的大小写判断。完整程序代码如下。

```
/*
第 8 章的编程练习 3
*/

#include <stdio.h>
#include <ctype.h>/*islower()和 isupper()函数的头文件*/
int main(void) {
    int lowercase = 0;
    int uppercase = 0;
    char ch;
    while((ch=getchar())!= EOF){
      if(ch >= 'A' && ch <= 'Z')
         uppercase++;
      if(ch >= 'a' && ch <= 'z')
         lowercase++;
      /*使用 ASCII 码表中连续字符的特性进行判断*/
        /*
         * if(islower(ch)) lowercase++;
         * if(isupper(ch)) uppercase++;
         * 也可以使用 ctype.h 库中的字符判断函数进行判断。需要
         * 添加头文件*/
    }
    printf("There are %d uppercase, and %d lowercase in that file!\n",uppercase,
        lowercase);
    return 0;
}
```

4．编写一个程序，在遇到 EOF 之前，作为字符流读取输入。该程序要报告平均每个单词的字母数，不要把空白统计在内。实际上，标点符号也不应该统计，但是现在不用考虑这

么多。（如果你比较在意这一点，考虑使用 ctype.h 库中的 ispunct()函数。）

编程分析：

本题要求统计输入流内的单词数量以及总字符数量，并计算平均每个单词的字符数。其中输入字符流的总字符数量统计相对比较容易，单词数的统计则需要在编程中转换一下思路。英语中的单词之间需要由标点符号和空格分隔，因此在程序中统计相应标点符号就可以间接得到单词数量。我们可以通过简单列举常用的标点符号（例如，逗号、句号、感叹号等）进行统计。如果使用 ctype.h 库中的 isalpha()函数判断是否字母，使用 ispunct()函数来判断是否是标点符号，则代码会更加简洁高效。注意，ispunct()函数无法判断是否是空格，因此需要特殊处理空格符号。程序的完整代码如下。

```
/*
第 8 章的编程练习 4
*/

#include <stdio.h>
#include <ctype.h>

int main(void) {
    int words = 0;
    int letter = 0;
    char ch;
    while((ch=getchar())!= EOF){
        if((ch>='A'&&ch<='Z')||(ch>='a'&&ch<='z'))
            letter++;
        /* 除可以利用字母在 ASCII 码表中连续的方法判断字母数量之外，还可以使用
         * isalpha()函数进行判断，若 ch 是字母，返回非零值
         * if(isalpha(ch) != 0) letter++;
         * */
        if(ch == ' ' || ch == ','|| ch == '.'|| ch == '\n')
           words++;
        /* 可以利用标点符号进行判断，上面的判断不够完整，括号、问号、
         * 感叹号等未包括，也可以利用 ASCII 码中符号的连续区间进行判断。使用 ispunct()
         * 函数更加简便。但是，该函数无法判断空格，因此需要取"或"
         * if(ispunct(ch) != 0 || ch == ' ') words++;
         * */
    }
    printf("There are %d words, and %d character,  %.2f C/W!\n",words,letter,1.0*
        letter/ words);
    return 0;
}
```

5．修改程序清单 8.4 中的猜数字程序，使用更智能的猜测策略。例如，程序最初猜 50，询问用户是猜大了、猜小了还是猜对了。如果猜小了，那么下一次猜测的值应是 50 和 100 的中值，也就是 75。如果这次猜大了，那么下一次猜测的值应该是 50 和 75 的中值，等等。使用二分查找（binary search）策略，如果用户没有欺骗程序，那么程序很快就会猜到正确答案。

编程分析：

程序清单 8.4 中的猜数字算法比较简单，使用递增的猜测数，遍历 1～100 数字的方法实现，这种遍历方法效率较低。二分查找通过被查找数与区间的中值的大小关系判断，不断

缩小查找范围，查找效率要高于程序清单 8.4。二分查找算法的重点在于不断缩小目标数据所在区间，因此需要修改区间的起始位置和终止位置，并由此得到中值，然后让用户判断与选择目标数和该中值的关系，最终返回查找结果。程序完整代码如下。

```
/*
第 8 章的编程练习 5
*/

#include <stdio.h>

int main(void) {
    int head = 1;
    int tail = 100;
    int guess = (head + tail) / 2;
/* 定义 3 个变量分别标识查找区域的起始位置、终止位置以及中数 */
    char ch;
    printf("Pick an integer from 1 to 100. I will try to guess ");
    printf("it.\nRespond with a y if my guess is right and with");
    printf("\nan n if it is wrong.\n");
    do{
        printf("Un...is your number %d?: ",guess);
        if(getchar() == 'y') break;
        printf("Well, then, %d is larger or smaller than yours? (l or s):",guess);
        while((ch = getchar()) == '\n') continue;
        if(ch == 'l' || ch == 'L'){
            tail = guess - 1;
            guess = (head + tail)/2;
            continue;
        /* 如果输入 L，则表示目标数在区间的前半区，因此可以舍弃中数到终止位置的后半段数据，
      * 随后切换变量 tail 和中数 guess */
        }else if(ch == 's' || ch == 'S'){
            head = guess + 1;
            guess = (head + tail)/2;
            continue;
        /* 如果输入 S，则表示目标数在区间的后半区，因此可以舍弃起始数到中数的前半段数据，
        * 随后切换变量 head 和中数 guess */
        }else{continue;}
    }while (getchar() != 'y');

    printf("I knew i could do it!\n");
    return 0;
}
```

6. 修改程序清单 8.8 中的 get_first()函数，让函数返回读取的第 1 个非空白字符，并在一个简单的程序中测试。

编程分析：

程序清单 8.8 中的 get_first()函数通过循环判断读取的字符是否是换行符'\n'。题目要求返回读取的第 1 个非空白字符，C 语言中通常认为空白字符有 3 个，即空格、制表符和换行符。因此需要在源代码基础上增加空格和制表符的判断。完整代码如下：

```
/*
第 8 章的编程练习 6
*/

#include <stdio.h>
char get_first(void);
/*函数声明，返回值类型为字符类型*/
int main(void) {
    char ch;

    ch = get_first();
    printf("%c\n",ch);
}

char get_first(void){
    char ch;
    do{
        ch = getchar();
    }while(ch == ' '||ch == '\n' ||ch == '\t');
    /*通过 do…while 循环来读取标准输入，如果为 3 种空白字符中的一种，则再次
     * 读取下一个字符，直到非空才返回 ch
     * */
    return ch;
}
```

7. 修改第 7 章中的编程练习 8，用字符代替数字来标记菜单的选项。用 q 代替 5 作为结束输入的标记。

编程分析：

第 7 章中的编程练习 8 给出了一个可供选择的工资等级菜单。使用 switch 完成工资等级选择。本题要求使用字符代替数字来标记菜单选项，显示的菜单如下。

```
*********************************************************************
Enter the number corresponding to the desired pay rate or action
a) $8.75/hr                             b) $9.33/hr
c) $10.00/hr                            d) $11.20/hr
q) Quit
*********************************************************************
```

使用 getchar()函数读取标准输入，需要注意的是数据输入缓冲区的清除，例如，多输入字符、换行符等。完整程序代码如下。

```
/*
第 8 章的编程练习 7
*/

#include <stdio.h>
#define EXTRA_HOUR 1.5
#define BASE_TAX 0.15
#define EXTRA_TAX 0.2
#define EXCEED_TAX 0.25

void show_menu(void);
```

```
float get_hours(void);
void calc_salary(float base_salary,float hours);
int main(void)
{
    float hours = 0;
    char selected;
    do{
        show_menu();
        selected = getchar();
        while(getchar() != '\n') continue;
        /* 使用 getcghar()函数读取第 1 个字符，并且抛弃输入的其他字符，清空缓存区，为 scanf()
         * 正确读取数据做准备。switch 语句合并了输入的大小写字符判断*/
        switch(selected){
            case 'a':
            case 'A':
                printf("Hello, you select $8.75/hr. Enter the work hours: ");
                scanf("%f",&hours);
                calc_salary(8.75,hours);
                break;
            case 'b':
            case 'B':
                printf("Hello, you select $8.75/hr. Enter the work hours: ");
                scanf("%f",&hours);
                calc_salary(9.33,hours);
                break;
            case 'c':
            case 'C':
                printf("Hello, you select $8.75/hr. Enter the work hours: ");
                scanf("%f",&hours);
                calc_salary(10.00,hours);
                break;
            case 'd':
            case 'D':
                printf("Hello, you select $8.75/hr. Enter the work hours: ");
                scanf("%f",&hours);
                calc_salary(11.20,hours);
                break;
            case 'q':
            case 'Q':
                break;
            default:
                printf("Error selected! please retry!\n");
                break;
        }
    }while(selected != 'q' && selected != 'Q' );
    printf("Done\n");
    return 0;
}
void show_menu(void){
    char s1[] = "a) $8.75/hr";
    char s2[] = "b) $9.33/hr";
    char s3[] = "c) $10.00/hr";
    char s4[] = "d) $11.20/hr";
    char s5[] = "q) quit";
```

```
    printf("************************************************************************\n");
    printf("Enter the number corresponding to the desired pay rate or action\n");
    printf("%-40s",s1);
    printf("%-40s\n",s2);
    printf("%-40s",s3);
    printf("%-40s\n",s4);
    printf("%-40s\n",s5);
    printf("************************************************************************\n");
}

void calc_salary(float base_salary,float hours){
    float salary,tax,taxed_salary;

    if(hours<=30){
        salary = hours*base_salary;
        tax = salary*BASE_TAX;
        taxed_salary = salary - tax;
    }else if(hours<=40){
        salary = hours*base_salary;
        tax = 300*BASE_TAX + (salary-300)*EXTRA_TAX;
        taxed_salary = salary - tax;
    }else{
        salary = (40 + (hours - 40)*EXTRA_HOUR)*base_salary;
        if(salary<=450) tax = 300*BASE_TAX + (salary-300)*EXTRA_TAX;
        else tax = 300*BASE_TAX + (salary-300)*EXTRA_TAX + (salary-450)*EXCEED_TAX;
        taxed_salary = salary - tax;
    }
    printf("Your salary before tax is %.2f, tax is %.2f, salary after tax is %.2f\n",
        salary,tax,taxed_salary);
    printf("\ncontinue....\n");
}
```

8．编写一个程序，显示一个提供加法、减法、乘法、除法的菜单。获得用户选择的菜单项后，程序提示用户输入两个数字，然后执行用户刚才选择的操作。该程序只接受菜单提供的选项。程序使用 float 类型的变量存储用户输入的数字，如果用户输入失败，则允许再次输入。在进行除法运算时，如果用户输入 0 作为第 2 个数（除数），程序应提示用户再输入一个新值。该程序的一个运行提示如下。

```
Enter the operation of your choice:
a. add                  s. subtract
m. multiply             d. divide
q. quit
a
Enter first number: 22.4
Enter second number: one
one is not an number.
Please enter a number, such as 2.5,-1,78E8,or 3: 1
22.4 + 1 = 23.4
Enter the operation of your choice:
a. add                  s. subtract
m. multiply             d. divide
q. quit
d
```

```
Enter first number: 18.4
Enter second number: 0
Enter a number other than 0: 0.2
18.4 / 0.2 = 92
Enter the operation of your choice:
a. add                  s. subtract
m. multiply             d. divide
q. quit
q
Bye!
```

编程分析：

程序的重点在于处理标准输入中混合的数值类型和字符类型。依据题目要求，对标准输入数据的处理过程主要分两部分。首先是用户对菜单的选择，这部分要求用户输入字符类型数据。其次是运算数的输入部分，运算数据需要接受用户输入的浮点型数据。在两部分输入数据的处理过程中需要关注数据缓冲区中空白字符的处理。

```
/*
第 8 章的编程练习 8
*/

#include <stdio.h>

void show_menu(void);
/* 显示菜单输出 */
float get_number(void);
/* 读取用户输入的运算数 */

int main(void) {
    char operate;
    float first,second;
    do{
        show_menu();
        operate = getchar();
        while(getchar() != '\n') continue;
        /* operate 变量保存用户选择的菜单项，并通过 while 循环清除非字符输入 */
        switch(operate){
            case 'a':
                printf("Enter first number: ");
                first = get_number();
                printf("Enter second number: ");
                second = get_number();
                printf("%g + %g = %g \n",first,second,first+second);
                break;
            case 's':
                printf("Enter first number: ");
                first = get_number();
                printf("Enter second number: ");
                second = get_number();
                printf("%g - %g = %g \n",first,second,first-second);
                break;
            case 'm':
                printf("Enter first number: ");
```

```
                first = get_number();
                printf("Enter second number: ");
                second = get_number();
                printf("%g  *  %g = %g \n",first,second,first*second);
                break;
            case 'd':
                printf("Enter first number: ");
                first = get_number();
                printf("Enter second number: ");
                while((second = get_number()) == 0){
                    printf("Enter a number other than 0: ");
                }/* 判断除法操作数，对错误数据给出错误提示，直到获得正确的输入数据*/
                printf("%g / %g = %g \n",first,second,first/second);
                break;
            case 'q':
                break;
            default:
                printf("Please enter a char, such as a, s, m, d and q: \n");
                while(getchar()!='\n');
                break;
        }
        while(getchar()!='\n');
    }while(operate != 'q');
    printf("Bye!\n");
    return 0;
}

void show_menu(void){
    printf("Enter the operation of your choice:\n");
    printf("a. add                s. subtract \n");
    printf("m. multiply           d. divide \n");
    printf("q. quit \n");
}
float get_number(void){
    float f;
    char c;
    while(scanf("%g",&f) != 1){
        while((c = getchar())!='\n')
            putchar(c);
        printf(" is not an number.\n");
        printf("Please enter a number, such as 2.5,-1,78E8,or 3: ");
    }
    /* 判断输入数据的格式，对错误数据给出错误提示，直到获得正确的输入格式*/
    return f;
}
```

第9章 函数

本章知识点总结

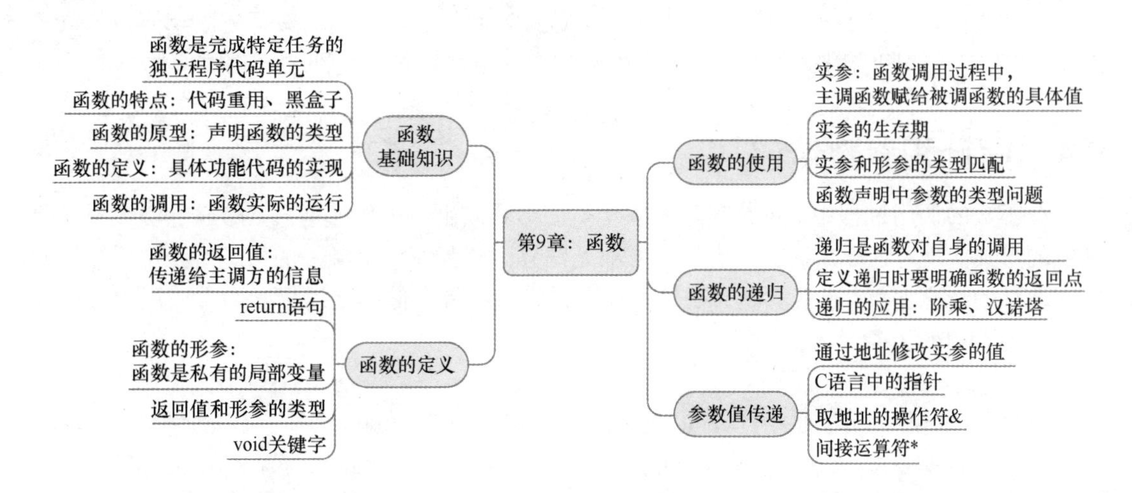

9.1 函数的基础知识

函数是一段能够实现特定功能的程序代码的模版。函数的概念是模块化程序设计思想的一种典型代表，通过对特定功能代码的模块化设计，就能够实现功能代码模块的重用和第三方代码的共享引用。ANSI C 标准要求在调用前声明函数的原型，其中包括函数的名字、函数的返回值类型、函数的参数列表。函数的原型声明能够让编译器在编译过程中更好地进行语法检查。函数也可以没有返回值或者参数，对于无返回值的函数或无参数的函数，可以使用 void 关键字在相应位置标注。函数的调用过程是函数代码的实际运行过程。其中调用函数的代码可称为主调函数，主调函数与被调函数之间通过参数以及返回值进行数据和信息的传递沟通。其中，参数是主调函数传递给被调函数的信息，返回值是被调函数传递给主调函数的信息反馈。

9.2 函数的定义和使用

函数的定义部分是实现函数的特定功能的核心代码块，函数通过参数和返回值与主调函数进行相应的数据交换。函数的返回值是 return 关键字之后的数值或者表达式的值，其数据类型应当和函数声明中的类型匹配。在主调函数中函数的调用语句可以视为一个值，也可以当作表达式的一部分。其数值是被调函数在具体参数下实际的返回值。函数的声明和定义中使用的参数也称为形参。形参是函数体内部的局部变量形式，它只存在于函数体的代码区间中。函数调用过程中主调函数在调用过程中赋予被调函数的参数称为实参。主调函数通过实参向被调函数传递数据，并通过返回值获得函数内的信息。

9.3　函数的递归调用

递归调用是指一个函数在函数体内调用本身所实现的一种循环迭代过程。递归是某些特定问题的简单有效的解决方案，但递归调用本身对资源的消耗过大且代码不易于理解，因此应当谨慎使用。函数的递归调用用阶乘的实现来解释比较简单，例如：

```
10! = 10×9!;
9! = 9×8!;
```

依次类推，最终 1! = 1。递归调用在到达迭代返回值后，递归函数再依次返回，可以求出 10 的阶乘。递归调用实现中必须注意能够让递归调用停止且返回的语句，例如，1! = 1。

9.4　指针和参数传递

在函数的调用过程中，实参实际上以传值的形式向函数内传递信息，即通过实参向形参赋值的形式实现，这样，我们在函数体内部无法修改函数调用中实参的值。指针是一个值为内存地址的特殊变量，通常所说的指针的类型是指该指针存储的地址指向的存储区中存储的数据类型。例如：

```
int *ptr = &pooh;
```

*符号表示 ptr 的类型是指针；int 表示 ptr 存储的地址指向的区域是一个 int 型数据；pooh 是一个整型数据变量；&表示获取 pooh 的存储地址；最后将该地址数据赋值给 ptr 指针变量。通过以指针作为函数的参数，主调函数将指针（地址）传递给函数形参，于是函数能够通过该地址进行寻址与存取主调函数内的相关数据和信息，从而实现了在函数内部对主调函数的数据修改的功能。

9.5　复习题

1．实参和形参的区别是什么？

分析和解答：

形参是定义在被调函数中的变量。形参是一个局部变量，只在该函数的函数体内有效。实参是在函数调用过程中由主调函数赋予函数的值。可以认为在函数调用中，实参的值被赋予形参，初始化了形参，从而将主调函数内的数据传递入函数内。

2．根据下面各函数的描述，分别编写它们的 ANSI C 函数头。注意，只需要写出函数头，不用写函数体。

a．donut()接受 1 个 int 类型的参数，打印若干（由参数指定的数目）个 0；

b．gear()接受两个 int 类型的参数，返回 int 类型的值；

c．guess()不接受参数，返回 1 个 int 类型的值；

d．stuff_it()接受 1 个 double 类型的值和 double 类型变量的地址，把第一个值存储在指定位置。

分析和解答：

根据题目要求写出函数的声明，重点在于函数的返回值设计和函数的形参的设计。ANSI C 标准要求无返回值或参数需要用 void 表示；每一个参数都需要单独标识其数据类型，多个参数之间需要用逗号隔开。具体解答如下：

a．void donut(int i);

b．int gear(int i, int j);

c．int guess(void);

d．stuff_it(double d1, double* d2)。

3．根据下面各函数的描述，分别编写它们的 ANSI C 函数头。注意，只需要写出函数头，不用写出函数体。

a．n_to_char()接受一个 int 类型的参数，返回一个 char 类型的值；

b．digit()接受一个 double 类型的参数和一个 int 类型的参数，返回一个 int 类型的值；

c．which()接受两个可存储 double 类型变量的地址，返回一个 double 类型的地址；

d．random()不接受参数，返回一个 int 类型的值。

分析和解答：

a．char n_to_char(int i);

b．int digit(doublc d, int i);

c．double* which(double *d1,double *d2);

d．int random(void)。

4．设计一个函数，返回两个整数之和。

分析和解答：

函数要求返回两个整数之和，因此函数的参数为两个整型数据；整型数据的和也是整型数据，因此函数的返回值也是整型。函数的定义如下。

```
/*
第 9 章的复习题 4
*/
int sum(int i, int j){
return i+j;
}
```

5．如果把复习题 4 改成返回两个 double 类型的值之和，应如何修改函数？

分析和解答：

如果将整型数据的和改为 double 类型的值之和，则函数的参数和返回值类型都需要修改为 double 类型，其他可以不变。函数的定义如下。

```
/*
第 9 章的复习题 5
```

```
*/
double sum(dpouble d1, double d2){
    return d1+d2;
}
```

6．设计一个名为 alter()的函数，用于接受两个 int 类型的变量 x 和 y，并把它们的值分别改成两个变量之和以及两个变量之差。

分析和解答：

通过题目要求分析，函数的功能是计算两个参数的和与差，并同时将两个计算结果返回主调函数。该功能无法通过单条 return 语句实现，只能通过以地址作为函数的参数实现。在函数体内分别将计算结果保存至参数的目的地址，从而将函数内的多个数据传递给主调函数。这也是以地址作为函数参数的基本功能。具体代码如下。

```
/*
第 9 章的复习题 6
*/

void alter(int *x, int *y){
    int temp;
    temp = *x -*y;
    *x = *x + *y;
    *y = temp;
}
```

7．下面的函数定义是否正确？

```
void salami(){
    int num, count;
    for(count = 1;count<=num; num++)
        printf(" O salami mio!\n");
}
```

分析和解答：

函数的定义存在逻辑错误。首先，for 循环体内 count 初始值从 1 开始，但 num 并未初始化。其次，变量 num 自增且 count 并未改变，循环判断条件无法正常运行。根据题意，num 应该是形参，并且需要调整自增变量。修改代码如下。

```
/*
第 9 章的复习题 7
*/
void salami(int num){
   int count;
   for(count = 1;count <= num ;count++)
      printf(" O salami mio!\n");
}
```

8．编写一个函数，返回 3 个整型参数中的最大值。

分析和解答：

依据函数的功能，返回 3 个整型参数中的最大值。函数的参数是 3 个整型数据，返回值是 3 个参数中的最大值。3 个数据的最大值需要进行两次条件判断，定义临时变量以保存最大值。代码如下。

```
/*
第 9 章的复习题 8
*/
int largest(int x, int y, int z){
    int  max = x;
    if(y > max)
        max = y;
    if(z> max)
        max = z;
    return max;
}
```

9．给定下面的输出。

```
Please choose one of the following:
1) copy files      2) move files
3) remove files    3) quit
Enter the number of your choice:
```

a．编写一个函数，显示一份有 4 个选项的菜单，提示用户进行选择（输出如上所示）。

b．编写一个函数，接受两个 int 类型的参数，分别表示上限和下限。该函数从用户输入中读取整数。如果整数超过规定上下限，函数再次打印菜单（使用 a 部分的函数）提示用户输入，然后获取一个新值。如果用户输入的整数在规定范围内，该函数则把该整数返回主调函数。如果用户输入一个非整数字符，该函数应返回 4。

c．使用本题 a 和 b 部分的函数编写一个最小型的程序。最小型的意思是，该程序不需要实现菜单中各选项的功能，只需要显示这些选项并获取有效的响应即可。

分析和解答：

题目 a 要求编写显示菜单的函数，通过题目分析可知，该函数的基本功能是显示菜单，因此不需要返回值和函数参数，可通过 printf()函数实现。题目 b 要求接受两个整型参数，函数的功能是读取用户的输入，判断该输入值和参数的大小关系，并按照规定使用 if 语句进行条件判断和处理。题目 c 要求使用完整程序进行 a、b 部分中函数的验证和演示。具体代码如下。

```
/*
第 9 章的复习题 9
*/
#include <stdio.h>
void show_menu(void);
int getchoice(int low, int high);
/* ANSI C 标准的函数声明，分别声明题目 a 和 b 要求的函数格式。
 * 标准也允许声明中函数形参可以只表示形参的类型，也可以使用
 * int getchoice(int, int)
 * */
int main(void) {
    int res;
    show_menu();
    while((res = getchoice(1,4)) != 4){
```

```
        printf("I like choice %d.\n",res);
        show_menu();
    }
    printf("Bye!\n");
    return 0;
}
void show_menu(void){
    printf("Please choose one of the following: \n");
    printf("1) copy files      2) move files \n");
    printf("3) remove files        4) quit\n");
    printf("Enter the number of your choice:\n");
}
int getchoice(int low, int high){
    int ans, good;
    good = scanf("%d", &ans);
    /*使用 good 变量获取 scanf 函数的返回值，若返回值为 1，表示 scanf()获取了正确的整数类型
     * 如果用户输入非整数类型，scanf()的返回值不等于 1，从而实现题目要求的逻辑关系
     * */
    while(good == 1 && (ans < low || ans > high)){
        printf("%d is not a valid choice; try again\n", ans);
        show_menu();
        scanf("%d",&ans);
    }
    /*while 循环判断用户输入的整数和函数参数的大小关系，并按照题目要求打印和处理
     * */
    if(good != 1){
        printf("Non-numeric input. ");
        ans = 4;
    }
    /*当用户输入非数字时函数的处理逻辑
     * */
    return ans;
}
```

9.6 编程练习

1．设计一个函数 min(x,y)，返回两个 double 类型值中的较小值。在一个简单的驱动程序中测试该函数。

编程解析：

min()函数要求返回两个 double 类型值中的较小值，因此其参数为两个 double 类型数据，返回值为 double 类型。函数体可以使用简单的比较判断实现，可以使用 return 语句返回较小者。详细代码如下。

```
/*
第 9 章的编程练习 1
*/
#include <stdio.h>
double min(double x, double y);
/*函数的声明，返回两个 double 类型数中的较小数据，因此，返回值也是 double 类型*/
int main(void) {
```

```
    double d1,d2;
    printf("Enter tow float number:");
    scanf("%lf %lf",&d1,&d2);
    printf("you input %g and %g. The MIN is %g.",d1,d2,min(d1,d2));
    return 0;
}

double min(double x, double y){
    if(x < y) return x;
    else return y;
    /*对于常见的简单逻辑判断函数，除使用 if 语句之外，还常用问号表达式
     * 这样表达更加简洁和清晰。
     * return x < y ? x : y;
     * */
}
```

2. 设计一个函数 chline(ch,i,j)，打印指定的字符 j 行 i 列，在一个简单的驱动程序中测试该程序。

编程解析：

函数 chline()主要的功能是打印指定字符，函数的参数有 3 个，分别为字符、列和行，无返回值，参数类型分别为 char、int、int，函数的形参列表及其含义需要一一对应题目提供的函数调用方法和说明。此外，在函数体内使用循环控制以参数表示的行和列数据，从而进行终止条件判断。完整代码如下。

```
/*
第 9 章的编程练习 2
*/
#include <stdio.h>
void chline(char ch,int cols, int rows);
/* 函数声明，无返回值，3 个参数分别是 char、 int、 int,
 * 题目要求 j 行、i 列，因此需要注意 chline(ch,i,j) 中形参的顺序和含义
 * */
int main(void) {
    char c;
    int i, j;
    printf("Enter the char you want to print: ");
    scanf("%c",&c);
    printf("Enter the rows and cols you want to print: ");
    /* 变量 j 负责打印行，i 负责打印列，scanf()函数读取输入顺序为&j、&i*/
    scanf("%d %d",&j,&i);
    chline(c,i,j);
    return 0;
}

void chline(char ch,int cols, int rows){
    for(int m = 0;m < rows ;m++){
        for(int n = 0;n < cols; n++)
            printf("%c",ch);
        printf("\n");
    }
}
```

```
/* 在嵌套循环中，外层循环控制行数，内层循环控制列数，
 * 外层循环的循环判断使用形参 rows，并负责打印换行符，
 * 内层循环的循环控制判断使用形参 cols,并打印字符，无换行
 * */
```

3．编写一个函数，接受 3 个参数——一个字符和两个整数。字符参数是待打印的字符，第 1 个整数指定 1 行中打印字符的次数，第 2 个整数指定打印指定字符的行数。同时，编写一个调用该函数的程序。

编程分析：

编程练习 3 和编程练习 2 的功能一致。编程练习 2 通过函数调用语句提供了函数名、参数类型、参数顺序和相应说明。编程练习 3 提供了函数的详细功能描述，函数的第 1 个参数负责列，第 2 个参数负责行。这一点和编程练习 2 存在区别，需要特别注意。在打印时，其循环算法的基本原理与编程练习 2 一致。完整代码如下。

```
/*
第 9 章的编程练习 3
*/
#include <stdio.h>
void  print_char(char ch, int cols, int rows);
/*函数声明，无返回值，3 个参数分别是 char、 int、 int
 * 第 1 个整数表示行内字符数，即列，第 2 个参数表示行数
 * 这一点和编程练习 2 不同*/
int main(void) {
    char c;
    int i, j;
    printf("Enter the char you want to print: ");
    scanf("%c",&c);
    printf("Enter the rows and cols you want to print: ");
    scanf("%d %d",&i,&j);
    /*scanf()函数读入顺序为行、列， i 对应行，j 对应列*/
    print_char(c,j,i);
    return 0;
}

void  print_char(char ch, int cols, int rows){
    for(int m = 0;m < rows ;m++){
        for(int n = 0;n < cols; n++)
            printf("%c",ch);
        printf("\n");
    }
}
```

4．两数的调和平均数这样计算：先求两数的倒数，然后计算两个倒数的平均值，最后计算结果的倒数。编写一个函数，接受两个 double 类型的参数，返回这两个参数的调和平均数。

编程分析：

函数的功能是计算两个数的调和平均数，函数以两个 double 类型的数据作为参数，并返回这两个数据的 double 类型的调和平均数。函数体内的基本算法是对两个参数求倒数的平均值，再对该平均值对求倒数。用公式表示即：

调和平均数 $= 1/[(1/x + 1/y)/2]$

化简公式可得：

调和平均数 $= 2/(1/x + 1/y)$

完整代码如下。

```
/*
第 9 章的编程练习 4
*/
#include <stdio.h>
double harmean(double x, double y);
/*函数声明*/
int main(void) {
    double d1,d2;
    printf("Enter tow float number:");
    scanf("%lf %lf",&d1,&d2);
    printf("The HarMEAN of  %g and %g is %g.",d1,d2,harmean(d1,d2));
    return 0;
}

double harmean(double x, double y){
    return 2/(1/x + 1/y);
}
/*计算两个数的调和平均数*/
```

5. 编写并测试一个函数 larger_of()，该函数把两个 double 类型变量的值替换为较大的值，例如，larger_of(x, y)会把 x 和 y 中较大的值重新赋给两个变量。

编程分析：

函数的参数是两个 double 类型变量，功能是将两个变量均替换为较大的值，由于函数需要修改主调函数内的变量值，因此需要将变量的地址作为实参传递给被调函数。函数的具体算法较简单，易错点在于使用指针作为形参，赋值和条件判断需要使用间接操作符*。完整代码如下。

```
/*
第 9 章的编程练习 5
*/
#include <stdio.h>
void larger_of(double *x, double *y);
/* 函数需要修改主调函数的值，因此需要使用指针作为函数的参数，
 * 且不需要返回值
 * */
int main(void) {
    double d1,d2;
    printf("Enter tow float number:");
    scanf("%lf %lf",&d1,&d2);
    printf("Data you input is %g and %g.\n",d1,d2);
    larger_of(&d1,&d2);
    printf("After function.data is %g and %g.\n",d1,d2);
}
```

```
void larger_of(double *x, double *y){
    if( *x > *y) *y = *x;
    else *x = *y;
/* 也可以使用问号表达式进行判断和赋值。代码是*x > *y ? (*y = *x) : (*x = *y);
 */
}
```

6．编写并测试一个函数，该函数以 3 个 double 变量的地址作为参数，把最小值放入第 1 个变量中，中间值放入第 2 个变量中，最大值放入第 3 个变量中。

编程分析：

函数需要 3 个 double 类型的参数，并且对这 3 个参数进行排序和赋值。这样的赋值操作需要改变主调函数内的变量值，因此主调函数需要将变量地址作为函数参数传递给被调函数。函数体对 3 个数据的比较操作和赋值操作需要使用间接操作符*。完整代码如下。

```
/*
第 9 章的编程练习 6
*/
#include <stdio.h>
void ordering(double *x, double *y, double *z);
/*ordering()函数的参数是 3 个指向 double 类型变量的指针，无返回值
 * */
int main(void) {
    double d1,d2,d3;
    printf("Enter three float number:");
    scanf("%lf %lf %lf",&d1,&d2,&d3);
    printf("Data you input is %g, %g and %g.\n",d1,d2,d3);
    ordering(&d1,&d2,&d3);
    printf("After function. data is %g, %g and %g.\n",d1,d2,d3);
}

void ordering(double *x, double *y, double *z){
    double temp;
    if(*x > *y) {
        temp = *x;
        *x = *y;
        *y = temp;
    }
    if(*x > *z) {
        temp = *x;
        *x = *z;
        *z = temp;
    }
    if(*y > *z) {
        temp = *y;
        *y = *z;
        *z = temp;
    }
}
/*ordering()函数的基本算法是，对 3 个变量进行两两比较，符合条件就交换数据值
 * */
```

7．编写一个函数，从标准输入中读取字符，直到遇到文件结尾。程序要报告每个字符是否是字母，如果是，还要报告该字母在字母表中的位置，例如，c 和 C 在字母表中的位置都是 3。再编写一个函数，以一个字符作为参数。如果该字符是一个字母则返回一个数值位置；否则，返回−1。

编程分析：

题目要求第 1 个函数的主要功能是读取标准输入中的字符，并判断字符在字母表中的位置。第 2 个函数的功能是以字符作为参数，并返回它在字母表中的位置。因此第 2 个函数的参数是字符类型，返回值为整型。第 1 个函数在读取标准输入后，可以调用第 2 个函数，通过返回值获取字母表位置。关于字母表中位置的基本算法是以'a'和'A'作为基准位置 1，分别基于这两个基准位置获得其他字母的位置。例如，'c'−'a'的差为 2，再加 1 可以获得 c 的字母表顺序。完整代码如下。

```
/*
第 9 章的编程练习 7
*/
#include <stdio.h>
void get_char_pos(void);
/*函数读取标准输入，对于字符输入，打印其在字母表中的位置*/
int position(char ch);
/* 函数计算并返回字符在字母表中的位置*/
int main(void) {
    get_char_pos();
}

void get_char_pos(void){
    char ch;
    printf("Enter the chars(ended by EOF ,not enter):");
    while((ch = getchar()) != EOF){
        /*以文件结尾为结束标志*/
        if((ch = getchar()) == '\n') continue;
        /*简单清除换行符的输入，对于其他特殊符号未处理*/
        if(position(ch) != -1){
            printf("The char %c's position in alphabet is %d.\n",ch,position(ch));
        }else printf("%c is not a alphabet.\n",ch);
    }
}

int position(char ch){
    if(ch >='A' && ch <='Z')
        return ch -'A' + 1;
    if(ch >='a' && ch <='z')
        return ch -'a' + 1;
    return -1;
}
/*函数向参数传递的字符分别和'a' 'A' 比较、判断其位置，若不是字符，返回 -1
 * */
```

8．在程序清单 6.20 中，power()函数返回一个 double 类型的正整数次幂。改进该函数，使它能够计算负幂。另外，函数要处理特殊情况：0 的任何次幂都是 0，任何数的 0 次幂都是 1（函数应该报告 0 的 0 次幂未定义，因此把该值视为 1）。使用一个循环，并在程序中测试该函数。

编程分析：

power()函数的功能是计算 double 类型数据的整数次幂，具体情况可以分为正整数、负整数和 0。除此之外，还要处理 0 的任何次幂和 0 的 0 次幂这两种情况，算法需要较多的分支和逻辑判断，在处理过程中应考虑全面。完整程序代码如下。

```
/*
第 9 章的编程练习 8
*/
#include <stdio.h>
double power(double n, int p);
/*计算 double 类型数据 n 的 p 次幂，返回值类型为 double*/
int main(void) {
    double x, xpow;
    int exp;

    printf("Enter a number and the integer power");
    printf(" to which \n the number will be raised. Enter q");
    printf(" to quit.\n");
    while(scanf("%lf %d",&x,&exp) == 2)
    {
        xpow = power(x,exp);
        printf("%.3g to the power %d is %.5g\n",x,exp,xpow);
        printf("Enter the next pair of numbers or q to quit.\n");
    }
    printf("Hope you enjoy this power trip -- bye!\b");
    return 0;
}

double power(double n, int p){
    double pow = 1;
    int i;
    if(n == 0 && p ==0){
        printf("The %g to the power %c is not define, return 1!\n",n , p);
        return 1;
    };/*0 的 0 次幂单独标注*/
    if(n == 0) return 0;/* 0 的任何次幂等于 0 */
    if(p == 0) return 1;/* 除 0 之外，任何数的 0 次幂等于 1 */
    if(p > 0){
        for(i = 1; i<=p; i++)
            pow *= n;
        return pow;
        /* 正整数次幂 */
    }else{
        for(i = 1; i<=-p; i++)
            pow *= n;
        return 1/pow;
        /* 负整数次幂*/
    }
}
```

9．使用递归函数重做编程练习 8。

编程分析：

题目要求使用递归函数实现编程练习 8 中计算 double 类型数据的整数次幂的函数。其他算法基本一致，难点在于函数的递归调用，计算过程中的递归调用仅在非零数据的非零次幂的计算中，且递归算法采用 $n^p = n \cdot n^{p-1}$，递归的终点是 0 次幂；$n^{-p} = n/n^{p+1}$，递归的终点是 0 次幂。程序完整代码如下。

```
/*
第 9 章的编程练习 9
*/
#include <stdio.h>
double power(double n, int p);
/*计算 double 类型数据 n 的 p 次幂，返回值类型为 double*/

int main(void) {
    double x, xpow;
    int exp;

    printf("Enter a number and the integer power");
    printf(" to which \nthe number will be raised. Enter q");
    printf(" to quit.\n");
    while(scanf("%lf %d",&x,&exp) == 2)
    {
        xpow = power(x,exp);
        printf("%.3g to the power %d is %.5g\n",x,exp,xpow);
        printf("Enter the next pair of numbers or q to quit.\n");
    }
    printf("Hope you enjoy this power trip -- bye!\b");
    return 0;
}

double power(double n, int p){
    double pow = 1;
    int i;
    if(n == 0 && p ==0){
        printf("The %g to the power %c is not define, return 1!\n",n , p);
        return 1;
    };/*0 的 0 次幂单独标注*/
    if(n == 0) return 0;/* 0 的任何( 0 除外 )次幂等于 0 */
    if(p == 0) return 1;/* 除 0 之外，任何数的 0 次幂等于 1 */
    if(p > 0){
        return n*power(n, p-1);
        /* 正 p 次幂的递归*/
    }else
    {
        return power(n,p+1)/n;
        /* 负 p 次幂的递归*/
    }
}
```

10．为了让程序清单 9.8 中的 to_binary()函数更通用，编写一个 to_base_n()函数，该函数接受两个参数，且第 2 个参数介于 2～10，然后以第 2 个参数中指定的进制打印第 1 个参数的数值。例如，to_base_n(129, 8)显示的结果 201，也就是 129 的八进制数。在一个完整的程序中测试该函数。

编程分析：

依据题目要求可以分析得知，to_base_n()函数的参数为待转换十进制数与目标进制，无返回值。目标进制为介于 2～10 的正整数。因此算法需要首先进行输入数据的范围判断，然后使用递归算法进行转换。完整代码如下。

```
/*
第 9 章的编程练习 10
*/
#include <stdio.h>
void to_base_n(unsigned long n, unsigned short t);
/* 进制转换，待转换数类型是正整数，因此使用无符号类型标识*/
int main(void) {
    unsigned long number;
    unsigned short target;
    printf("Enter the integer and N for notation(q to quit):");
    while(scanf("%lu %hu",&number, &target) == 2){
        if(target < 2 || target > 10){
            printf("Please input N between 2 ~ 10!\n");
            printf("Enter the integer and N for notation(q to quit):");
            continue;
        }
        printf("Convert %lu to %hu notation is: ",number,target);
        to_base_n(number, target);
        putchar('\n');
        printf("Enter the integer and N for notation(q to quit):");
    }
    return 0;
}
void to_base_n(unsigned long n, unsigned short t){
    if(t < 2 || t > 10){
        printf("The function noly convert 2 ~ 10\n");
        return;
    }/* 函数内部的参数判断*/
    int r;
    r = n % t;
    if(n >= 2) to_base_n(n/t, t);
    printf("%d",r);
}
```

11．编写并测试 Fibonacci()函数，该函数用循环（而不用递归）计算斐波那契数。

编程分析：

使用循环计算斐波那契数列的前 *n* 项。在算法上，需要注意的是，在循环体内除计算下一项之外，还需要进行数列的迭代更新，为下一次循环中的计算准备数据。例如，在计算第 *m* 项时，需要第 *m*−2 项和第 *m*−1 项，计算完成后，需要保存第 *m*−1 项和第 *m* 项数据，为计算第 *m*+1 项准备数据。完整代码如下。

```
/*
第 9 章的编程练习 11
*/
#include <stdio.h>
void Fibonacci(int n);
/* 计算斐波那契数列的前 n 项，无返回值*/
int main(void) {
    int n;
    printf("Enter the number of Fibonacci (q to quit):");
    while(scanf("%d",&n) == 1){
        if(n >= 2){
            Fibonacci(n);
            printf("Enter the number of Fibonacci (q to quit):");
        }
    }
    return 0;
}
void Fibonacci(int n){
    unsigned long f1,f2,temp;
    /* 考虑到斐波那契数列的增长速度，使用无符号长整型，能够显示更多数据项*/
    f1 = 1;
    f2 = 1;
    for(int i = 0 ;i < n; i++){
        printf("%lu ",f1);
        temp = f1+f2;
        f1 = f2;
        f2 = temp;
    }
    printf("\n");
}
```

第 10 章 数组和指针

本章知识点总结

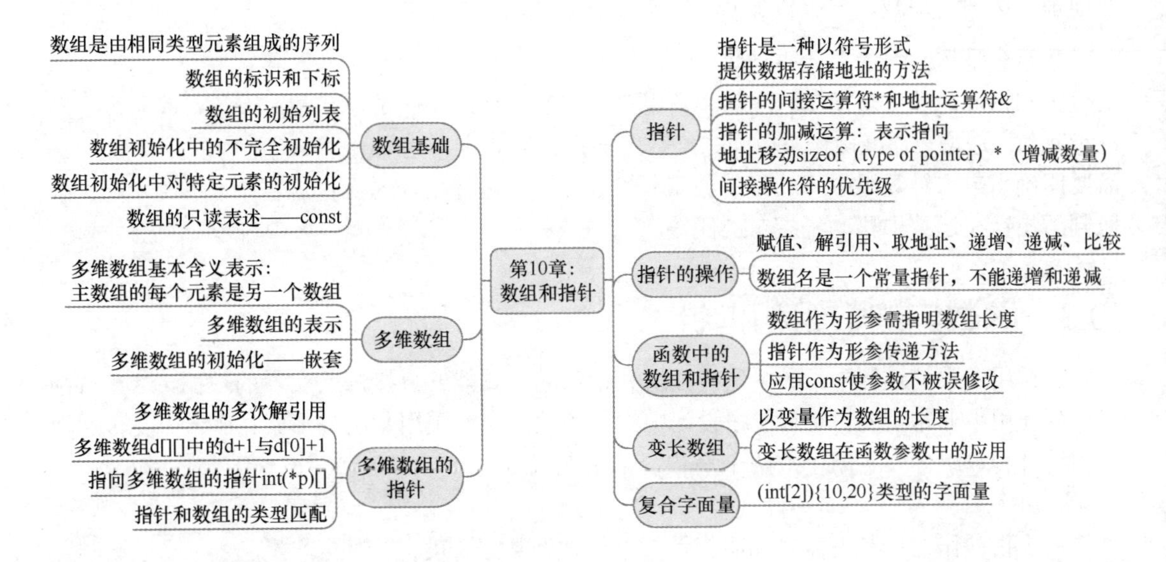

10.1 数组基础知识

数组是由相同类型的多个数据组成的一个数据序列。数组的声明中需要注明数组元素的数据类型和数组的长度。通常用[*n*]内的 *n* 作为下标或者索引，表示数组的长度。数组元素从 0 开始到 *n*−1 结束，数组的使用中需要注意下标不能越界。数组中的元素可以是基本数据类型，也可以是其他种类的数据。如果数组中的元素是另外一个数组，那么这个数组就是一个多维数组。可将常见的二维数组理解成行和列组成的二维视图，其中每一行首先是一个标准的一维数组，同时也是主数组的一个元素。二维数组 float rain[5][12]声明了一个主数组（元素个数为 5），每个元素为 12 个 float 数据的二维数组。简单地说，靠近数组名的是主数组的元素数。对于二维数组 rain，rain[1]表示第 2 行元素，该元素是一维数组。rain[1][2]表示第 2 行的第 3 个元素，该元素是浮点型数据。

数组在使用时需要进行初始化操作。除利用循环进行初始化之外，还可以使用{元素值列表}的形式进行初始化，这样数组将会自动进行顺序赋值，不足的数据用 0 初始化。对于二维数组的初始化，需要使用嵌套循环分别对每一行和第一列进行初始化。也可以使用元素列表进行初始化，其中初始化形式可以使用{{行数据},{行数据},{行数据}}的嵌套形式，也可以省略内部花括号。注意，在初始化数据不足的情况下，系统会按顺序初始化，把剩余数据初始化为 0。

10.2　指针的基础知识

指针是一种以符号形式使用数据存储地址的方法。指针数据的本质就是一个数据地址，系统可以根据该地址快速检索到该地址所存储的数据。声明一个指针需要指明该指针存储的地址所指向数据的数据类型，并使用*号来标识指针变量，例如，`int *p;`声明了一个指针，存储的地址指向的数据为整型。在使用过程中*表示间接操作，即由操作数指针所存储的地址寻值；&表示取地址操作，即获取该操作数的存储地址。指针的加减操作本质上是将指向的地址向前或者向后移动对应类型的字节宽度。对于指针变量的基本操作包括赋值、解引用、取地址、递增、递减、与整数加减、指针变量的比较和减法操作。

数组名是该数组的首元素地址，因此指针和数组在 C 语言程序设计中能够灵活应用。一维数组和指针的使用较简单。注意，数组名虽然表示地址，但是是常量，因此不能对数组名进行赋值、递增、递减操作。指向二维数组的指针需要定义为`int(*p)`[行内的元素数]，即需要明确指定二维数组中每一行的数组长度，这样在进行指针的操作过程中，系统才能正确地判断指针在运算中移动了指定的距离。

10.3　函数中的数组和指针

在调用函数的过程中，形参通过数组和指针的形式能够直接修改实参的数据，这一特性在实际应用中非常重要。通常程序设计中如果函数的形参采用数组的形式，那么需要传递数组的地址和数组中元素的个数两个参数，常用方式是

```
void f( int * ar, int n);
```

使用指针作为形参也需要标明指针能够处理的数据长度，以避免产生越界。当以二维数组作为形参时，也需要标明数组的行数和列数，参数列表只能省略最左面的元素数，即主数组的元素数。

作为 C99 的新增标准，变长数组能够相对比较灵活地使用变量来创建数组和进行参数传递。变长数组能够增加数组声明和参数传递的灵活性，并不是创建动态的数组，这一点在应用中应当引起注意。

复合字面量本质上是一个匿名的数组形式，通常应用指针来进行复合字面量的寻址和使用，或者作为函数实参传递，单独创建一个复合字面量是无意义的。

10.4　复习题

1．下面的程序将打印什么内容？

```
#include <stdio.h>

int main(void) {
        int ref[] = {8, 4, 0 ,2};
        int *ptr;
        int index;

        for(index = 0,ptr = ref;index <4 ;index++, ptr++)
```

```
        printf("%d %d",ref[index],*ptr);
}
```

分析与解答：

程序定义了整型指针 ptr 和整型一维数组 ref，ref 共有 4 个元素，分别是 8、4、0、2。for 循环语句在初始化中将 ref 赋值给指针 ptr，因此两者都指向 ref 数组的首元素，循环体内分别以数组下标形式和指针递增形式打印数组内容。其打印结果如下。

```
8 8
4 4
0 0
2 2
```

2．在复习题 1 中，ref 有多少个元素？

分析与解答：

复习题 1 中整型数组 ref 的声明和数据初始化如下。

```
int ref[] = {8,4,0,2};
```

声明中未通过下标声明元素数量，通过初始化列表自动创建 4 元素的整型数组，其元素下标是 0～3，元素分别是 8、4、0、2。

3．在复习题 1 中，ref 的地址是什么？ref+1 是什么意思？++ref 指向什么？

分析与解答：

在数组中，数组变量名 ref 是一个指向整个数组中第一个元素的地址的常量，在复习题 1 中，ref 指向的地址就是数组中第一个元素整型数据 8 的存储地址。ref+1 表示将 ref 指向的元素的地址之后的一个元素地址，即第 2 个元素 4 的地址。++ref 是一个错误的表达式，因为 ref 作为数组变量名是常量，所以不能够进行自增操作，在本题中，需要正确区分++ref 和 ref+1 两种表达式，++ref 表示的自增会赋值并修改 ref 的值，而 ref+1 只是一个加法表达式，并没有赋值操作。

4．在下面的代码中，*ptr 和*(ptr + 2)的值分别是什么？

a.

```
int *ptr;
int torf[2][2] = {12,14,16};
ptr = torf[0];
```

b.

```
int *ptr;
int fort[2][2] = {{12},{14,16}};
ptr = fort[0];
```

分析与解答：

a.

torf[2][2]是一个 2×2 的二维数组，在其初始化列表中只有 3 个数值，且未通过{ }嵌套进行初始化，因此该数组元素将会被顺序赋值。第 4 个元素被初始化为 0。指针指向二维数组的第 1 行第 1 个元素，因此*ptr 的间接操作访问第 1 行第 1 个元素——12。*(ptr+2)中 ptr+2 表示将指针向后移动两个元素，因此将会指向第 2 行第 1 个元素——16，*(ptr+2)的值为 16。

b.

fort[2][2]是一个 2×2 的二维数组，其初始化列表内{{12},{14,16}}标明了初始化的主数组元素。第 1 个一维数组内的初始化元素值分别为{12,0}，第 2 个一维数组内的初始化元素值为{14,16}。指针 ptr 指向二维数组的第 1 行第 1 个元素，因此*ptr 的值为 12。*(ptr+2)中 ptr+2 表示将指针向后移动两个元素，因此将会指向第 2 行第 1 个元素——14，*(ptr+2)的值为 14。

5．在下面的代码中，**ptr 和**(ptr + 1)的值分别是什么？

a.

```
int (*ptr)[2];
int torf[2][2] = {12,14,16};
ptr = torf;
```

b.

```
int (*ptr)[2];
int fort[2][2] = {{12},{14,16}};
ptr = fort[0];
```

分析与解答

a．`int (*ptr)[2];`语句创建了一个数组指针 ptr。torf[2][2]是一个整型数据的二维数组，因此 ptr = torf 可以正常赋值。本题可以对比复习题的代码，因此，**ptr 可以分解成*(*ptr)，括号的间接符号表示一个整型指针的地址，再次使用间接符号后得到了该地址指向的整型数据 12。**(ptr + 1)表示 ptr 指针指向下一行数字的第一个元素——16。

b．`int (*ptr)[2];`语句创建了一个数组指针 ptr。torf[2][2]是一个包含整型数据的二维数组，因此 ptr = torf 可以正常赋值。本题可以对比复习题的代码，因此，**ptr 可以分解成*(*ptr)，括号的间接符号表示一个整型指针的地址，再次使用间接符号后得到了该地址指向的整型数据 12。**(ptr + 1)表示 ptr 指针指向下一行数字的第一个元素——14。

6．假设有下面的声明：

```
int grid[30][100];
```

a．用 1 种写法表示 grid[22][56]的地址；

b．用 2 种写法表示 grid[22][0]的地址；

c．用 3 种写法表示 grid[0][0]的地址。

分析与解答：

题目主要考察数组变量名就是该数组首元素的地址的知识点。其难点在于二维数组由多个一维数组组成，因此具体题目应当结合具体情况详细分析。

grid 是一个整型二维数组，主数组元素有 30 个，主数组的每一个元素是长度为 100 的一维整型数组。

a．表示 grid[22][56]的地址可以使用&grid[22][56]。

b．表示 grid[22][0]的地址可以使用&grid[22][0]或者 grid[22]。

c．表示 grid[0][0]的地址可以使用&grid[0][0]或者 grid[0]或者(int *)grid。

题目要求以多种方式表示地址 grid[22][56]、grid[22][0]、grid[0][0]。这 3 个数组均表示二维数组中一个整型的数据元素，例如，grid[22][56]表示第 2 行的第 56 个元素，依次类推，&地址符可以直接应用于这 3 个元素。因此，无论以何种方式表示其地址，都应当是指向一个整型数据的地址。而 grid[22][0]表示主数组的第 22 行——一维数组 grid[22]的首元素，还可以使用 grid[22]表示一维数组首元素的地址。grid[0][0]是整个二维数组的首元素，除使用&grid[0][0]或者 grid[0]表示之外，grid 是二维数组的地址，虽然地址相同，但是类型不同，因此需要通过强制类型转换(int *)，将其转换成指向整型数据的地址。

7．正确声明以下各变量：

a．digits 是一个内含 10 个 int 类型值的数组；

b．rates 是一个内含 6 个 float 类型值的数组；

c．mat 是一个内含 3 个元素的数组，每个元素都是内含 5 个整数的数组；

d．psa 是一个内含 20 个元素的数组，每个元素都是指向 int 类型值的指针；

e．pstr 是一个指向数组的指针，该数组内含 20 个 char 类型的值。

分析与解答：

在数组的声明和定义过程中，需要数组元素的数据类型和数组元素的个数，元素个数在方括号内表示，元素的数据类型在最前方表示。

a．`int digits[10];`表示 digits 是一个内含 10 个 int 类型值的数组。

b．`float rates[6];`表示 rates 是一个内含 6 个 float 类型值的数组。

c．`int mat[3][5];`表示 mat 是一个内含 3×5 个元素的二维数组。

d．`int *psa[20];`表示 psa 是一个内含 20 个整型指针元素的数组。

e．`char (*pstr)[20];`表示 pstr 是一个指向 20 个元素的数组的指针。

对于 a、b 部分定义了 int digits[10]与 float rate[6]。二维数组需要注意主数组元素数是数组变量名右侧第一个方括号内的数字，因此 c 部分的解答是 int mat[3][5]。d 部分要求创建一个元素是指针的数据，即指针数组，每一个指针均指向整型数据。因此可以使用 int *(psa[20])格式，圆括号外 int *表示数组内元素的类型。考虑到[]优先级较高，可以省略圆括号。e 部分则正好相反，圆括号表明 pstr 是一个指针，该指针指向元素数是 20、元素类型是 char 的数组。

8．分别实现以下操作：

a．声明一个内含 6 个 int 类型值的数组，并初始化各元素为 1、2、4、8、16、32；

b．用数组表示法表示 a 部分声明的数组的第 3 个元素（其值为 4）；

c．假设编译器支持 C99/C11 标准，声明一个内含 100 个 int 类型值的数组，并初始化最后一个元素为-1，其他元素不考虑；

d. 假设编译器支持 C99/C11 标准，声明一个内含 100 个 int 类型值的数组，并初始化下标为 5、10、11、12、3 的元素是 101，其他元素不考虑。

分析与解答：

题目主要考察数组的初始化方法。对于特定数据和元素数较少的数组，一般在定义时通过花括号内逗号分隔的数据直接初始化，通常系统会按顺序将花括号内的数据逐一赋值给数组元素。当提供的数据较少时，会以 0 补充。在 C99 标准后，可以通过在花括号内指定元素下标进行特定元素、数据的初始化，例如，{[99]= −1}表示初始化该数组的第 100 个元素为−1。指定下标初始化之后，无下标的数据将会按顺序继续初始化，例如，{[5]=101,[10]=101,101,101,[3]=101}。题目解答如下：

a．int sextet[6] = {1,2,4,8,16,32};

b．sextet [2]

c．int lots[100] = {[99]= −1};

d．int pots[100] = {[5]=101,[10]=101,101,101,[3]=101};

9．内含 10 个元素的数组的下标范围是什么？

分析与解答：

要访问数组内元素，通常使用下标（索引）的方式。数组元素的下标从 0 开始，到数组元素数量减 1 结束。含 10 个元素的数组的下标范围是 0～9。由于大部分编译器并不检查数组越界错误，因此在数组的使用中不能越界使用数组元素。

10．假设有下面的声明。

```
float rootbeer[10], things[10][5], *pf, value = 2.2;
int i = 3;
```

判断以下各项是否有效。

a. `rootbeer[2] = value;`

b. `scanf("%f",&rootbeer);`

c. `rootbeer = value;`

d. `printf("%f",rootbeer);`

e. `things[4][4] = rootbeer[3];`

f. `things[5] = rootbeer;`

g. `pf = value;`

h. `pf = rootbeer;`

分析与解答：

本题主要考察一维数组、二维数组和指针的相关概念。

a．rootbeer 是浮点型数组，数组长度为 10，value 是浮点型变量，因此，该赋值语句正确。

b. `scanf("%f",&rootbeer);`语句错误。作为数组名，rootbeer 本质上是数组首元素的地址。scanf()函数的第 2 个参数需要是地址参数，因此可以使用&rootbeer[0]，或者直接使用 rootbeer，两者都可以将输入数据写入 rootbeer 首元素 rootbeer[0]内。

c. `rootbeer = value;`语句错误。首先赋值操作的类型不匹配，rootbeer 是数组首元素地址，value 是浮点型数据，对数据赋值应按照 a 部分的语句进行。其次，rootbeerr 是常量，也不允许进行赋值操作。

d. `printf("%f",rootbeer);`语句错误。如果需要打印 rootbeer 指向的地址，应当使用 `printf("%p",rootbeer);`。如果需要打印数组元素内数据，应使用 `printf("%f",*rootbeer);`或者 `printf("%f",rootbeer[0]);`。

e. `things[4][4]=rootbeer[3];`语句正确，使用一维数组的元素向二维数组元素赋值，两者均是整型数据。

f. `things[5] = rootbeer;`语句错误，rootbeer 是一维整型数组，不能够直接向 things 二维数组的一行直接赋值。如果需要进行类似功能的赋值，应该使用循环语句对单个元素依次进行赋值。

g. `pf = value;`语句错误，pf 是指向整型数据的指针，value 是一个整型变量，不是地址。正确操作是 `pf = &value;`，表示将 value 变量的地址赋给指针；或者`*pf = value;`，表示将 value 的值赋予 pf 指向的整型数据存储区。

h. `pf=rootbeer;`语句有效，是两个地址之间的赋值，这样可以通过 pf 指针来操作和访问 rootbeer 数组。

11. 声明一个 800×600 的 int 类型的数组。

分析与解答：

```
int data[800][600];
```

数组声明需要指出数组元素的数据类型和元素个数，在二维数组中，数组名右侧的第一个方括号内是主数组的元素数。

12. 下面声明了 3 个数组。

```
double trots[20];
short clops[10][30];
long shots[5][10][15];
```

a. 分别以传统方式和变长数组的方式编写处理 trots 数组的 void 函数原型和函数调用。

b. 分别以传统方式和变长数组的方式编写处理 clops 数组的 void 函数原型和函数调用。

c. 分别以传统方式和变长数组的方式编写处理 shots 数组的 void 函数原型和函数调用。

分析与解答：

当以传统方式编写函数原型时，需要涉及数组及数组元素数两个参数，其中整型参数表示数组元素数，数组类型参数中不需要声明数组的元素数，只需要传递首地址——即数组名即可。使用变长数组进行函数参数设计，除了需要传递数组元素数之外，数组参数必须以表示元素数的形参作为数组的下标进行声明。以二维及二维以上的多维数组作为参数，形参的声明只能够省略主数组的元素数，其余不能省略。在函数调用过程中，实参中的数组直接使用匹配的数组名，即直接传递数组的首地址。解答如下。

a.

```
void process(double ar[], int n);
void process(int n, double ar[n]);
process(trots,20);
process(20,trots);
```

b.

```
void process2(short ar2[][30],int n);
void process2(int n,int m,short ar2[n][m])
process2(clops,10);
process2(10,30,clops);
```

c.

```
void process3(long ar3[][10][15], int n);
void process3(int m,int m,int t, long ar3[m][n][t]);
process3(shots,5);
process3(5,10,15,shots);
```

13．下面有两个函数原型。

```
void show(const double ar[], int n); //n 是数组元素的个数
void show2(const double ar2[][3],int n);//n 是二维数组的行数
```

a．编写一个函数调用，把一个内含 8、3、9 和 2 的复合字面量传递给 show()函数。

b．编写一个函数调用，把一个 2 行 3 列的复合字面量（以 8、3、9 作为第 1 行，以 5、4、1 作为第 2 行）传递给 show2()函数。

习题解答：

字面量在部分参考书中也称为数值常量，例如，2.3 就是 double 类型的字面量（数值常量）。复合字面量是指代表数组或者结构体的字面量，这类字面量不是由整型、字符型等单一数值构成的，而是由多个字面量复合而成的。复合字面量经常用于匿名数组，即无数组名的数组，例如，int [4]{1,2,3,4}表示 4 元素的整型数组。复合字面量作为匿名数组来使用更加方便和快捷。解答如下。

a．show((int [4]){8, 3, 9, 2}, 4);

b．show2((int[][3]) { {8,3,9}{5,4,1}},2)

10.5　编程练习

1．修改程序清单 10.7 的 rain.c 程序，用指针进行计算（仍然要声明并初始化数组）。

编程分析：

程序清单 10.7 中的 rain[YEARS][MONTHS]是一个二维数组，因此使用指针来进行计算时首先注意指针的定义。标准格式是 `const float (*ptr)[MONTHS]`，由于[ ]优先级高于*，因此需要使用圆括号改变其优先级，上述指针的标准格式表示创建一个指针，指向 MONTHS 个元素的浮点型常量数组。将指针初始化之后，ptr 的增减操作表示指针在每次移动 MONTHS 个浮点数据；*(ptr)的增减操作表示指针在 MONTHS 个数据内，每次移动 1 个浮点型数据。掌握了以上知识，就能够快速实现程序的修改。完整的程序代码如下。

```
/*
第10章的编程练习1
*/
#include <stdio.h>
#define MONTHS 12 //一年的月份数
#define YEARS 5 //年数
int main(void) {
    const float rain[YEARS][MONTHS] = {
            {4.3, 4.3, 4.3, 3.0, 2.0, 1.2, 0.2, 0.2, 0.4, 2.4, 3.5, 6.6},
            {8.5, 8.2, 1.2, 1.6, 2.4, 0.0, 5.2, 0.9, 0.3, 0.9, 1.4, 7.3},
            {9.1, 8.5, 6.7, 4.3, 2.1, 0.8, 0.2, 0.2, 1.1, 2.3, 6.1, 8.4},
            {7.2, 9.9, 8.4, 3.3, 1.2, 0.8, 0.4, 0.0, 0.6, 1.7, 4.3, 6.2},
            {7.6, 5.6, 3.8, 2.8, 3.8, 0.2, 0.0, 0.0, 0.0, 1.3, 2.6, 5.2},
    };
    int year, month;
    float subtot, total;
    const float (*ptr)[MONTHS] = rain;
    /* 定义指向二维数组的指针ptr,ptr指向含有MONTHS个元素的浮点型数值的数组。
     * 赋值语句将初始化ptr指针，使其指向rain数组。rain含有YEARS个[MONTHS]
     * 类型数组。const表示和rain的类型匹配
     * */
    printf(" YEAR      RAINFALL    (inchs)\n");
    for(year = 0, total = 0; year < YEARS; year++){
        for(month = 0, subtot = 0; month < MONTHS; month++)
            subtot += *(*(ptr + year)+month);
        /*  ptr+year表示二维数组的行移动，*(ptr + year)+ month表示
         * 二维数组在行内的移动。*(*(ptr + year)+month)表示取确定元素
         * 的浮点数值
         * */
        printf("%5d %15.1f\n", 2010 + year,subtot);
        total += subtot;
    }
    printf("\nThe yearly average is %.1f inches. \n\n",total/YEARS);
    printf("MONTHLY AVERAGES:\n\n");
    printf(" Jan  Feb  Mar  Apr  May  Jun  Jul  Aug  Sep  Oct ");
    printf("Nov  Dec\n");

    for(month = 0; month < MONTHS; month++){
        for(year = 0, subtot = 0;year < YEARS; year++)
            subtot += *(*(ptr + year)+month);
        /*具体含义如上
         * */
        printf("%4.1f ",subtot/YEARS);
    }
    printf("\n");
    return 0;
}
```

2．编写一个程序，初始化一个double类型数组，然后把该数组的内容拷贝至其他3个数组中（在main()函数中声明这4个数组）。使用带数组表示法的函数进行第1次拷贝。使用带指针表示法和指针递增的函数进行第2次拷贝。把目标数组名、源数组名和待拷贝的元素个数作为前两个函数的参数。第3个函数以目标数组名、源数组名和指向源数组最后一个元素

后面的元素指针作为参数。也就是说，给定以下声明，则函数调用如最后 1 行所示。

```
double source [5] = {1.1, 2.2, 3.3, 4.4, 5.5};
double target1[5];
double target2[5];
double target3[5];
copy_arr(target1, source, 5);
copy_ptr(target2, source, 5);

copy_ptrs(target3,source,source+5);
```

编程分析：

题目要求设计 3 个函数，分别实现数组的复制功能。数组数据的复制需要遍历所有的数组元素，因此数组的访问形式以及参数传递过程是本题主要考察的知识点。题目要求 3 个复制函数分别以数组名和指针形式进行参数传递。难点在第 3 个函数需要传递源数组的首末指针位置，才能正确判断数组的长度，因此需要使用首末指针比较的方式来进行循环的条件判读。具体程序代码如下。

```
/*
第 10 章的编程练习 2
*/
#include <stdio.h>
void copy_arr(double t[], double s[], int n);
void copy_ptr(double *t, double *s, int n);
void copy_ptrs(double *t,double *s_first, double *s_last);
/* 依据题目要求的函数调用格式还原的函数声明
 * */
int main(void) {
    double source[5] = {1.1, 2.2, 3.3, 4.4, 5.5};
    double target1[5];
    double target2[5];
    double target3[5];
    copy_arr(target1, source, 5);
    copy_ptr(target2, source, 5);
    copy_ptrs(target3,source,source+5);
    return 0;
}
void copy_arr(double t[], double s[], int n){
    for(int i = 0 ;i < n ;i++)
        t[i] = s[i];
    /* 使用数组作为函数的参数，同时需要数组的下标值，只需要使用下标访问数组
     * */
}
void copy_ptr(double *t, double *s, int n){
    for(int i = 0 ;i < n ;i++)
        *(t+i) = *(s+i);
    /* 使用指针作为函数的参数，需要表明指针的访问范围，不能越界，并使用
     *  *星号形式进行数据的赋值
     * */
}
void copy_ptrs(double *t,double *s_first, double *s_last){
    for(int i = 0; (s_last - s_first) > i ;i++)
```

```
        /*for(int i = 0; (s_last - s_first) > 0 ;i++, s_first++)
        *也可以移动首指针，当首尾指针相等时即停止循环，只是该方法的赋值语句
        *略有不同*/
        *(t+i) = *(s_first+i);
    /* 使用指针作为函数的参数，也可以通过首、尾两个指针来表示
     * 指针允许访问的数据地址范围
     * */
}
```

3．编写一个函数，返回存储在int类型数组中的最大值，并在一个简单的程序中测试该函数。

编程分析：

题目要求查找数组内数据的最大值，在数组内元素无序的情况下，应当使用简单的遍历方式，即从数组的第1个元素开始比较并且存储最小值，遍历完整个数组后，就可以获得数组元素的最小值。具体代码如下。

```
/*
第10章的编程练习3
*/
#include <stdio.h>

int get_max(int number[], int n);
/*s使用传统方式传递参数，形参n表示整型数组的长度
 * */

int main(void) {
    int source[100] = {1, 2, 3, 4, 5};
    printf("The largest number in array is %d ",get_max(source, 100));
    return 0;
}
int get_max(int number[], int n){
    int max = number[0];
    for(int i = 0; i < n; i++)
        if(max < number[i]) max = number[i];
        /*通过循环语句遍历数组的每一个元素，通过比较取得最大值
          * */
    return max;
    /*函数返回该数组的最大值*/
}
```

4．编写一个程序，返回存储在double类型数组中的最大值的下标，并在一个简单的程序中测试该函数。

编程分析：

题目要求和本章编程练习3类似，只是编程练习3需要返回最大值，本题要求返回最大值的下标，基本算法相同，只是函数需要返回下标的整型值。代码如下。

```
/*
第10章的编程练习4
```

```
*/
#include <stdio.h>

int get_max_index(double number[], int n);
/* 使用传统方式传递参数，n 表示数组 number 的长度
 * */
int main(void) {
    double source[100] = {2.5, 3.2, 1.2, 1.6, 2.4, 0.0, 5.2, 0.9, 0.3, 0.9, 1.4, 7.3};
    printf("The largest number's index in array is %d ",get_max_index(source, 100));
    return 0;
}
int get_max_index(double number[], int n){
    double max = number[0];
    int index = 0;
    for(int i = 0; i < n; i++){
        if(max < number[i]) {
            max = number[i];
            index = i;
        }
    }
    /* 函数在遍历、比较数组元素时，同时需要保存元素数值和下标，元素值用于下一次比较，
     * 下标值需要保存并且在函数末尾返回。
     * */
    return index;
}
```

5．编写一个程序，返回存储在 double 类型数组中的最大值和最小值的差值，并在一个简单的程序中测试该函数。

编程分析：

题目要求与本章编程练习 3、练习 4 类似，本题需要计算数组所有元素的极差。计算极差的基本算法需要首先获得数组内的极值元素并计算极差。函数通过循环比较每一个元素的大小关系，并将较小值保存为临时极小值，较大值保存为临时极大值，遍历完成后即可得到整个数组的最大值和最小值。程序代码如下。

```
/*
第 10 章的编程练习 5
*/
#include <stdio.h>

double get_range(double number[], int n);
/* 以数组及其长度作为函数的参数
 * */

int main(void) {
    double source[12] = {2.5, 3.2, 1.2, 1.6, 2.4, 0.1, 5.2, 0.9, 0.3, 0.9, 1.4, 7.3};
    printf("The max diff in array is %g ",get_range(source, 12));
    return 0;
}
double get_range(double number[], int n){
    double max = number[0];
    double min = number[0];
```

```
    for(int i = 0; i < n; i++){
        if(max < number[i]) max = number[i];
        if(min > number[i]) min = number[i];
    }
    /* 初始化变量 max 和 min 为临时极大值与临时极小值，循环完成后即可得最大值和最小值
     * */
    return max - min;
}
```

6．编写一个函数，把 double 类型数组中的数据倒序排列，并在一个简单的程序中测试该函数。

程序分析

数组中的排序与查找是程序设计中非常基础和重要的算法知识。本章并未详述排序算法，因此可以选择最基础的比较排序法，进行数组的排序练习。比较排序的基本思想是比较相邻元素的大小关系，并通过交换元素位置的方式调整不符合要求的相邻元素。相邻元素的两两比较，需要通过 $n-1$ 次比较才只能保证一个元素到达最终位置。为了保证整个数组的正确排序，最多进行多次的循环比较排序。具体代码如下。

```
/*
第 10 章的编程练习 6
*/
#include <stdio.h>

void r_sort(double number[], int n);
/* 以传统方式传递数组参数
 * */
int main(void) {
    double source[12] = {2.5, 3.2, 1.2, 1.6, 2.4, 0.1, 5.2, 0.9, 0.3, 0.9, 1.4, 7.3};
    for(int i = 0;i < 12 ;i++) printf("%g ",source[i]);
    printf("\n");
    r_sort(source, 12);
    for(int i = 0;i < 12 ;i++) printf("%g ",source[i]);
    return 0;
}
void r_sort(double number[], int n){
    /* 排序算法使用常用的比较排序算法，即，判断相邻元素的大小关系，
     * 并对需要排序的两个元素交换位置，内层循环 1 次能保证 1 个元素
     * 调整到合适的位置，在 n-1 次外层循环中保证所有元素都换到正确的位置
     * */
    double temp;
    for(int i = 0; i < n - 1 ; i++){
        for(int j = 0; j < n - 1 -i ; j++){
            /* 循环判断条件设置为 j < n - 1 也可以，只是会多执行一些无效的循环判断，
             * 具体原因是每次循环可以保证 1 个元素到达正确位置，该位置后续排序
             * 过程可以忽略，以提高效率
             * */
            if(number[j] < number[j+1]) {
                temp = number[j];
                number[j] = number[j+1];
                number[j+1] = temp;
```

```
            }
        /* 由于这里主要的目的并非是排序算法，但在此处打印
         * 每次循环的排序结果，有助于理解交换排序的基本思想
         * */
        }
    }
}
```

7．编写一个程序，初始化一个 double 类型的二维数组，使用编程练习 2 中的一个复制函数把该数据中的数据复制至另一个二维数组中（因为二维数组是数组的数组，所以可以使用处理一维数组的复制函数来处理数组中的每个子数组）。

编程分析：

编程练习 2 中实现了一维数组的元素复制功能，二维数组就是由多个相同的一维数组组成的矩形结构。多次调用编程练习 2 中的函数，不断进行多行数据的复制，就可以实现二维数组的数据复制。在编程中需要注意主数组的元素数，以及循环调用一维数组复制函数的循环次数和函数参数的设计。

```
/*
第 10 章的编程练习 7
*/
#include <stdio.h>
#define ROWS 12
#define COLS 5
void copy_arr(double t[], double s[], int n);
void copy_ptr(double *t, double *s, int n);
void copy_ptrs(double *t,double *s_first, double *s_last);
/* 编程练习 2 的一维数组复制函数的声明*/
void copy_2d_array(double t[][ROWS],double s[][ROWS],int n);
void copy_2d_ptr(double (*t)[ROWS], double (*s)[ROWS], int n);
/* 二维数组的复制函数的声明，只使用了指针和数组作为形参，首尾指针作为参数
 * 的形式类似，略。
 * */
int main(void) {
    double target[COLS][ROWS],source[COLS][ROWS] = {
            {4.3, 4.3, 4.3, 3.0, 2.0, 1.2, 0.2, 0.2, 0.4, 2.4, 3.5, 6.6},
            {8.5, 8.2, 1.2, 1.6, 2.4, 0.0, 5.2, 0.9, 0.3, 0.9, 1.4, 7.3},
            {9.1, 8.5, 6.7, 4.3, 2.1, 0.8, 0.2, 0.2, 1.1, 2.3, 6.1, 8.4},
            {7.2, 9.9, 8.4, 3.3, 1.2, 0.8, 0.4, 0.0, 0.6, 1.7, 4.3, 6.2},
            {7.6, 5.6, 3.8, 2.8, 3.8, 0.2, 0.0, 0.0, 0.0, 1.3, 2.6, 5.2},
    };
    copy_2d_ptr(target,source,COLS);
    for(int i = 0;i<COLS;i++) {
        for (int j = 0 ;j < ROWS; j++)
            printf("%5.2f", target[i][j]);
        printf("\n");
    }
    return 0;
}

void copy_arr(double t[], double s[], int n){
```

```
    for(int i = 0 ;i < n ;i++)
        t[i] = s[i];
}
void copy_ptr(double *t, double *s, int n){
    for(int i = 0 ;i < n ;i++)
        *(t+i) = *(s+i);
}
void copy_ptrs(double *t,double *s_first, double *s_last){
    for(int i = 0; (s_last - s_first) > i ;i++)
        //for(int i = 0; (s_last - s_first) > 0 ;i++, s_first++)
        *(t+i) = *(s_first+i);
}
/* 编程练习 2 的 3 个一维数组复制函数的实现*/

void copy_2d_array(double t[][ROWS],double s[][ROWS],int n){
    //参数 n 表示列数
    for(int i = 0;i < n; i++)
        copy_arr(t[i],s[i],ROWS);
}
/* 以二维数组作为形参，参数列表内可以省略主数组的元素数，但是其他子数组的元素数不能省略。
 * 原一维数组的复制函数能够复制二维数组的一行，所以通过循环，逐行复制，在参数的调用中需要注意
 * 行数、列数在函数内使用的变量名，n 表示列数
 * */
void copy_2d_ptr(double (*t)[ROWS], double (*s)[ROWS], int n){
    for(int i = 0;i < n; i++)
        copy_ptr(*(t+i),*(s+i),ROWS);
}
/* 以指向二维数组的指针作为形参，参数列表内要标识指针指向数组的元素数。
 * 原一维数组的复制函数能够复制二维数组的一行，所以通过循环，逐行复制。
 * 在参数的调用中需要注意行数、列数在函数内使用的变量名，n 表示列数
 * */
```

8. 使用编程练习 2 中的复制函数，把一个内含 7 个元素的数组中的第 3～5 个元素复制至内含 3 个元素的数组中。该函数本身不需要修改，只需要选择合适的实参（不需要数组名和数组大小，只需要数组元素的地址和待处理元素的个数）。

编程分析：

题目要求使用编程练习 2 的复制函数进行指定数据的复制。需要使用 `void copy_ptr(double *t, double *s, int n)`函数，即第 1 个参数是目的数组地址，第 2 个参数是源数组地址，第 3 个参数是复制的数据量。在实参调用中可以直接使用数组名作为数组地址的形式。完整代码如下。

```
/*
第 10 章的编程练习 8
*/
#include <stdio.h>
#include <stdlib.h>

void copy_ptr(double *t, double *s, int n);
/* 只保留以指针作为形参的函数 */
```

```
int main(void)
{
    double src[] = {1, 2, 3, 4, 5, 6, 7};
    double targ[3];
    copy_ptr(targ, src + 2, 3);
    /* 函数的实参为目标数组地址、源数组中第 3 个元素的地址以及复制的元素个数*/
    printf("Now Show the src array:\n");
    for (int i = 0 ;i < 5; i++)
        printf("%.0lf ", src[i]);

    printf("\nNow Show the dest array:\n");
    for (int i = 0; i < 3; ++i)
        printf("%.0lf ", targ[i]);
    return 0;
}
void copy_ptr(double *t, double *s, int n){
    for(int i = 0 ;i < n ;i++)
        *(t+i) = *(s+i);
    /* 使用指针作为函数的参数，需要表明指针的访问范围，不能越界，并使用
     * 星号形式进行数据的赋值*/
}
```

9．编写一个程序，初始化一个 double 类型的 3×5 的二维数组，使用一个处理变长数组的函数将其复制至另一个二维数组中，还要编写一个以变长数组为形参的函数以显示两个数组的内容。这两个函数应该能处理任意 N×M 的数组（如果编译器不支持变长数组，则使用传统 C 函数处理 N×5 的数组）。

编程分析：

使用变长数组来实现二维数组的计算、复制等操作更加容易理解。首先，在二维数组的定义中，以变量作为数组的下标，例如，`double target[n][m]`。其次，在函数的参数传递中，需要以变量作为数组的下标，在数组的参数中也要标识出数组的下标变量，例如，`(int n,int m,double array[n][m])`。程序代码如下。

```
/*
第 10 章的编程练习 9
*/
#include <stdio.h>
void copy_array(int n, int m, double target[n][m],const double source[n][m]);
void show_array(int n, int m, const double array[n][m]);
/* 以变长数组作为函数的参数，需要以二维函数的数组下标作为形参，在形参的数组中
 * 也需要使用相同的形参名作为下标来标识出数组的长度
 * 即：(int n, int m, const double array[n][m])，关键字 const 可防止源数组在函数内
 * 的误操作
 * */
int main(void) {
    int n = 3;
    int m = 5;
    double target[n][m],source[][5] = {
            {0.2, 0.4, 2.4, 3.5, 6.6},
            {8.5, 8.2, 1.2, 1.6, 2.4},
            {9.1, 8.5, 2.3, 6.1, 8.4},
```

```
    };
    copy_array(n, m, target, source);
    show_array(n, m, target);
    return 0;
}

void copy_array(int n, int m, double target[n][m],const double source[n][m]){
    for(int i = 0; i < n; i++)
        for(int j = 0;j < m; j++)
            target[i][j] = source[i][j];
}
/* 使用嵌套循环来循环复制，内层循环用于复制行，外层循环用于实现多列的数据复制，形参 n 和 m
既可以表示二维数组的下标，也可以直接表示数组的循环终止条件
 * */
void show_array(int n, int m, const double array[n][m]){
    for(int i = 0; i < n; i++){
        for(int j = 0;j < m; j++)
            printf("%g ",array[i][j]);
        printf("\n");
    }
}
```

10. 编写一个函数，把两个数组中相对应的元素相加，然后把结果存储到第 3 个数组中。也就是说，如果数组 1 中包含的值是 2、4、5、8，数组 2 中包含的值是 1、0、4、6，那么该函数就把 3、4、9、14 赋值给第 3 个数组。函数接受 3 个数组名和一个数组大小。在一个简单的程序中测试该函数。

编程分析：

程序要求计算两个数组对应元素的和，并将求和结果保存至第 3 个数组的对应元素内。函数的参数是 3 个数组及其长度。在 `void add_array(int n, int t[n], const int s1[n],const int s2[n])` 中使用可变数组可以使程序更加清晰、可读性较好。使用 const 关键字可防止数组在函数内的误操作。具体程序代码如下。

```
/*
第 10 章的编程练习 10
*/
#include <stdio.h>
#define INDEX 4

void add_array(int n, int t[n], const int s1[n],const int s2[n]);
/* 数组加法函数的 3 个形参分别表示数组长度、求和结果和两个加数数组
 * 程序使用变长数组形式分别表示 3 个数组的形参。s1 和 s2 数组设置为 const，可以
 * 保证在函数内不会修改两个源数组的值
 * */
int main(void) {
    int sum[INDEX],s1[INDEX]={2,4,5,8}, s2[INDEX]={1,0,4,6};
    add_array(INDEX, sum, s1, s2);
    for(int i = 0;i < INDEX; i++)
        printf("%d ",sum[i]);
    return 0;
}
```

```
void add_array(int n, int t[n], const int s1[n],const int s2[n]){
    for(int i = 0;i < n; i++)
        t[i] = s1[i] + s2[i];
}
/* 相加算法中由于 3 个数组有共同的长度和对应的下标值，因此只需要简单相加并且赋值
 * */
```

11．编写一个程序，声明一个 int 类型的 3×5 二维数组，并用合适的值初始化它。该程序打印数组中的值，然后把各值翻倍（即是原值的 2 倍）并显示出各元素的新值。编写一个函数以显示数组的内容，再写一个函数把各个元素翻倍。这两个函数都以数组名和行数作为参数。

编程分析：

程序要求对二维数组内的元素乘以 2，并保存回原数组元素内。函数的设计中只需要一个数组即可实现。函数的参数设计可以使用变长数组，也可以使用传统方式。两者在函数内层循环控制中的判断语句上略有区别，可以通过代码进行比较。具体程序代码如下。

```
/*
第 10 章的编程练习 11
*/
#include <stdio.h>
#define COLS 5
#define ROWS 3

void show_element(int rows, int cols, const int t[rows][cols]);
void double_element(int rows, int cols, int t[rows][cols]);
/*
 * 程序内的打印函数和元素加倍函数均使用变长数组作为形参，使用传统方式定义两个函数
 * 的语句如下：
 * void show_element(int rows, int t[][COLS]);
 * void double_element(int rows, int t[][COLS]);
 * 两者在使用中没有区别，可以根据编译器的情况选用。打印函数不修改数组元素，需要使用 const
 * 关键字修饰，加倍函数则不能使用 const 关键字修饰二维数组的参数
*/
int main(void) {
    int arr[ROWS][COLS]={{1,0,4,6,9},{2,5,6,8,3},{5,3,21,1,6}};
    show_element(ROWS,COLS, arr);
    double_element(ROWS,COLS, arr);
    printf("\n");
    show_element(ROWS,COLS,arr);
    return 0;
}
void show_element(int rows, int cols,const int t[rows][cols]){
    for(int i = 0;i < rows; i++)
        for(int j = 0;j < cols; j++)
            printf("%4d ",t[i][j]);
}
void double_element(int rows, int cols, int t[rows][cols]){
    for(int i = 0;i < rows; i++)
        for(int j = 0;j < cols; j++)
            t[i][j] *= 2; //t[i][i] = t[i][i] * 2;
```

```
}
/* 通过循环嵌套来实现数组内容的打印和元素数据的处理。需要注意循环的终止条件判断。
 * 使用传统参数传递方式在循环控制上略有差异，如：
 *      for(int i = 0;i < rows; i++)
      for(int j = 0;j < COLS; j++)
         printf("%4d ",t[i][j]);

 * */
```

12．重写程序清单 10.7 中的 rain.c 程序，把 main()中的主要任务都使用函数来完成。

编程分析：

程序清单 10.7 的主要功能可以分成两个部分：一是计算 5 年内的每年平均降水量和总平均降水量；二是计算 5 年内的月平均降水量。因此需要构造两个计算降水量的函数。函数的参数是存储 5 年内降水量数据的二维数组。参数可以采用变长数组的形式，也可以采用传统的二维数组形式。其他的数据计算可以参考程序清单 10.7 的具体代码。具体程序代码如下。

```
/*
第 10 章的编程练习 12
*/
#include <stdio.h>
#define MONTHS 12 //一年的月份数
#define YEARS 5 //年数
void year_average(int years,int months, const float t[years][months]);
void month_average(int years,int months, const float t[years][months]);
/*函数使用变长数组作为形参
 * */
int main(void) {
    const float rain[YEARS][MONTHS] = {
            {4.3, 4.3, 4.3, 3.0, 2.0, 1.2, 0.2, 0.2, 0.4, 2.4, 3.5, 6.6},
            {8.5, 8.2, 1.2, 1.6, 2.4, 0.0, 5.2, 0.9, 0.3, 0.9, 1.4, 7.3},
            {9.1, 8.5, 6.7, 4.3, 2.1, 0.8, 0.2, 0.2, 1.1, 2.3, 6.1, 8.4},
            {7.2, 9.9, 8.4, 3.3, 1.2, 0.8, 0.4, 0.0, 0.6, 1.7, 4.3, 6.2},
            {7.6, 5.6, 3.8, 2.8, 3.8, 0.2, 0.0, 0.0, 0.0, 1.3, 2.6, 5.2},
    };
    year_average(YEARS,MONTHS,rain);
    month_average(YEARS,MONTHS,rain);
    /*函数调用*/
    printf("\n");
    return 0;
}

void year_average(int years,int months, const float t[years][months]){
    float subtot, total;
    int month, year;
    printf(" YEAR       RAINFALL.  (inchs)\n");
    for(year = 0, total = 0; year < years; year++){
        for(month = 0, subtot = 0; month < months; month++)
            subtot += t[year][month];
        printf("%5d %15.1f\n", 2010 + year,subtot);
```

```
            total += subtot;
        }
        printf("\nThe yearly average is %.1f inches. \n\n",total/YEARS);
}
/*计算年平均降水量，使用内层循环计算每年的平均降水量，使用外层循环计算 5 年的平均降水量
 * */
void month_average(int years,int months, const float t[years][months]){
        float subtot = 0;
        int month, year;
        printf("MONTHLY AVERAGES:\n\n");
        printf(" Jan  Feb  Mar  Apr  May  Jun  Jul  Aug  Sep  Oct ");
        printf("Nov  Dec\n");

        for(month = 0; month < months; month++){
            for(year = 0, subtot = 0;year < years; year++)
                subtot += t[year][month];
            printf("%4.1f ",subtot/years);
        }
}
/* 计算月平均降水量，对于二维数组，外层循环控制月份值的变换，内层循环控制年份变化（主数组），
 * 和年均降水量的循环嵌套略有不同
 * */
```

13．编写一个程序，提示用户输入 3 组数，每组数包含 5 个 double 类型的数（假设用户都正确地响应，不会输入非数值数据）。该程序完成下列任务：

a．把用户输入的数据存储在 3×5 数组中；

b．计算每组（5 个）数据的平均值；

c．计算所有数据的平均值；

d．找出这 15 个数据中的最大值；

e．打印结果。

每个任务都要用单独的函数来完成（使用传统 C 处理数组的方式）。为了完成任务 b，要编写一个计算并返回一维数组平均值的函数，利用循环调用该函数 3 次。对于处理其他任务的函数，应该以整个数组作为参数，完成任务 c 和 d 的函数应把结果返回主调函数。

编程分析：

题目要求首先创建二维数组，并输入数据。随后分别对该数组计算行平均值、总平均值、最大值。其中计算行平均值的函数中的参数应当区别于计算总平均数的函数中的参数。具体代码如下。

```
/*
第 10 章的编程练习 13
*/
#include <stdio.h>
#define ROWS 3
#define COLS 5
void input_array(int rows, double arr[][COLS]);
double col_average(int cols, const double arr[]);
```

```
double array_average(int rows, const double arr[][COLS]);
double array_max_number(int rows, const double arr[][COLS]);
void show_result(int rows, const double arr[][COLS]);
/* 函数的参数定义使用传统数组形式实现。数组的输入函数将会修改数组的元素值，因此不能
 * 使用 const 关键词，其他函数应当使用 const 来防止实参被误修改
*/
int main(void) {
    double array[ROWS][COLS];
    input_array(ROWS, array);
    show_result(ROWS, array);
    printf("\n");
    return 0;
}
void input_array(int rows, double arr[][COLS]){
    printf("Enter the array number.\n");
    for(int i = 0; i < rows;i++){
        printf("Enter five double number seprate by enter:\n");
        for(int j = 0; j < COLS; j++)
            scanf("%lf",&arr[i][j]);
    }
}
double col_average(int cols, const double arr[]){
    double sum = 0;
    for(int i = 0;i< cols; i++)
        sum += arr[i];
    return sum/cols;
}

double array_average(int rows, const double arr[][COLS]){
    double sum = 0;
    for(int i = 0;i< rows; i++)
        sum += col_average(COLS, arr[i]);
    return sum / rows;
}

double array_max_number(int rows, const double arr[][COLS]){
    double max = arr[0][0];
    for(int i = 0;i < rows ;i++)
        for(int j = 0;j < COLS; j++)
            if(max < arr[i][j]) max = arr[i][j];
    return max;
}
void show_result(int rows, const double arr[][COLS]){
    printf("Now, Let\'s check the array!\n");
    printf("The array you input is:\n");
    for(int i = 0 ;i < rows; i++){
        for(int j = 0; j< COLS ;j++)
            printf("%5g",arr[i][j]);
        printf("\n");
    }
    printf("The Average of every column is:\n");
    for(int i = 0; i < rows;i++)
        printf("The %d column's average is %g .\n",i,col_average(COLS, arr[i]));
```

```
    printf("The array's data average is %g \n",array_average(ROWS, arr));
    printf("The max datum in the array is %g",array_max_number(ROWS, arr));
}
```

14．以变长数组作为函数形参，完成编程练习 13。

```
/*
第 10 章的编程练习 14
*/
#include <stdio.h>

void input_array(int rows,int cols, double arr[rows][cols]);
double col_average(int cols, const double arr[cols]);
double array_average(int rows,int cols, const double arr[rows][cols]);
double array_max_number(int rows,int cols, const double arr[rows][cols]);
void show_result(int rows,int cols, const double arr[rows][cols]);
/* 函数的参数定义使用变长数组形式实现。数组的输入函数将会修改数组的元素值，因此不能
 * 使用 const 关键词，其他函数应当使用 const 来防止实参被误修改
*/

int main(void) {
    int rows = 3;
    int cols = 5;
    double array[rows][cols];
    input_array(rows,cols,array);
    show_result(rows,cols,array);
    return 0;
}
void input_array(int rows,int cols, double arr[rows][cols]){
    printf("Enter the array number.\n");
    for(int i = 0; i < rows;i++){
        printf("Enter five double number seperate by enter:\n");
        for(int j = 0; j < cols; j++)
            scanf("%lf",&arr[i][j]);
    }
}
double col_average(int cols, const double arr[cols]){
    double sum = 0;
    for(int i = 0;i< cols; i++)
        sum += arr[i];
    return sum/cols;
}

double array_average(int rows,int cols, const double arr[rows][cols]){
    double sum = 0;
    for(int i = 0;i< rows; i++)
        sum += col_average(cols, arr[i]);
    return sum / rows;
}

double array_max_number(int rows,int cols, const double arr[rows][cols]){
    double max = arr[0][0];
    for(int i = 0;i < rows ;i++)
```

```
        for(int j = 0;j < cols; j++)
            if(max < arr[i][j]) max = arr[i][j];
    return max;
}
void show_result(int rows,int cols, const double arr[rows][cols]){
    printf("Now, Let\'s check the array!\n");
    printf("The array you input is:\n");
    for(int i = 0 ;i < rows; i++){
        for(int j = 0; j< cols ;j++)
            printf("%5g",arr[i][j]);
        printf("\n");
    }
    printf("The Average of every column is:\n");
    for(int i = 0; i < rows;i++)
        printf("The %d column's average is %g .\n",i,col_average(cols, arr[i]));

    printf("The array's data average is %g \n",array_average(rows,cols, arr));
    printf("The max datum in the array is %g",array_max_number(rows,cols, arr));
}
```

第 11 章 字符串和字符串函数

本章知识点总结

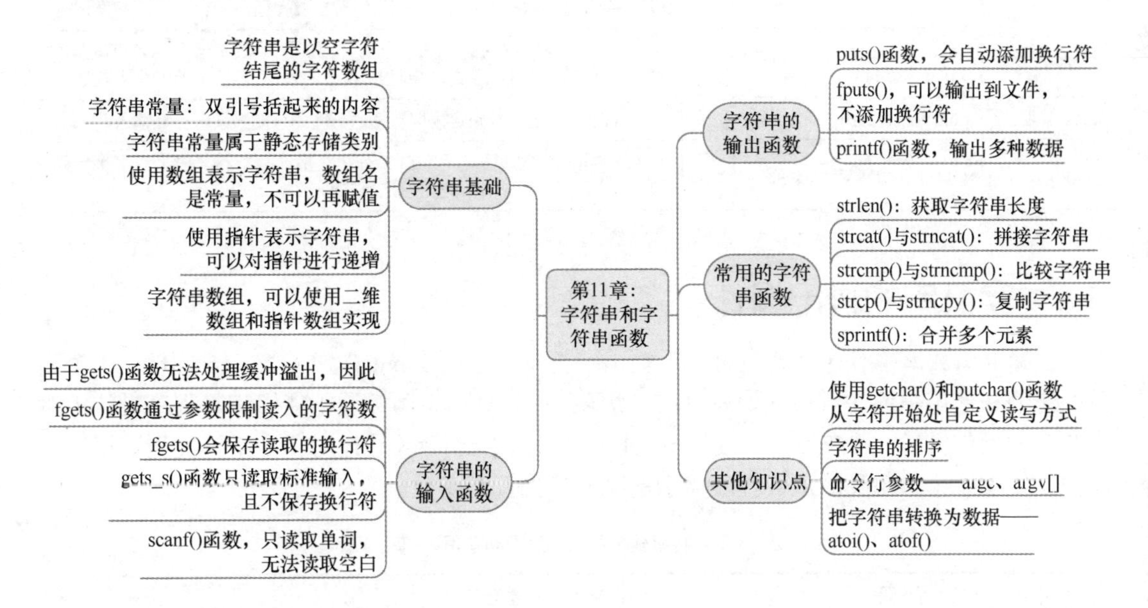

11.1 字符串的基本概念

C 语言中的字符串是以空字符（'\0'）结尾的 char 类型的数组，因此字符数组末尾的空字符将是我们判断和处理字符串的重要依据。程序设计中还经常使用字符串字面量（字符串常量）和字符指针来表示与操作字符串。字符串常量是一种静态存储类型，在程序运行过程中只会存储一次，其中使用双引号括起来的内容都是字符串常量，而双引号中存储的内容可以看作指向字符串的指针。

C 语言中可以分别使用指针和数组形式读写字符串。以数组形式创建的字符串中数组名就是数组的首地址，也是数组第一个元素的地址。数组名是一个常量，因此不能够被再次赋值，也不能够做递增或者递减运算。而字符指针通常是变量，可以再次赋值（即指针可以重新指向其他字符串，也可以实现递增和递减操作）。编程中可以使用 const 关键字来声明和限定一个字符串常量。实际应用中字符串常量的内容无法进行修改，这一点在函数的参数传递过程中会经常用到。在应用中如果需要修改字符串内容，可以使用字符数组形式来表示字符串。

11.2 字符串的输入操作

C 语言标准库中预定义了多个字符串的操作处理函数，利用这些函数能够大幅提高编程效率。表 11.1 列出了常用字符串输入函数的声明以及在使用中需要注意的问题，在实际应用中应当依据具体情况选择合适的系统输入函数来读取输入的字符串。在函数调用过程中通常都需要以一个字符数组或者字符指针作为存储区域（缓冲区），并且要保证数组长度或 malloc 的内存区域大于输入数据的长度，否则会发生内存的溢出。

表 11.1　常用字符串输入函数的声明与使用中的注意事项

函数名	函数的声明	使用中的注意事项
gets()	char* gets(char* str);	函数参数是输入字符串的存储地址。如果写入成功，返回 str 地址；否则，返回 NULL。函数能够读取系统输入的一行字符，并且抛弃换行符，替换成空字符，但是如果字符数据过长，会产生缓冲区溢出
fgets()	char *fgets(char * str, int count, FILE * stream);	第 2 个参数表明读入的最大数据量，第 3 个参数是输入源，可以是文件。fgets()函数通过参数限定读取数据的长度，可以从文件读取数据
gets_s()	char* gets(char* str);	gets_s()函数通过参数限定读取数据的长度，只能够读取标准输入
scanf()	int scanf("%s",*str, ...);	若 scanf()函数遇见第一个空白字符（空格、换行符、制表符等）就读取缓冲区中的字符，因此无法连续读取数据

11.3　字符串的输出操作

C 标准函数库中有 3 个函数可用于输出字符串，分别是 puts()、fputs()、printf ()。3 个函数的声明和使用中的注意事项如表 11.2 所示。如果这三个函数通不能够满足程序设计中对字符串的操作需求，用户也可以使用 putchar()和 getchar()函数通过对单个字符类型数据进行操作，实现一个自定义的适合程序需求的字符串的读写函数。

表 11.2　3 个字符串输出函数的声明和使用中的注意事项

函数名	函数的声明	使用中的注意事项
puts()	int puts(const char *str);	puts()函数直接将字符串的地址作为参数传递，并且会自动在打印末尾添加换行符
fputs()	int fputs(const char *str, FILE *stream);	fputs()函数的第 2 个参数是输出的目的设备，可以是文件，也可以是系统标准输出。fputs()函数不会自动添加换行符
printf()	int printf(const char *format, ...);	printf 函数支持多种类型数据的输出，可以通过转换说明符和修饰符进行指定格式的输出

11.4　C 标准库中的字符串函数

C 语言标准库中提供了多个字符串处理函数，这些函数的原型在 string.h 头文件中。其中常用的字符串处理函数有字符串的比较、复制等函数，它们的声明和使用中的注意事项如表 11.3 所示。

表 11.3　其他常用字符串函数的声明和使用中的注意事项

字符串函数	函数的声明	使用中的注意事项
strlen	size_t strlen(const char *str);	用于返回字符串的长度
strcat strncat	char *strcat(char *dest, const char *src); char *strncat(char *dest, const char *src, size_t count);	两个函数都可以将 src 字符串复制到 dest 字符串的末尾，但是 strcat()函数不检查目标数组是否足够长。strncat()函数的第 3 个参数指定了复制的字符数

续表

字符串函数	函数的声明	使用中的注意事项
strcmp strnmp	int strcmp(const char *lhs, const char *rhs); int strncmp(const char *lhs, const char *rhs, size_t count);	两个函数用于进行字符串内容的比较。当两个字符串相同时，返回0；其他情况下，则按字母排序返回正整数或者负整数。strncmp()函数可以指定比较字符串的部分数据
strcpy strncpy	char* strcpy(char* dest, const char* src); char *strncpy(char *dest, const char *src, size_t count);	两个函数都可以将 src 字符串的内容复制到 destu 字符串中，复制字符串的过程中需要注意目标字符串是否足够长。strncat()函数的第 3 个参数指定了复制的字符数
sprintf	int sprintf(char *buffer, const char *format, ...);	sprintf()函数将多个字符串组合写入 buffer 参数中，其他基本用法和 printf()类似

11.5 其他字符串相关知识

对于字符串到数字的转换，通常我们以字符串形式读取系统的输入。对于整型或者浮点型数据，除了可以使用 getchar()函数按照自定义方式处理转换之外，还使用 atoi()和 atof()函数将数字形式的字符串转换成整型数据或者浮点型数据。

命令行参数是用户的程序在命令行界面下（Windows 操作系统下使用 cmd.exe 进入的控制台窗口）加载的运行参数。例如，在命令行界面中输入以下命令调用程序 Repeat.exe。

```
Repeat.exe I'm Fine
```

这些启动参数作为 main() 函数的参数传递给程序员进行处理。标准 main()函数的声明如下。

```
int main(int argc, char* argv[]);
```

其中第 1 个整型参数表示命令行参数的个数。第 2 个字符串数组用于存储所有命令行参数。argv[0]存储了应用程序的文件名 Repeat.exe，argv[1]及以后的字符串存储了后续的命令行参数 I'm 和 Fine。

11.6 复习题

1．下面字符串的声明有什么问题？

```
int main()
{
char name[] = {'F','e','s','s' };
……
}
```

习题解析：

C 语言中字符串本质上是以字符数组的形式进行存储和操作的。字符串和普通字符数组的重要区别在于字符串在最后一个有效字符之后添加空字符'\0'，用于表示字符串的结束。本题在数组初始化中并未添加空字符，因此实际上 name 是字符数组而不是有效的字符串，本题可以修改为

```
char name[] = {'F','e','s','s','\0'};
```

或者直接使用双引号标识字符串。

```
char name[] = "Fess";
```

若使用双引号标识字符串，系统会自动在数组的末尾添加空字符。

2．下面的程序会打印什么？

```
#include <stdio.h>

int main(void) {
    char note[] = "See you at the snack bar.";
    char *ptr;
    ptr = note;
    puts(ptr);
    puts(++ptr);
    note[7] = '\0';
    ptr = note;
    puts(note);
    puts(++ptr);
    return 0;
}
```

习题解析：

本题中程序的主要功能是分别通过指针和字符数组名来表示一个字符串，并通过多种不同的方式进行字符串的打印。其中 puts(ptr)和 puts(++ptr)的区别在于分别以字符数组 note 的第 1 个元素和第 2 个元素作为字符串的开始。`note[7] = '\0';`语句相当于截断了字符串，只保留了原字符串的前 7 位字符。所以最终打印结果如下。

```
See you at the snack bar.
ee you at the snack bar.
See you
ee you
```

3．下面的程序会打印什么？

```
#include <stdio.h>
#include <string.h>

int main(void) {
    char food[] = "Yummy";
    char *ptr;
    ptr = food + strlen(food);
    while(--ptr >= food)
        puts(ptr);
    return 0;
}
```

习题解析：

代码的主要功能是使用字符指针和数组名指向同一个字符串，并通过指针递减操作循环打印指针指向的字符串。语句`ptr = food + strlen(food);`将指针指向 food 字符的最后一个元素（该元素是空字符\0)。while 循环的入口条件`--ptr >= food`保证指针从字符串的末尾向前移动到字符串的首元素位置，因此该程序最终打印结果如下。

```
y
my
mmy
ummy
Yummy
```

4．下面的程序会打印什么？

```
#include <stdio.h>
#include <string.h>

int main(void) {
    char goldwyn[40] = "art of it all";
    char samuel[40] = "I read p";
    const char *quote = "the way through.";

    strcat(goldwyn,quote);
    strcat(samuel,goldwyn);
    puts(samuel);
    return 0;
}
```

习题解析：

程序分别用字符数组和指针方式定义了 3 个字符串——goldwyn、samuel 和 quote。strcat()函数进行字符串的拼接，其中 `strcat(goldwyn,quote);`语句将 quote 添加到 goldwyn 末尾；`strcat(samuel,goldwyn);`语句将 goldwyn 添加到 samuel 末尾。在这里使用 strcat()函数进行字符串拼接操作应当注意字符串的长度不能越界。因此程序最终打印结果如下。

```
I read part of it allthe way through.
```

5．下面的练习涉及字符串、循环、指针和递增指针。首先，假设定义了下面的函数。

```
#include <stdio.h>

char *pr(char *str){
    char *pc;

    pc = str;
    while(*pc)
        putchar(*pc++);
    do{
        putchar(*--pc);
    }while(pc - str);
    return (pc);
}
```

考虑下面的函数调用：

```
x = pr("Ho Ho Ho!");
```

a．将打印什么？

b．x 是什么类型？

c．x 的值是什么？

d．表达式*--pc 是什么意思？与--*pc 有何不同？

e．如果用*pc--替换*--pc 会打印什么？

f．两个 while 循环用来测试什么？

g．如果 pr()函数的参数是空字符串，会怎样？

h．必须在主调函数中做什么，才能让 pr()函数正常运行？

习题解析：

题目中 pr()函数的参数是一个指向字符串的指针，函数的返回值为字符指针。在函数内部将局部变量 pc 初始化为形参指向的字符串。在 while 循环中，打印指针 pc 指向的字符串，直到*pc 为 0（即字符串末尾的空字符）。在 do...while 循环中，通过指针递减，将 while 循环已经移动到字符串末尾的指针重新向字符串头部倒序移动，用于逆序打印整个字符串。

- 调用 `x = pr("Ho Ho Ho!");`后，函数将打印 `Ho Ho Ho!!oH oH oH`。
- x 在赋值符号右侧，因此其数据类型应当和函数 pr()的返回值相同，均是 char *。
- x 在赋值符号右侧，因此其值即函数返回值。函数通过两个循环，再次将局部变量 pc 指向函数参数字符串的首字符，因此 x 的值等于 str。在函数调用中 x 指向字符串"Ho Ho Ho!"的首字母'H'。
- *--pc 和--*pc 表示不同的含义，为了分析该表达式，首先需要看运算符的结合性。*--pc 中 pc 先结合递减符号，然后再通过' * '号取该地址的值，因此*--pc 表示将 pc 指针递减 1。--*pc 则先取指针 pc 指向的存储区域中的值，再做递减操作。
- 如果用*pc--替换*--pc，由于--优先级较高，因此等价于用*(pc--)替换*(--pc)。由于 do...while 循环中出口条件和 putchar(*pc--)上的区别，最后一个字符'H'将不会打印。所以打印结果为 Ho Ho Ho! !oH oH o。
- while(*pc)用来检测 pc 指针是否指向一个空字符，判断条件使用 pc 指向的地址中的数值。while(pc − str)检测指针 pc 是否指向 str 字符串的头（即 pc 的地址是否和 str 的地址相等），判断条件使用指针 pc 内存储的地址值。
- 如果 pr()函数的参数是空字符串，因为在 while 循环中入口条件*pc 指向空值，所以不会进入循环。在 do...while 循环中，由于执行出口判断，先对*--pc 指针递减，因此(pc−str)不会为 0（非 0 即为真），该循环会一直执行下去。
- 为了保证程序正确运行，主调函数前需要声明该函数 `char * pr(char * str);` 且主调函数内需要声明指针变量 x，即添加 `char *x`。

6．假设有如下声明。

```
char sign = '$';
```

sigh 占用了多少字节的内存？'$'占用了多少字节的内存？"$"占用了多少字节的内存？

习题解析：

C 语言中字符类型数据占 1 字节的存储空间，所以字符型变量 sigh 占 1 字节；C 语言中字符常量'$'按照整型数据的形式存储，占 2 字节或者 4 字节的存储空间（所占存储空间和系统编译器相关，但均和 int 型数据的长度相同），实际只使用 1 字节存储$字符。由于字符串"$"结尾的标识为空字符' \0'，需要占用 1 字节，因此字符串"$"在存储器中占用 2 字节。

7．下面的程序会打印什么？

```
#include <stdio.h>
#include <string.h>
#define M1 "How are ya, sweetie?"
char M2[40] = "Beat the clock.";
```

```
char *M3 = "chat";

int main(void){
    char words[80];
    printf(M1);
    puts(M1);
    puts(M2);
    puts(M2 + 1);
    strcpy(words, M2);
    strcat(words, "Win a toy.");
    puts(words);
    words[4] = '\0';
    puts(words);
    while(*M3)
        puts(M3++);
    puts(--M3);
    puts(--M3);
    M3 = M1;
    puts(M3);
    return 0;
}
```

习题解析：

程序首先定义了 M1、M2、M3 这 3 个字符串。其中 M1 使用预处理器指令#define 定义，这样在程序编译过程中 M1 将会被替换成字符串"How are ya, sweetie?"。在这一点上 M1 和其他字符串不同。下面逐条语句分析打印语句的效果。

- 打印指令 printf(M1)、puts(M1)和 puts(M2)分别打印 3 次，只是 printf()函数在打印时不会自动添加换行符'\n'，puts()函数会自动添加换行符。
- 在 puts(M2 + 1)调用中参数是 M2 字符串第 2 个字符的指针（M2+1 将指针 M2 向后移动一个字符）。
- strcpy(words, M2)、strcat(words, "Win a toy.")和 puts(words)这 3 条语句首先将 M2 复制到 words 中，再将"Win a toy."添加至 words 末尾，最后打印 words 字符数组。
- words[4] = '\0'; puts(words);语句将 words 字符串截断，保留前 4 个字符并打印。
- while(*M3) puts(M3++);循环语句当 M3 未指向空字符前循环打印 M3++。
- puts(--M3);puts(--M3);循环将 M3 指向末尾的空字符，--M3 又将其向其字符串头部移动并打印。
- 在 M3 = M1;puts(M3);语句中 M1 为常量字符串"How are ya, sweetie?"，通过赋值，M3 指向该字符串，并打印。

最终打印结果如下。

```
How are ya, sweetie?How are ya, sweetie?
Beat the clock.
eat the clock.
Beat the clock.Win a toy.
```

```
Beat
chat
hat
at
t
t
at
How are ya, sweetie?
```

8．下面的程序会打印什么?

```
#include <stdio.h>
int main(void){
    char str1[] = "gawsie";
    char str2[] = "bletonism";
    char *ps;
    int i = 0;
    for( ps = str1; *ps != '\0'; ps++){
        if (*ps == 'a' || *ps == 'e')
            putchar(*ps);
        else
             (*ps)--;
        putchar(*ps);
        }
    putchar('\n');
    while (str2[i] != '\0'){
        printf("%c",i % 3 ? str2[i] : '*');
        ++i;
        }
    return 0;
}
```

习题解析：

题目中代码首先定义两个字符串 str1 和 str2，并使用字符指针 ps 通过 while 循环和 for 循环语句实现特定字符的打印。下面分别来看两个循环语句的打印效果。

- 在 for 循环中，ps 初始化指向 str1。当 ps 指向的字符是'a'或者'e'时，先打印该字符；否则，修改该字符为 ASCII 码表中的前一个字符。因此"gawsie"中的字符'a'和'e'会被保留，其余字符会被修改。打印'a'和'e'与修改完其余字符后，会再次打印所有字符，因此'a'和'e'会打印两次。最终打印 faavrhee。
- 在 while 循环中对字符数组 str2 的下标取余数，若余数为 0 则打印' * '号，否则打印原字符，因此下标为 0、3、6 的字符会被替换。最终打印*le*on*sm。

程序完整的打印效果如下。

```
faavrhee
*le*on*sm
```

9．对于本章定义的 s_gets()函数，用指针表示法代替数组表示法便可以减少变量 i。请改写该函数。

习题解析：

使用指针表示法替代数组表示法的关键是要处理好指针的递增运算和数组下标递增的对应关系；数组名是指向整个数组首地址（或者说是第一个元素的地址）的指针，数组名是常量，所以需要使用下标的方式来读写每一个元素。字符串指针也指向该字符串的首地址，但是可以通过'*'运算符和指针的增减运算来访问相应的字符元素，因此也可以认为字符数组的方括号和下标功能等价于指针的 '*' 运算符。修改 s_gets()函数需要读懂程序，并用指针替换数组及下标即可。修改后的函数代码如下。

```
/*
第 11 章的复习题 9
*/

char * s_gets(char *st, int n){
    char * ret_val;
    ret_val = fgets(st, n, stdin);
    /* 使用 fget()函数读取标准输入中的 n 个字符
     * 将字符串的首地址保存至 ret_val 中 */
    if(ret_val){
        while(*st != '\n' && *st != '\0')
            st++;
        if(*st == '\n')
            *st = '\0';
        /* 把 st 字符串中的换行符替换成空字符 */
        else
            while (getchar() != '\n')
                continue;
            /* 查找、删除 标准输入中的其他换行符*/
    }
    return ret_val;
    /* 返回字符串首地址 */
}
```

10. strlen()函数以一个指向字符串的指针作为参数，并返回该字符串的长度。请编写一个这样的函数。

习题解析：

strlen()函数的功能是计算字符串的长度（字符串中字符数量），因此只需要循环并统计字符串内空字符（'\0'）之前的有效字符数量即可。函数的参数是待计算长度的字符串，返回值是字符串的整型长度。函数的代码如下。

```
/*
第 11 章的复习题 10
*/

char * strlen(const char *st){
    /* 参数使用 const，避免字符串在函数内部由于误操作
     * 修改原字符串的内容*/
    int count = 0;
    while(*st++ != '\0')
        /* 循环入口判断为指针指向的字符为非空字符，
         * 亦可以表示为 while(*st++)
         * */
        count++;
```

```
    return count;
}
```

11．对于本章定义的 s_gets()函数，可以用 strchr()函数代替其中的 while 循环来查找换行符。请改写该函数。

习题解析：

strchr()函数的声明为 char *strchr(const char *str, char c)。函数的功能为返回字符串内第一个指定字符 c 的指针，因此为了使用该函数查找换行符，可以查找'\n'。修改后 s_gets()函数的代码如下。

```
/*
第 11 章的复习题 11
*/

char * s_gets(char *st, int n){
    char * ret_val;
    char * find;
    ret_val = fgets(st, n, stdin);
    if(ret_val){
        find = strchr(st,'\n');
        /* 应用 strchr()函数查找字符串 st 内的换行符 */
        if(find)
            *find = '\0';
            /* 如果 find 不为空，表示找到换行符，并替换换行符为空字符 */
        else
            while (getchar() != '\n')
                continue;
        /* 查找、删除标准输入中的其他换行符*/
    }
    return ret_val;
}
```

12．设计一个函数，接受一个指向字符串的指针，返回指向该字符串中第一个空格字符的指针，如果未找到空格字符，则返回空指针。

习题分析：

函数的需求是查找并返回输入字符串的第一个空格字符，因此需要移动并判断指针指向的字符是否是空格。函数的参数是待查找的字符串，函数的返回值为查找到的第一个空格的位置。这里分别用两种方法实现了这个函数，区别在于函数的参数使用了 const 关键字，在与返回值类型不匹配的情况下进行了类型转换。函数的代码如下。

```
/*
第 11 章的复习题 12
*/

char * strblank(char *st){
    while(*st != '\0' && *st != ' ')
        /* 判断指针指向字符是否为非空字符或者指针是否到达
         * 字符串的末尾 */
```

```
        *st++;

    if(*st == '\0')
        return NULL;
        /* 若为空字符，则表示到达字符串末尾，字符串内没有空格*/
    else
        return st;
    /* 否则，st 指向查找到的第一个空格 */
}
/* 另外一种实现*/
char * strblank1(const char *st){
    /* 使用 const 关键字防止修改实参的值 */
    while(*st != '\0' && *st != ' ')
        /* 判断指针指向的字符是否为非空字符或者指针是否到达
         * 字符串的末尾 */
        st++;
    if(*st == '\0')
        return NULL;
    else
        return (char *)st;
    /* 类型转换的是主要原因是 st 类型是 const char * ，而返回值类型是 char * */
}
```

13．重写程序清单 11.21，使用 ctype.h 头文件中的函数，需求无论用户选择大写还是小写，该程序都能正确识别答案。

习题分析：

程序清单 compare.c 程序的主要功能是比较用户输入的字符串的内容。如果输入和 ANSWER 字符串中的内容相同，则答案正确；否则，程序提示用户重试。该复习题要求修改程序，忽略大小写，正确识别字符。基本方法是使用 ctype.h 中的 ToUpper()函数将用户输入的字符全部转换成答案需要的大写字母，再使用 strcmp()与 ANSWER 字符串比较。完整代码如下。

```
/*
第 11 章的复习题 13
*/

#include <stdio.h>
#include <string.h>
#include <ctype.h>

#define ANSWER "GRANT"
#define SIZE 40

char * s_gets(char *st,int n);
void ToUpper(char *st);
/* ToUpper()函数的功能是将字符串中的所有字母转换为大写字母 */
int main(int argc, char *argv[]){
    char try[SIZE];
    puts("Who is buried in grant's tomb?");
    s_gets(try,SIZE);
```

```
    ToUpper(try);
    /* 读取用户输入的字符，保存到 try 字符串中，并使用 ToUpper()函数
     * 转换成大写字符 */
    while(strcmp(try,ANSWER) != 0){
        puts("No, that's wrong. Try again.");
        s_gets(try,SIZE);
        ToUpper(try);
        /* 判断答案是否正确，并重试 */
    }
    puts("That's right!");
    return 0;
}

void ToUpper(char * st){
    while(*st != '\0'){
        *st = toupper(*st);
        st++;
    }
    /* while 循环用于全字符串的大写转换 */
}

char * s_gets(char *st, int n){
    char * ret_val;
    char * find;
    ret_val = fgets(st, n, stdin);
    if(ret_val){
        find = strchr(st,'\n');
        /* 查找字符串 st 内的换行符 */
        if(find)
            *find = '\0';
            /* 如果该指针指向的字符不为空，则替换为空字符 */
        else
            while (getchar() != '\n')
                continue;
    }
    return ret_val;
}
```

11.7 编程练习

1. 设计并测试一个函数，从输入中获取 *n* 个字符（包括空白、制表符、换行符），把结果存储在一个数组里，作为一个参数传递数组的地址。

编程分析：

程序要求函数读取系统输入的 *n* 个包括空白字符在内的字符，并存储在字符数组内。通常使用 scanf()函数和 gets()函数无法处理空白字符。为了解决空白字符的读入和存储，可以使用字符处理函数 getchar()自定义一个读取数据并保存至数组中的函数。完整代码如下。

```
/*
第 11 章的编程练习 1
```

```
*/

#include <stdio.h>
#define SIZE 40
char * read_char(char *st,int n);

int main(int argc, char *argv[]){
    char test[SIZE];
    puts("Start to test function. Enter a string.");
    read_char(test, SIZE);
    puts("The string you input is:");
    puts(test);
    /* 显示数组的输入结果，也可以使用循环显示数组的元素，
     * 某些情况下显示的结果不同 */
    return 0;
}

char * read_char(char *st, int n){
    int i = 0;
    do{
        st[i] = getchar();
    }while(st[i] != EOF && ++i < n);
    /* 读取用户输入的字符，直到遇到 EOF 或者达到输入的上限
     * 此处也可以使用指针形式进行操作，例如：
     * *(st + i) = getchar();
     * */
    return st;
}
```

2. 修改编程练习 1 的函数，在 n 个字符后停止，或者在读到第 1 个空白、制表符或者换行符时停止，哪个先遇到哪个停止，不能只使用 scanf()函数。

编程分析：

题目要求修改编程练习 1 的函数，在遇到空白字符时停止输入且不能只使用 scanf()函数。基本方法是在原函数的循环读取输入的代码块内部添加输入字符的判断，如果遇到空白字符，立即退出循环。完整代码如下。

```
/*
第 11 章的编程练习 2
*/
#include <stdio.h>
#define SIZE 40
char * read_char(char *st,int n);

int main(int argc, char *argv[]){
    char test[SIZE];
    puts("Start to test function. Enter a string.");
    read_char(test, SIZE);
    puts("The string you input is:");
    puts(test);
    /* 显示数组的输入结果，也可以使用循环显示数组的元素，
     * 某些情况下显示的结果不同 */
```

```
    return 0;
}

char * read_char(char *st, int n){
    int i = 0;
    do{
        st[i] = getchar();
        if(st[i] == '\n' || st[i] == '\t' || st[i] == ' ')
            break;
        /* 在遇到第一个空白时，退出循环。该空白还存储在数组中，未处理
         * 输入缓冲区的其他数据，仅在 st 内保存第一个空白之前的字符*/
    }while(st[i] != EOF && ++i < n);
    /* 读取用户输入的字符，直到遇到 EOF 或者到达输入的上限
     * 此处也可以使用指针形式进行操作，例如：
     * *(st + i) = getchar();
     * */
    return st;
}
```

3．设计并测试一个函数，从一行输入中把一个单词读入一个数组中，并丢弃输入行中的其余字符。该函数应该跳过第 1 个非空白字符前面的所有空白。将一个单词定义为没有空白、制表符或换行符的字符序列。

编程分析：

程序的目的是从输入中读取第 1 个单词，并舍弃其他字符。针对这种特殊需求，首先应当判断单词的开始位置和结束位置，判断标准为以非空白字符作为单词的开始，以空白字符作为结束（题目要求并未排除标点符号，只排除空白字符，这一点和通常要求不相同）。对于通常需求（仅字母），使用 isalpha()能够更加快捷地判断字符。函数通过指针，找到第一个非空字符，开始复制到目标数组，之后遇到第一个空白字符时，结束复制并返回。完整代码如下。

```
/*
第 11 章的编程练习 3
*/
#include <stdio.h>
#include <ctype.h>
/* 为了使用 isalpha()，需要添加该头文件 */
#define SIZE 80
char * get_word(char *out);

int main(int argc, char *argv[]){
    char output[SIZE];
    get_word(output);
    printf("First word you input is : %s", output);
    return 0;
}

char * get_word(char *out){
    char input[SIZE];
    char *in = input;
```

```
    puts("Enter a String:");
    fgets(input,SIZE,stdin);

    while((*in == '\n' || *in == '\t' || *in == ' ')&& *in != '\0')
        in++;
    /* 通过while循环删除字符串前面的空白。此处需要注意无单词的字符串。
     * 当前代码只删除指定的字符，通常可以使用isalpha()来判断字符是
     * 否是英文字符，这样可以删除多种标点符号和特殊字符，可读性更高
     * */
    while(*in != '\n' && *in != '\t' && *in != ' ' && *in != '\0'){
        *out++ = *in++;
    }
    /* 从第一个非空白字符开始复制，直到单词结束，这里同样可以使用isalpha()。
     * 题目未要求输出到字符串，因此可以结束。如果需要保存至字符串中，添加
     * *out++ = '\0';
     * */
    return out;
}
```

4．设计并测试一个函数，它类似于编程练习3的描述，只不过它通过第2个参数指明可以读取的最大字符数。

编程分析：

修改编程练习3的代码，同样要求实现原有的删除空白字符、保留并复制第1个单词的功能，但是需要在函数的参数里添加限制单词长度的参数。因此在进行单词复制时，对于循环条件，还应该统计添加单词长度的计数器和长度判断条件。完整代码如下。

```
/*
第11章的编程练习4
*/
#include <stdio.h>
#include <ctype.h>
/* 为了使用isalpha()，需要添加该头文件 */
#define SIZE 80
char * get_word(char *out, int n);

int main(int argc, char *argv[]){
    char output[SIZE];
    get_word(output,SIZE);
    printf("First word you input is : %s", output);
    return 0;
}

char * get_word(char *out, int n){
    char input[SIZE];
    char *in = input;
    int i = 0;
    puts("Enter a String:");
    fgets(input,SIZE,stdin);

    while((*in == '\n' || *in == '\t' || *in == ' ')&& *in != '\0')
        in++;
```

```
    /*  通过 while 循环删除字符串前面的空白。此处需要注意无单词的字符串。
     * 当前代码只删除指定的字符，通常可以使用 isalpha()来判断字符是否是英文字符，
     * 这样可以删除多种标点符号和特殊字符，可读性更高
     * */

    while(*in != '\n' && *in != '\t' && *in != ' ' && *in != '\0' && i < n){
        *out++ = *in++;
        i++;
    }
    /* 从第一个非空白字符开始复制，直到单词结束，这里同样可以使用 isalpha()。
     * 添加函数参数表明可以读取的最大字符数，超出限制自动截断。
     * 如果需要保存至字符串中，添加
     * *out++ = '\0';
     * */
    return out;
}
```

5．设计并测试一个函数，搜索第 1 个函数中形参指定的字符串，并在其中查找第 2 个函数的形参指定的字符首次出现的位置。如果成功，该函数返回指向该字符的指针；如果在字符串中未找到指定字符，则返回空指针（该函数的功能与 strchr()函数相同）。在一个完整的函数中测试该函数，使用一个循环给函数提供输入值。

编程分析：

程序的功能是查找字符串内指定字符的位置，函数的参数分别是待查找字符串和字符，返回值为字符所在位置的指针。常用算法是对待查找字符串从头开始进行顺序查找，匹配后返回字符的地址，否则返回空指针。完整代码如下。

```
/*
第 11 章的编程练习 5
*/
#include <stdio.h>
#define SIZE 80
char* string_char(char* st, char c);

int main(int argc, char *argv[]) {
   char source[SIZE];
   char dest = ' ';
   char *position;
   printf("Enter a String: ");
   fgets(source,SIZE,stdin);
   /* 读取一个待检索的字符串 */
   while(dest != EOF){
      /* 退出字符使用 EOF */
      printf("Enter a char to find (EOF for Quit):");
      while((dest = getchar()) == '\n') continue;
      /* 读取目标字符，且删除多余的换行符 */
      if((position = string_char(source, dest))!=NULL)
         printf("Found the char %c in the %p\n",*position,position);
      else
         printf("Char %c not found. Try another?\n",dest);
      /* 调用函数，打印搜索结果 */
```

```
    }
    return 0;
}
char* string_char(char* st, char c){
    while(*st != '\0'){
    /* 循环入口条件是判断是否到达字符串结尾 */
        if(*st == c)
            return st;
        /* 若匹配，返回当前指针 */
        else
            st++;
        /* 否则，判断下一个字符 */
    }
    return NULL;
}
```

6. 编写一个名为is_within()的函数，该函数以一个字符和一个指向字符串的指针作为两个函数的形参。如果指定的字符在字符串中，该函数返回一个非零值（即为真）；否则，返回0（即为假）。在一个完整的函数中测试该函数，使用一个循环给函数提供输入值。

编程分析：

程序要求判断指定字符是否存在于字符串内，其基本处理方法和编程练习5类似，只是其返回值为0或者非零值。这里也使用顺序检索的方法进行判断。完整代码如下。

```
/*
第11章的编程练习6
*/
#include <stdio.h>
#define SIZE 80
int is_within(char c, char* st);

int main(int argc, char *argv[]) {
    char source[SIZE];
    char dest = ' ';
    char *position;
    printf("Enter a String: ");
    fgets(source,SIZE,stdin);
    /* 读取一个待检索的字符串 */
    while(dest != EOF){
        /* 退出字符使用EOF */
        printf("Enter a char to find (EOF for Quit):");
        while((dest = getchar()) == '\n') continue;
        /* 读取目标字符，且删除多余的换行符 */
        if(is_within(dest,source)!= 0)
            printf("Found the char %c in the string\n",dest);
        else
            printf("Char %c not found. Try another?\n",dest);
        /* 调用函数，打印搜索结果 */
    }
    return 0;
}
int is_within(char c, char* st){
```

```
    while(*st != '\0'){
    /* 循环入口条件是判断是否到达字符串结尾 */
        if(*st == c)
            return 1;
        /* 若匹配，返回当前指针 */
        else
            st++;
        /* 否则，判断下一个字符 */
    }
    return 0;
}
```

7. strncpy(s1, s2, n)函数把 s2 中的 *n* 个字符复制至 s1 中，截断 s2，或者根据需要在末尾添加空字符。如果 s2 的长度是 n 或者大于 n，目标字符串不能以空字符结尾。该函数返回 s1。自己编写一个这样的函数，名为 mystrncpy ()。在一个完整的程序中测试该函数，使用一个循环给函数提供输入值。

编程分析：

程序以 string.h 头文件内定义的函数 strncoy()作为功能范本。该函数用于实现字符串数据从 s2 到 s1 的复制。如果 s2 的长度大于 n，只将 s2 的前 n 个字符复制到 s1 的前 n 个字符，不自动添加'\0'；如果 s2 的长度小于 n 字节，则以空字符填充 s1，直到复制完 n 字节；如果 s2 的前 n 个字符不含空字符，则结果不会以空字符结束。最后应当确保 s1 的长度大于 n。

```
/*
第 11 章的编程练习 7
*/
#include <stdio.h>
#include <string.h>
#define SIZE 80

char* mystrncpy(char* dest, char* src, int n);
int main(int argc, char *argv[]) {
    char destination[SIZE], source[SIZE];
    int i = 0;
    printf("Enter a String as s source (blank to quit.): ");
    fgets(source,SIZE,stdin);
    printf("Enter number of char you need to copy :");
    scanf("%d",&i);
    /* 读取用户输入的源字符串和要复制的字符数量 n */
    while(*source!='\n'){
        mystrncpy(destination,source,i);
        printf("Done!\nNow the dest string is:");
        puts(destination);
        while(getchar()!='\n') break;
        /* 清除输入缓存中的剩余换行符 */
        printf("Another? Enter a String as s source(blank to quit.): ");
        fgets(source,SIZE,stdin);
        printf("Enter number of char you need to copy:");
        scanf("%d",&i);
    };
```

```
    return 0;
}

char* mystrncpy(char* dest, char* src, int n){
    int count = 0;
    while(*src != '\0' && count < n){
        *(dest + count++) = *src++;
    }
    /* 当源字符串不为空且小于n时，复制 */
    if(count < n){
        while(count < n)
            *(dest + count++) = '\0';
    }
    /* 如果源字符串的长度小于n，填补空白 */
    return dest;
}
```

8．编写一个名为string_in()的函数，该函数以两个指向字符串的指针作为参数。如果第2个字符串包含在第1个字符串中，该函数将返回第1个字符串开始的地址。例如，string_in("hats","at")将返回hats中a的地址。否则，返回空指针。在一个完整的程序中测试该函数，使用一个循环给该函数提供输入值。

编程分析：

程序要求实现的功能是查找一个字符串中的子串。子串的查找算法有很多，基本原理是当第1个字符匹配时，开始进行计数，当连续匹配时，开始递增计数，直到匹配完整子串。否则，清空匹配计数器，主串开始移动一个字符，重新开始匹配计数。因此程序在匹配查找中设置了计数器，表示匹配子串中的字符个数。完整代码如下。

```
/*
第11章的编程练习8
*/
#include <stdio.h>
#include <string.h>
#define SIZE 80

char* string_in(char* st, char* sub);

int main(int argc, char *argv[]) {
    char main_string[SIZE], sub[SIZE];
    char *p = NULL;
    printf("Enter a String as main string (blank to quit.): ");
    fgets(main_string,SIZE,stdin);
    printf("Enter a sub string to find in main :");
    fgets(sub,SIZE,stdin);
    while(*main_string != '\n'){
        /* 读取用户输入的主串(main_string)、子串(sub) */
        p = string_in(main_string,sub);
        /* 调用子串的函数，并返回子串地址 */
        printf("Done!\nNow the position of sub string is:");
        printf("%p\n",p);
        printf("Another? Enter a String as main string (blank to quit.): ");
```

```
        fgets(main_string,SIZE,stdin);
        printf("Enter a sub string to find in main :");
        fgets(sub,SIZE,stdin);
    };
    return 0;
}

char* string_in(char* st, char* sub){
    int count = 0;
    int src_len = strlen(sub);
    while(*st != '\0' && count < src_len){
        /* count 表示子串中匹配的字符数，循环入口为
         * 主串不为空或者子串匹配完成 */
        if(*(st + count) == *(sub + count)){
            count++;
            /* 匹配到第 1 个字符后，主串指针并未后移，而是通过子串计数
             * 开始进行剩余字符的匹配检查 */
        }else{
            count = 0;
            st++;
            /* 如果没有匹配到子串的字符，主串的指针后移，并清空子串计数。*/
        }
    }
    if(count == src_len) return st;
    else return NULL;
}
```

9. 编写一个函数把字符串中的内容用其反序字符串代替。在一个完整的程序中测试该函数，使用一个循环给函数提供输入值。

编程分析：

函数的功能是将字符串倒序输出，在倒序过程中，首先需要找到末尾的位置和字符串的长度，通过循环即可逆序输出。逆序处理采用数组形式或者字符串形式都可以实现。此外，也可以通过递归函数进行逆序处理。本道习题采用指针方式实现。完整代码如下。

```
/*
第 11 章的编程练习 9
*/
#include <stdio.h>
#include <string.h>
#define SIZE 80

char* invert_str(char* st);

int main(int argc, char *argv[]) {
    char test_string[SIZE];
    char *p = NULL;
    printf("Enter a string (enter to quit.): ");
    fgets(test_string,SIZE,stdin);
    while(*test_string != '\n'){
        /* 循环读取待逆序的字符串，直到直接输入回车。 */
        p = invert_str(test_string);
```

```
        printf("Done!\nNow the invert string is :");
        printf("%s\n",test_string);
        printf("Another? Enter a string (enter to quit.):");
        fgets(test_string,SIZE,stdin);
    };
}

char* invert_str(char* st){
    /* 为了使用临时字符串来存储逆序的字符串，需要有临时存储空间，
     * 也可以使用字符串首尾字符互换的方式进行反转，这时需要使用两个
     * 下标索引分别进行首尾字符查找 */
    int length = strlen(st);
    /* 获取原始字符串的长度 */
    char invert[length];
    /* 创建逆序字符串的临时存储区域 */
    for(int i = 0; i < length ;i++)
        *(invert + i) =  *(st + length -1 - i);
    /* 使字符串逆序，存储入临时字符串中 */
    for(int i = 0; i < length ;i++)
        *(st + i) =  *(invert + i);
    /* 把临时串转换为原始字符串，覆盖原始字符串，可以直接使用 strcpy()函数 */
    return st;
}
```

10．编写一个函数，该函数以一个字符串作为参数，并可以删除字符串中的空格。在一个程序中测试该函数，使用循环读取输入行，直到用户输入一个空行。该程序应该应用该函数读取每个输入的字符串，并显示处理后的结果。

编程分析：

函数的功能是删除字符串内的空格符，函数的参数是待处理字符串，无返回值。字符串的处理需要直接在原字符串中操作，因此，删除空格后，后续字符应当依次向上递补。在实现算法上可以使用临时字符串保存删除空格后的字符串（如编程练习 9），删除完成后再复制回原字符串。当不使用临时串时，需要多个指针，分别表示原字符串和删除后的字符串，并依次移动和判断、删除。本题使用调整原字符串的方式删除字符。完整代码如下。

```
/*
第 11 章的编程练习 10
*/
#include <stdio.h>
#include <string.h>
#define SIZE 80

char* trim_str(char* st);

int main(int argc, char *argv[]) {
    char test_string[SIZE];

    char *p = NULL;
    printf("Enter a string (blank to quit.): ");
    fgets(test_string,SIZE,stdin);
```

```
    while(*test_string != '\n'){
        /* 输入空行，结束循环 */
        p = trim_str(test_string);;
        printf("Done!\nNow the trim string is :");
        printf("%s\n",test_string);
        printf("Another? Enter a string (blank to quit.):");
        fgets(test_string,SIZE,stdin);
    };
    return 0;
}

char* trim_str(char* st){
    char* head = st;
    /* 分别使用 st 和 head 两个指针表示原字符串和删除后的字符串的两个位置 */
    int count = 0;
    /* 记录删除的空格数量 */
    while(*st != '\0'){
        if(*st != ' ') {
            /* 若原字符串不是空格，则两个指针均后移，并且从原字符串复制到删除后的字符串中 */
            *head++ = *st++;
        }else{
            st++;
            count++;
            /* 若原字符串中有空格，原字符串的指针后移，删除后的字符串的指针不动，计数器加 1 */
        }
    }
    while(count--) *head++ = '\0';
    /* 删除空格后，在末尾添加空字符，并清除剩余字符 */
    return st;
}
```

11．编写一个程序，读入 10 个字符串或者在读到 EOF 时停止。该程序为用户提供一个有 5 个选项的菜单，5 个选项分别是打印原始字符串列表，以 ASCII 码中的顺序打印字符串，按长度递增顺序打印字符串，按字符串中第 1 个单词的长度打印字符串，退出。菜单可以循环显示，除非用户选择“退出”选项。当然，该程序要能真正实现菜单中各选项的功能。

编程分析：

题目要求对 10 个字符串进行多功能排序，在程序设计中需要首先解决字符串的数据存储形式，本题可以使用字符串数组的形式（即二维字符数组）来存储数据。程序还要求按照多种模式对字符串进行排序。菜单要求的排序形式有原序、按 ASCII 码中的顺序排序、按长度排序、按单词排序等。为了实现多关键字排序功能，程序需要提前提取每一个字符串的关键字特征值，如字符串长度、单词长度等，再将关键字转换为统一类型的数据并排序处理。下面的代码使用二维数组而没有使用字符串指针排序的主要原因是为了综合处理多种排序形式。完整代码如下。

```
/*
第 11 章的编程练习 11
*/
/* 程序在排序上主要使用了 order 的 10*2 数组，第 1 列保存原始字符串中字符的顺序
```

```
 * 第 2 列分别保存菜单排序的特征值，并按照该特征值进行排序 */
#include <stdio.h>
#include <string.h>
#include <ctype.h>
#define SIZE 80
#define NUMBER 5

void show_menu(void);
void input_string(int number, char st[][SIZE]);
void print_original(int number, char st[][SIZE]);
void print_ascii(int number, char st[][SIZE]);
void print_length(int number, char st[][SIZE]);
void print_words(int number, char st[][SIZE]);
void sort_order(int number, int order[][2]);
int get_word_length(char *input);

int main(int argc, char *argv[]) {
    char test[NUMBER][SIZE];
    int selected;
    input_string(NUMBER,test);
    show_menu();
    scanf("%d",&selected);
    while(selected != 5){
        switch (selected) {
            case 1: print_original(NUMBER, test); break;
            case 2: print_ascii(NUMBER, test); break;
            case 3: print_length(NUMBER, test); break;
            case 4: print_words(NUMBER, test); break;
            case 5: break;
            default:
                printf("Error select, retry!\n");
        }
        show_menu();
        scanf("%d",&selected);
    }
    printf("All done, bye.");
}

void show_menu(){
    printf("===============================================================\n");
    printf("1) print original strings.   2) print string by ascii order\n");
    printf("3) printf string by length.  4) print string by word length\n");
    printf("5) quit.\n");
    printf("===============================================================\n");
}
void input_string(int number, char st[][SIZE]){
    /* 循环读取 5 个字符串，并保存至二维数组中 */
    printf("Please input 5 strings serperate by enter.\n");
    for(int i = 0;i< number ;i++){
        fgets(st[i],SIZE,stdin);
    }
}
void print_original(int number, char st[][SIZE]){
```

```
    /* 无排序处理，按照原顺序打印 */
    printf("print 5 strings in original mode.\n");
    for(int i = 0;i< number ;i++){
        printf("%d. %s",i,st[i]);
    }
}
void print_ascii(int number, char st[][SIZE]){
    printf("print 5 strings in ascii mode.\n");
    int order[number][2];
    for(int i = 0;i< number ;i++){
        /* ASCII 排序需要提取首字母，作为特征值保存至 order 数组第 2 列中 */
        order[i][0] = i;
        order[i][1] = st[i][0];
    }
    /* 通过 st[i][0]取出整个字符串的首字母，并将其存储到 order 数组进行排序处理 */
    sort_order(number, order);
    /* 按照 ASCII 特征值进行排序 */
    for(int i = 0;i < number ;i++){
        /*排序完成，按照 order 对应原数组进行打印*/
        printf("ASCII No.%d. %s",i,st[order[i][0]]);
    }
}
void print_length(int number, char st[][SIZE]){
    printf("print 5 strings in length mode.\n");
    int order[number][2];
    for(int i = 0;i< number ;i++){
        order[i][0] = i;
        order[i][1] = strlen( st[i]);
    }
    /* 分别使用 strlen()函数计算字符串长度，并将长度数值作为排序特征值转存到 order 数组进行排序处理 */
    sort_order(number, order);
    /* 按照数组长度的特征值进行排序 */
    for(int i = 0;i < number ;i++){
        printf("LENGTH No.%d. %s",i,st[order[i][0]]);
    }
}
void print_words(int number, char st[][SIZE]){
    printf("print 5 strings in words mode.\n");
    int order[number][2];
    for(int i = 0;i< number ;i++){
        order[i][0] = i;
        order[i][1] = get_word_length(st[i]);
    }
    /* 分别使用 get_word_length()函数计算字符串内单词的长度，并将单词长度数值作为排序特征值存储到
    order 数组进行排序处理 */
    sort_order(number, order);
    /* 按照数组内单词长度的特征值进行排序 */
    for(int i = 0;i < number ;i++){
        printf("WORDS No.%d. %s",i,st[order[i][0]]);
    }
}
```

```
void sort_order(int number, int order[][2]){
    /* 函数对输入的二维数组进行排序处理。使用二维数组的主要目的是
    保持原字符串内容，并具备一定的通用性，可以灵活地按数组长度
    单词长度等要求进行排序 */
    int temp[2];
    for(int i = 0;i< number-1 ;i++){
        for(int j = 0  ;j < number -1-i ;j++){
            if(order[j][1] > order[j+1][1]){
                temp[0] = order[j][0];
                temp[1] = order[j][1];
                order[j][0] = order[j+1][0];
                order[j][1] = order[j+1][1];
                order[j+1][0] = temp[0];
                order[j+1][1] = temp[1];
            }
        }
    }
}

int get_word_length(char *input){
    /* 函数的功能是计算每一个字符串中第一个单词的长度 */
    char *in = input;
    int length = 0;
    while(isalpha(*in) == 0) in++;
    /*  通过 while 循环删除字符串前面的非字母字符 */
    while(isalpha(*in) != 0){
        in++;
        length++;
    }
    /* 从第一个非空白字符开始计数，直到单词结束 */
    return length;
}
```

12．编写一个程序，读取输入，直至读到 EOF，报告读入的单词数、大写字母数、小写字母数、标点符号数和数字字符数。使用 ctype.h 头文件中的函数。

编程分析：

程序要求统计输入字符串的各项指定属性，包括单词数、大小写字母数等，基本方法是顺序读取字符串中的字符，并通过 ctype.h 头文件中的函数进行判断和计数。程序使用了多个独立功能的函数进行数据统计。完整代码如下。

```
/*
第 11 章的编程练习 12
*/
#include <stdio.h>
#include <ctype.h>
#define SIZE 256

int check_words(char* input);
int check_upper(char* input);
int check_lower(char* input);
int check_punct(char* input);
```

```
int chech_digit(char* input);
/* 相关函数的声明 */
int main(int argc, char *argv[]) {
    char input[SIZE];
    int i = 0;
    while((input[i++] = getchar()) != EOF){
        if( i >= SIZE ){
            printf("Over flowed.\n");
            break;
        }
    }
    /* 读取用户输入的字符，直到遇到 EOF 结束 */

    printf("Hello you input complete.\nNow let's counting.\n");
    printf("Input words %d.\n",check_words(input));
    printf("Input upper char %d.\n",check_upper(input));
    printf("Input loewer char %d.\n",check_lower(input));
    printf("Input punct char %d.\n",check_punct(input));
    printf("Input digital  %d.\n",chech_digit(input));
    /* 统计并显示用户的输入 */

}
int check_words(char* input){
    /* 统计单词数，当遇见第一个字母时设置标记位，当遇见非字符且标记位标记时，
     * 单词数加 1 且标记位清空。否则，继续移动 */
    int count = 0;
    int start = 0;
    while(*input != EOF){
        if(isalpha(*input) == 0 && start == 0 ){
            input++;
        }else if(isalpha(*input) == 0 && start == 1){
            input++;
            count++;
            start = 0;
        }else if(isalpha(*input) != 0){
            input++;
            start = 1;
        }
    }
    if(start == 1 ) count++;
    return count;
}

int check_upper(char* input){
    int count = 0;
    while( *input != EOF ){
        if(isupper(*input++) !=0 )count++;
    }
    return count;
}
int check_lower(char* input){
    int count = 0;
    while( *input != EOF ){
        if(islower(*input++) !=0 )count++;
```

```
    }
    return count;
}
int check_punct(char* input){
    int count = 0;
    while( *input != EOF ){
        if(ispunct(*input++) !=0 )count++;
    }
    return count;
}

int chech_digit(char* input){
    int count = 0;
    while( *input != EOF ){
        if(isdigit(*input++) !=0 )count++;
    }
    return count;
}
```

13．编写一个程序，反序显示命令行参数中的单词。例如，命令行参数是 see you later，该程序应打印 later you see。

编程分析：

命令行参数作为 main()函数的参数传递给程序。其中整型参数 argc 表示命令行参数的个数；字符数组 agrv[]存储了所有命令行参数的字符串内容。为了处理所有的命令行参数，可以直接使用 argv[]参数。可以通过字符串数组的下标开始逆序打印。完整代码如下。

```
/*
第 11 章的编程练习 13
*/
#include <stdio.h>

int main(int argc, char *argv[]) {
    if(argc < 2){
        /* 判断命令行中的参数个数，若大于或等于 2，表示带参数 */
        printf("Error! not enough parameter to dispaly!\n");
    } else{
        for(int i = argc ; i > 1 ;i--){
            printf("%s ",argv[i-1]);
        }
        /* argv[0]存储了程序的文件名，因此需要逆序打印到 agrv[1]中 */
        printf("\n");
    }
    return 0;
}
```

14．编写一个通过命令行运行的程序，用来计算幂。第 1 个命令行参数是浮点数，可作为幂的底数，第 2 个参数是整数，可作为幂的指数。

编程分析：

程序要求通过命令行读取用户的输入，由于用户的输入存储在 argv[]字符串内，所以需要使用 atoi()函数将字符串转换成整型和浮点型数据。将参数转换成整型数据和浮点型的数据之后，为了计算浮点数据的整数次幂，可以直接使用循环，也可以直接调用 C 语言的库函数。下面的代码使用了循环的方法。完整代码如下。

```
/*
第 11 章的编程练习 14
*/
#include <stdio.h>
#include <stdlib.h>

int main(int argc, char *argv[]) {
    if(argc != 3){
        printf("Error argument. please retry.\n");
        return 0;
    }
    /* 计算一个 double 类型整数的幂，需要两个参数，argc 应为 3 */
    float f = atof(argv[1]);
    int i = atoi(argv[2]);
    /* 使用函数 atof()和 atoi() */
    float result = 1;
    for(int k = 0;k < i;k++){
        result = result*f;
    }
    /* 通过循环计算整数次幂 */
    printf("The %g 's %d power is %g\n",f,i,result);
    return 0;
}
```

15．使用字符分类函数实现 atoi()函数。如果输入的字符串不是纯数字，该函数返回 0。

编程分析：

题目要求实现 atoi()函数，将字符串转换成整型数据，并要求判断字符串内是否存在非数字字符。因此需要对字符串中的字符进行逐一转换，如果是数字，则转换成数字并处理十进制的位数转换。十进制位数转换方式可以从首位开始循环乘以 10，也可以从末尾开始不断记位数的标记。完整代码如下。

```
/*
第 11 章的编程练习 15
*/
#include <stdio.h>
#include <ctype.h>
#include <string.h>

int myatoi(char* st);
int main(int argc, char *argv[]) {
    char test[8];
    printf("Enter a number of int:");
    scanf("%s",test);
    printf("you input int is: %d\n",myatoi(test));
    return 0;
}
int myatoi(char* st){
    int result = 0;
```

```
    int bit_mark = 1;
    int length = strlen(st);
    /* 从末尾开始转换，获取字符串的长度 */
    for(int i = length ;i > 0 ;i--){
        if(isdigit(*(st+i-1)) == 0){
            /* 从字符串的末尾空字符开始读取数字，因此需要减 1 */
            printf("Error in character.\n");
            return 0;
            /* 如果在任意位置存在非数字字符，返回 0 */
        }
        result += (*(st+i-1) - '0')*bit_mark;
        /* result 通过提取字符串中的数字字符，并根据 bit_mark 记录的位数计算数据值 */
        bit_mark *= 10;
        /* 字符串转换从个位开始，因此 bit_mark 通过循环不断乘 10 递增 */
    }
    return result;
}
```

16．编写一个程序，用于读取输入，直至读到文件结尾，然后把字符串打印出来。该程序识别和实现下面的命令行参数：

- -p，按原样打印；
- -u，把输入全部转换成大写；
- -l，把输入全部转换成小写。

如果没有命令行参数，则让程序像是使用了-p 参数那样运行。

编程分析：

程序要求通过命令行参数来控制打印字符串的方式。要转化字符大小写，可以使用 ctype.h 中的 toupper()和 tolower()函数。完整代码如下。

```
/*
第 11 章的编程练习 16
*/
#include <stdio.h>
#include <ctype.h>
#include <string.h>
#define SIZE 256
void print_orig(char* st);
void print_upper(char* st);
void print_lower(char* st);

int main(int argc, char *argv[]) {
    char c;
    if(argc < 2 ) {
        c = 'p';
    }
    char c = argv[1][1];
    /* 在无参数时按照参数 p 操作，其他参数取 argv[][1],忽略命令行中的'-'号
     * 根据需要，也可以通过 argv[][0]来判断'-'号是否正确输入 */
    char test[SIZE];
```

```
    printf("Enter a string to convert:");
    fgets(test,SIZE,stdin);
    switch(c){
        case 'p':
        case 'P':
            print_orig(test);
            break;
        case 'u':
        case 'U':
            print_upper(test);
            break;
        case 'l':
        case 'L':
            print_lower(test);
            break;
    }
    return 0;
}
void print_orig(char* st){
    printf("The original text is:\n%s",st);
}
void print_upper(char* st){
    printf("The upper case text is:\n");
    while(*st!=EOF && *st!='\0'){
        putchar(toupper(*st++));
    }
    /* 处理转换的函数并未判断字母是否是小写，而是统一转换，这样省略了
     * if 条件判断，当待转换字符多于不用转换的字符时，效率更高 */
}
void print_lower(char* st){
    printf("The lower case text is:\n");
    while(*st!=EOF && *st!='\0'){
        putchar(tolower(*st++));
    }
}
```

第12章

存储类别、链接和内存管理

本章知识点总结

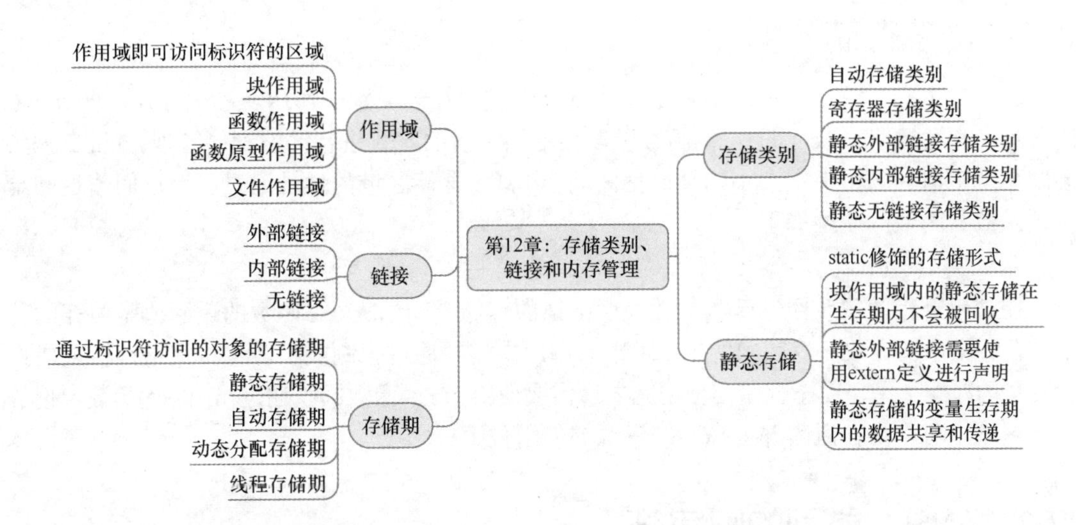

12.1 存储类别的种类和特性

C 语言依据数据在程序中的使用方法和声明方式，提供了多种不同的存储类别来存储和管理这些数据。C 语言中主要的存储类别和对应的特点如表 12.1 所示。C 语言中也会将存储期内的数据称为对象，但是这个对象的含义和面向对象程序设计语言中的对象含义并不相同，这里它只表示存储区域内的特定数据，而不是一种分析问题的方式。其中作用域属性是指对象在程序中可访问的区域，除块作用域和文件作用域外，与函数相关的作用域还有函数作用域和函数原型作用域。其中函数参数的作用域是函数原型作用域；对象标识符定义在所有函数之外的对象将具备文件作用域。

具备文件作用域的存储类分别具备内部或者外部链接属性。存储期描述了对象在程序中的生存时间，静态存储期的对象将会在程序执行期间一直存在，其他类别将由程序自动控制创建和销毁。

表 12.1　存储类别和对应的特点

存储类别	存储期	作用域	链接	声明方式
自动	自动	块	无	块内
寄存器	自动	块	无	块内，使用关键字 register
静态外部链接	静态	文件	外部	所有函数外

续表

存储类别	存储期	作用域	链接	声明方式
静态内部链接	静态	文件	内部	所有函数外，使用关键字 static
静态无链接	静态	块	无	块内，使用关键字 static

大型的 C 语言程序通常由多个编译单元组成，这样更加利于程序的开发和管理。在这种多编译单元中文件作用域和链接方式起着非常重要的作用。此外静态存储期的变量在某些方面也使得数据交换更加便利。

12.2　动态存储分配

C 语言中的对象一般在声明和定义时就有确定的存储类别、作用域和生存期。此外，C 语言也允许通过 malloc()和 free()函数以一种更加灵活的方式进行动态存储管理。malloc()将会向系统申请并预留指定大小的存储空间，同时将该存储区域的地址通过函数返回值返回给主调函数。函数的原型如下。

```
void* malloc( size_t size );
```

在调用过程中需要通过函数参数表明申请的存储空间的大小；函数的返回值是内存的首地址，如果申请失败，返回 NULL。函数的调用中需要通过强制类型转化将空指针转换成指针变量的匹配类型。动态存储在使用完之后需要使用 free()函数回收通过 malloc()函数申请的存储区域，防止内存泄露并提高系统资源的使用效率。

12.3　ANSI C 类型的限定符

C 语言标准中经常使用 const、volatile、restrict、_Atomic 这 4 种类型限定符来描述变量的类型和特点。4 种类型限定符的功能和特点如表 12.2 所示。其中 restrict 关键字是 C99 标准添加，用于提高编译器的优化，_Atomic 是 C11 标准添加用于支持多线程并发程序设计。

表 12.2　4 种类型限定符的功能和特点

类型限定符	功能和特点
const	修饰的对象值不能通过赋值、递增等方式修改，可以看作一种常量。通常用于指针变量和函数的形参中，防止实参被误修改
volatile	通常用于硬件地址和其他程序数据的共享过程中，代理可修改该变量的值，其主要用途是进行编译器的优化处理
restrict	只用于指针，表明该指针是访问数据对象的唯一且初始的方式。如果 restrict 用于函数形参，则意味着函数体中的其他标识符不会修改该指针指向的数据，可实现编译器的优化处理
_Atomic	表示一个对象是原子类型，在多线程程序中原子对象不可分割，不可被同时访问

12.4　复习题

1．哪些类别的变量可以成为它所在函数的局部变量？

分析与解答：

函数的局部变量一般是指变量的作用域是块作用域的变量。函数的定义是一个程序块，函数内局部变量的作用域不超过该程序块的末尾。因此，除并发程序设计之外，C 语言常用的 5 种存储类别中，自动存储类别、寄存器存储类别、静态无链接存储类别可以作为函数的局部变量。

2．哪些类别的变量在它所在程序运行期间一直存在？

分析与解答：

C 语言中变量的生存期一般分为 4 种，分别是静态存储器、线程存储器、自动存储期和动态分配存储期。其中只有静态存储期的变量才是在程序运行期间一直存在的。3 种静态存储类别的变量——静态无链接存储类别、静态内部链接存储类别和静态链接外部存储类别的变量在程序运行期间一直存在，直到程序结束。

3．哪些类别的变量可以被多个文件使用？哪些类别的变量仅限于在一个文件中使用？

分析与解答：

可以被多个文件使用的变量是指具备文件作用域的变量，且其链接方式必须是外部链接。注意，对于具备文件作用域的变量，如果声明中使用了 static 关键字，则表示该变量是内部链接。表示内部链接的变量只能在当前文件使用，无法被多个文件使用。因此在具备文件作用域的变量中只有静态外部链接存储类别可以被多个文件使用。静态内部链接存储类别的变量只能在一个文件中使用。

4．块作用域变量具有什么链接属性？

分析与解答：

块作用域的变量主要有 3 种存储类别，分别是自动存储类别、寄存器存储类别和静态无链接存储类别，这 3 种变量都是无链接形式。这 3 种存储类别中需要注意的是静态无链接存储类别的变量存储期是静态的，和其他两个存储类别的变量的存储期不同，在使用中应当引起重视。

5．extern 关键字有什么用途？

分析与解答：

extern 关键字是一个存储类别说明符，其主要用于外部变量的重复声明，表明该变量或者函数已定义在别处。使用 extern 说明符的变量如果具有文件作用域，则引用的变量必须具有外部链接。如果包含 extern 的声明具有块作用域，则引用的变量可能具有外部链接或者内部链接。

6．考虑下面两行代码，就输出的结果而言有何异同？

```
int * p1 = (int *)malloc(100 * sizeof(int));
int * p1 = (int *)calloc(100, sizeof(int));
```

分析与解答：

malloc()和 calloc()两个函数在 C 语言中都用于动态存储空间的分配，结合 free()函数一起使用，能够给程序带来更大的灵活性。以上两个语句都分配了内含 100 个 int 类型的数组，在效果上 malloc()和 calloc()的区别在与 calloc()把数组中每个元素都设置为 0。

7. 下面的变量对哪些函数可见？程序是否有误？

```
/*文件 1*/
int daisy;
int main(void){
    int lily;
    ……
}
int petal(){
    extern int daisy,lily;
}
/* 文件 2*/
extern int daisy;
static int lily;
int rose;
int stem(){
    int rose;
    ……;
}
void root()
{
    ……;
}
```

分析与解答：

- 文件 1 中定义的 `int daisy;`表明该 daisy 是一个静态外部链接类别的变量，它在文件 1 和文件 2 均可见。文件 1 函数内和文件 2 声明了 `extern int daisy;`。
- 文件 1 中 main()函数内的变量 lily 是 main 函数的局部变量，仅在 main()内可见。
- 在文件 1 中 petal()函数使用 `extern int daisy, lily;`是错误的，因为两个文件都没有外部链接的 lily，虽然文件 2 中有一个静态的 lily，但是它是 static 类型的内部链接，只对文件 2 可见。
- 在文件 2 中第一个外部 rose 对 root()函数可见，stem()函数中又定义了局部变量 rose，覆盖了外部的 rose。
- 在文件 2 中声明 `static int lily;`表明变量 lily 是静态内部链接类型的变量，在文件 2 内可见。

8. 下面的程序会打印什么？

```
#include <stdio.h>

char color = 'B';
void first(void);
void second(void);
int main(void) {
    extern char color;
    printf("color in main() is %c\n",color);
    first();
    printf("color in main() is %c\n",color);
    second();
    printf("color in main() is %c\n",color);
    return 0;
```

```
}
void first(void){
    char color;

    color = 'R';
    printf("color in first() is %c\n",color);
}
void second(void){
    color = 'G';
    printf("color in second() is %c\n",color);
}
```

分析与解答：

程序定义了一个静态外部链接类别的字符变量 color，并初始化为字符'B'。main()函数用 extern 声明了外部链接类别的变量 color，因此 main()函数内使用了静态外部链接类别的变量 color；first()函数内定义了块内的局部变量 color，因此会在 first()函数内部覆盖静态外部链接类别的变量 color；second()函数虽然未使用 extern 声明外部变量，但是静态外部链接类别的变量 color 的作用域是文件，因此在函数内可以直接使用该变量。

所以 first() 函数内的操作不影响静态外部链接类别的变量 color；在 second()函数内修改 color 的值会影响外部链接类别的变量 color。最终运行结果如下。

```
color in main() is B
color in first() is R
color in main() is B
color in second() is G
color in main() is G
```

9．假设文件的开始处有如下声明。

```
static int plink;
int value_ct(const int arr[], int value, int n);
```

a．以上声明表明了程序员的什么意图？

b．用 `const int value` 和 `const int n` 分别替换 `int value` 和 `int n`，是否可以进一步提高主调程序的安全性？

分析与解答：

- 声明的 plink 变量是静态内部链接存储类型，因此该文件内的所有函数均可以使用该变量，但该变量不能实现外部链接。value_ct()函数的第一个参数是整型数据，数组长度根据形参名应该为 n，函数中的 const 关键字表示该数组的值不可修改。
- 为 value_ct()函数的 value 和 n 两个形参添加 const 关键字不会影响（增加）主调函数的安全性，因此这两个参数是整型变量，作用域是函数原型作用域，且是进行值传递的，因此不仅不会提高其安全性，而且还会影响该变量的赋值操作。

12.5 编程练习

1．不使用全局变量，重写程序清单 12.4。

编程分析：

程序清单 12.4 中使用了外部全局变量 units，其作用域是文件，因此在程序运行中，所有的函数都可以直接访问 units 变量。本题要求不使用全局变量并重新编写程序，为了实现相同的功能，需要判断原始程序内哪些函数直接访问了 units 全局变量，并将这些函数修改成参数传递和返回值的形式，实现 units 数据传递的相应功能。重写过程中还需要修改 main()函数内的变量声明，以及 critic()函数的参数和返回值。修改后的完整代码如下。

```
/*
第 12 章的编程练习 1
*/

#include <stdio.h>

void critic(int* n);
/* 通过参数将原 units 数据传递给函数 */
int main(int argc, char *argv[]) {
    int units;
    /* 将 units 定义成 main()函数内块作用域中的变量 */
    printf("How many pounds to a firkin of butter?\n");
    scanf("%d",&units);
    while(units != 56)
        critic(&units);
    printf("You must have looked it up!\n");
    return 0;
}
void critic(int* n){
    printf("No lucky, my friends. Try again.\n");
    scanf("%d",n);
}
```

2．在美国，通常以英里/加仑来计算耗油量；在欧洲，以升/100 千米来计算。下面是程序的一部分，提示用户选择计算模式（美制或公制），然后接受数据并计算耗油量。

```
// pe12-2b.c
// 与 pe12-2a.c 一起编译
#include <stdio.h>
#include "pe12-2a.h"

int main(void) {
    int mode;
    printf("Enter 0 for metric mode, 1 for US mode:");
    scanf("%d",&mode);
    while(mode>=0){
        set_mode(mode);
        get_info();
        show_info();
        printf("Enter 0 for metric mode, 1 for US mode:");
        printf(" (-1 to quit ): ")
        scanf("%d",&mode);
    }
    printf("Done.\n");
    return 0;
}
```

下面是一些输出示例。

```
Enter 0 for metric mode, 1 for US mode: 0
Enter distance traveled in kilometers:600
Enter fuel consumed in liters:78.8
Fuel consumption is 13.13 liters per 100 km.
Enter 0 for metric mode, 1 for US mode:  (-1 to quit ): 1
Invalid mode specified. Mode 1(US) used.
Enter distance traveled in miles:434
Enter fuel consumed in gallons:12.7
Fuel consumption is 34.2 miles per gallon.
Enter 0 for metric mode, 1 for US mode:  (-1 to quit ): 3
Invalid mode specified. Mode 1(US) used.
Enter distance traveled in miles:388
Enter fuel consumed in gallons:15.3
Fuel consumption is 25.4 miles per gallon.
Enter 0 for metric mode, 1 for US mode:  (-1 to quit ): -1
Done.
```

如果用户输入了不正确的模式，程序给出提示消息并使用上一次输入的正确模式。请提供 pe12-2a.h 头文件和 pe12-2a.c 源文件。源代码文件应定义 3 个具有文件作用域、内部链接的变量。一个表示模式，一个表示距离，一个表示消耗的燃料。get_info()函数根据用户输入的模式提示用户输入相应数据，并将其存储到文件作用域变量中。show_info()函数根据设置的模式计算并显示耗油量。可以假设用户输入的都是数值。

编程分析：

题目要求使用头文件和源文件形式进行多文件编程，其中头文件定义 3 个变量，同时还要声明函数。要求变量具有文件作用域、内部链接，因此应当使用 static 关键字在函数外声明 3 个变量。函数分别处理单位模式和油耗计算耗油量。完整代码如下。

```
/*
第 12 章的编程练习 2 中的 pe12-2a.h 头文件
*/

#include <stdio.h>

static int mode;
static double range, fuel;
/* 三个变量在函数外定义，使用 static 修饰 */
void set_mode(int n);
/* 由于需要判断用户输入的数据，因此使用带参数的函数 */
void get_info(void);
void show_info(void);
/* 在函数内处理的数据均是文件作用域变量，因此不需要通过函数的参数传递数据 */
```

```
/*
第 12 章的编程练习 2 中的 pe12-2a.c 和 pe12-2b.c 一起编译
*/
#include "pe12-2a.h"
```

```
int main(int argc, char *argv[]) {
    int n;
    printf("Enter 0 for metric mode, 1 for US mode: ");
    scanf("%d",&n);
    while(n>=0){
        set_mode(n);
        get_info();
        show_info();
        printf("Enter 0 for metric mode, 1 for US mode: ");
        printf(" (-1 to quit ): ");
        scanf("%d",&n);
    }
    printf("Done.\n");
    return 0;
}

void set_mode(int n)
{
    if(n>1) {
        printf("Invalid mode specified.");
        if(mode == 0){
            printf(" Mode 0(Mrtric) used.\n");
        }else{
            printf(" Mode 1(US) used.\n");
        }
    } else mode = n;
}

void get_info(void)
{
    if(mode == 0 )
        printf("Enter distance traveled in kilometers:");
    else
        printf("Enter distance traveled in miles:");
    scanf("%lf", &range);

    if(mode == 0 )
        printf("Enter fuel consumed in liters:");
    else
        printf("Enter fuel consumed in gallons:");
    scanf("%lf", &fuel);
}

void show_info(void)
{
    if(mode == 0)
        printf("Fuel consumption is %.2lf liters per 100 km.\n", (fuel/range)*100)
;
    else
        printf("Fuel consumption is %.1lf miles per gallon.\n", range/fuel);
}
```

3．重做编程练习 2，要求只使用自动变量。该程序提供的用户界面不变，即提示用户输入模式等，但是函数调用要变化。

编程分析：

题目要求重做编程练习 2，将文件链接变量改写成自动变量，变量作用域将成为块内作用域。程序需要修改所有用到相关变量的函数，通过函数的参数进行相关数据的传递、输入，并通过返回值返回计算结果。修改后程序的完整代码如下。

```
/*
第 12 章的编程练习 3 中的 pe12-3a.h 头文件，该文件和 pe12-3a.c 一起编译
*/

#include <stdio.h>

void set_mode(int *mode, int n);
/* set_mode()函数需要修改 mode 变量，因此使用指针方式进行数据传输 */

void get_info(int mode, double* range, double* fuel);
/* get_info() 函数读取用户输入的距离和汽油数据，因此使用指针形式传递
 * 距离和汽油变量，返回值为 void */

void show_info(int mode, double range, double fuel);
/* 将函数修改为参数传递，由于程序的功能是直接打印计算结果，因此返回值为 void*/
```

```
/*
第 12 章的编程练习 3 中的 pe12 3b.c，该文件与 pc12 3a.h 一起编译
*/
#include "pe12-2a.h"

int main(int argc, char *argv[]) {
    int mode;
    double range, fuel;
    int n;

    printf("Enter 0 for metric mode, 1 for US mode: ");
    scanf("%d",&mode);
    while(n>=0){
        set_mode(&mode,n);
        get_info(mode,&range,&fuel);
        show_info(mode,range,fuel);
        printf("Enter 0 for metric mode, 1 for US mode: ");
        printf(" (-1 to quit ): ");
        scanf("%d",&n);
    }
    printf("Done.\n");
    return 0;
}


void set_mode(int *mode, int n)
{
    if(n>1) {
        printf("Invalid mode specified.");
```

```
        if(*mode == 0){
            printf(" Mode 0(Mrtric) used.\n");
        }else{
            printf(" Mode 1(US) used.\n");
        }
        return;
    }
    else *mode = n;
}

void get_info(int mode, double* range,double* fuel)
{
    if(mode == 0 )
        printf("Enter distance traveled in kilometers:");
    else
        printf("Enter distance traveled in miles:");
    scanf("%lf", range);

    if(mode == 0 )
        printf("Enter fuel consumed in liters:");
    else
        printf("Enter fuel consumed in gallons:");
    scanf("%lf", fuel);
}

void show_info(int mode, double range,double fuel)
{
    if(mode == 0)
        printf("Fuel consumption is %.2lf liters per 100 km.\n", (fuel/(range))*100);
    else
        printf("Fuel consumption is %.1lf miles per gallon.\n", range/fuel);
}
```

4. 在一个循环中编写并测试一个函数，该函数返回自身被调用的次数。

编程分析：

题目要求在循环中测试一个函数，该函数会计算并返回它本身的调用次数。为了实现该功能，函数的计数器不能使用自动变量，否则每一次函数调用自动变量都会在函数调用结束后结束生存期，无法实现保存调用次数的功能。可以使用静态内部链接类别的变量，或者静态无链接类别的变量实现该功能，静态存储类别的变量在程序运行期间都存在，可以保存和传递数据信息。题目要求的程序使用内部链接类别的变量在多函数调用过程中会更加清晰易读。完整代码如下。

```
/*
第 12 章的编程练习 4
*/
#include <stdio.h>

static int count = 0;
/* 静态内部链接类别的变量 count 功能是保存函数运行次数 */
int run_counter(void);

int main(int argc, char *argv[]) {
```

```
    for(int i = 0;i<100;i++)
        printf("The function run_time run %d times.\n",run_counter());
    return 0;
}

int run_counter(void){
    return ++count;
    /* 函数内部使用内部链接类别的变量，因为其存储期是静态的，
     * 所以每一次调用结束，count 保存的数据都不会丢失 */
}
```

5．编写一个程序，生成 100 个介于 1～10 的随机数，并以降序排列（把第 11 章的排序算法稍加改动，便可用于整数排序，这里仅对整数排序）。

编程分析：

题目要求使用随机数函数生成介于 1～10 的随机数，并改写第 11 章的字符串排序函数以进行排序。原来字符串排序中，使用 strcmp()函数的返回值来判断字符串的字符顺序，对于整数排序可以直接使用比较运算符。排序函数也可以直接使用数组进行排序，而不通过指针排序。完整代码如下。

```
/*
第 12 章的编程练习 5
*/
#include <stdio.h>
#include <stdlib.h>
#include <time.h>
#define SIZE 100
void sort(int array[], int n);

int main(int argc, char *argv[]){
    int data[SIZE];

    srand((unsigned int)time(0));
    for(int i = 0; i < SIZE; i++){
        data[i] = rand() % 10 + 1;
    }
    /* 设置随机数种子，并生成包含随机数的数组 */
    printf("The original data is: ");
    for(int i = 0; i < SIZE; i++){
        printf("%4d ", data[i]);
    }
    printf("\n");

    sort(data,SIZE);
    printf("The sorted data is: ");
    for(int i = 0; i < SIZE; i++){
        printf("%4d ", data[i]);
    }
    printf("\n");

}
void sort(int array[], int n){
    /* 通过整数的比较运算，循环查找数组中的最大值，并交换至数组的末尾 */
```

```
    int temp;
    for(int i = 0;i < n - 1; i++){
        for(int j = i + 1;j < n;j++){
            if(array[i]>array[j]){
                temp = array[i];
                array[i] = array[j];
                array[j] = temp;
            }
        }
    }
}
```

6．编写一个程序，生成 1000 个介于 1～10 的随机数。不用保存或打印这些数字，仅打印每个数出现的次数。用 10 个不同的种子值运行，生成的数字出现的次数是否相同？可以使用本章自定义的函数或 ANSI C 中的 rand()和 srand()函数，它们的格式相同。这是一个测试随机数生成器随机性的方法。

编程分析：

程序要求统计 1～10 每个随机数出现的频次。基本算法是应用随机数函数生成随机数，并统计其出现次数。因此程序可以使用数组形式存储数据，并以数字的下标作为随机数 1～10 的标记，以下标对应的元素作为频次统计值。程序的完整代码如下。

```
/*
第 12 章的编程练习 6
*/
#include <stdio.h>
#include <stdlib.h>
#include <time.h>
#define SIZE 10
#define LENGTH 1000

int main(int argc, char *argv[]){
    int data_count[SIZE+1];
    int datum;
    for(int seed = 1; seed <= 10; seed++){
        printf("This is %d round to create data.\n",seed);
        srand(seed);
        /* 设置随机数种子，对于每次循环设置不同的种子数 */
        for(int i = 0;i <= SIZE; i++ ) data_count[i] = 0;
        for(int i = 0; i < LENGTH; i++){
            datum = rand() % 10 + 1;
            data_count[datum]++;
            /* 生成随机数，并通过下标记录随机数的出现次数 */
        }
        printf("Random data created,let's stata it.\n");
        for(int i = 1;i<=SIZE;i++){
            printf("The datum %d created %d times.\n",i,data_count[i]);
            /* 打印所有随机数出现的频次*/
        }
    }
    return 0;
}
```

7．编写一个程序，按照程序清单 12.13 的输出示例后面讨论的内容，修改该程序。使其输出如下所示。

```
Enter the number of sets; enter q to stop : 18
How many sides and how many dice? 6 3
Here are 18 sets of 3 6-sided throws.
12 10 6 9 8 14 8 15 9 14 12 17 11 7 10 13 8 14
How many sets? Enter q to stop: q
```

编程分析：

题目要求修改程序清单 12.13，原始程序的主要功能是利用 srand()随机地生成随机数种子，随机地生成指定数量和类型的骰子出现的点数。本题目要求一次能够打印出用户多次掷骰子能够出现的全部数据。因此在原始代码的基础上，只需要添加一个循环就可以实现多次掷骰子的功能。完整代码如下。

```
/*
第 12 章的编程练习 7 的 diceroll.h
*/

extern int roll_count;
int roll_n_dice(int dice, int sides);
```

```
/*
第 12 章的编程练习 7 的 diceroll.c
*/
#include "diceroll.h"
#include <stdio.h>
#include <stdlib.h>        /* 提供库函数 rand()的原型 */
int roll_count = 0;        /* 外部链接 */
static int rollem(int sides)  /* 该函数是该文件私有的 */
{
    int roll;
    roll = rand() % sides + 1;
    ++roll_count;          /* 计算函数调用次数 */
    return roll;
}

int roll_n_dice(int dice, int sides)
{
    int d;
    int total = 0;
    if (sides < 2)
    {
        printf("Need at least 2 sides.\n");
        return -2;
    }
    if (dice < 1)
    {
        printf("Need at least 1 die.\n");
        return -1;
    }
```

```
    for (d = 0; d < dice; d++)
        total += rollem(sides);
    return total;
}
```

```
/*
第 12 章的编程练习 7 中的 manydice.c
*/
#include <stdio.h>
#include <stdlib.h>        /* 为库函数 srand()提供原型 */
#include <time.h>      /* 为 time()提供原型       */
#include "diceroll.h"      /* 为 roll_n_dice()提供原型，为 roll_count 变量提供声明 */
int main(int argc, char *argv[])
{
    int dice, roll;
    int sides;
    int set;
    srand((unsigned int) time(0)); /* 随机种子 */
    printf("Enter the number of sets; enter q to stop :");
    while(scanf("%d", &set) == 1 && set > 0) {
        printf("How many sides and how many dice?");
        if (scanf("%d %d", &sides, &dice) == 2 && sides > 0 && dice > 0) {
            printf("Here are %d sets of %d %d-sided throws.\n", set, dice, sides);
            for (int i = 1; i < set; i++) {
                roll = roll_n_dice(dice, sides);
                printf("%d ", roll);
            }
            set = 0;
            putchar('\n');
        }
        printf("Enter the number of sets; enter q to stop :");
    }
    printf("The rollem() function was called %d times.\n", roll_count);
 /* 使用外部变量 roll_count*/
    printf("GOOD FORTUNE TO YOU!\n");
    return 0;
}
```

8. 下面是程序的一部分。

```
// pe12-8.c #include
#include <stdio.h>
int * make_array(int elem, int val);
void show_array(const int ar [], int n);
int main(void)
{
    int * pa;
    int size;
    int value;
    printf("Enter the number of elements: ");
    while (scanf("%d", &size) == 1 && size > 0)
    {
```

```
        printf("Enter the initialization value: ");
        scanf("%d", &value);
        pa = make_array(size, value);
        if (pa)
        {
            show_array(pa, size);
            free(pa);
        }
        printf("Enter the number of elements (<1 to quit): ");
    }
    printf("Done.\n");
    return 0;
}
```

提供 make_array()和 show_array()函数的定义，完成该程序。make_array()函数接受两个参数，第 1 个参数是 int 类型数组的元素个数，第 2 个参数是要赋给每个元素的值。该函数调用 malloc()创建一个大小合适的数组，将其每个元素设置为指定的值，并返回一个指向该数组的指针。show_array()函数显示数组的内容，一行显示 8 个数。

编程分析：

在题目提供的 main()函数内通过 scanf()函数设置 value 变量的数值。main()函数调用 make_array()函数，创建 int 类型的数组，并通过 value 变量初始化该数组。调用 show_array()函数打印数组内容。题目要求提供 make_array()和 show_array()函数的实现，并使用 malloc()动态创建 int 类型数组，函数的调用过程为 `pa = make_array(size, value);`，因此 make_array()函数的返回值为创建的数组的指针。show_array()函数可以无返回值。在 main()函数内已经使用 free()函数释放了 malloc()申请的内存，因此可以保证动态存储中的内存不会产生泄露。完整代码如下。

```
/*
第 12 章的编程练习 8
*/

#include <stdio.h>
#include <stdlib.h>

int * make_array(int elem, int val);
void show_array(const int ar[], int n);
/* 声明函数，show_array()函数的参数使用 const 关键字声明，保证在函数内部修改
 * 参数的内容 */
int main(int argc, char *argv[])
{
   int * pa;
   int size;
   int value;
   printf("Enter the number of elements: ");
   while (scanf("%d", &size) == 1 && size > 0)
   {
      printf("Enter the initialization value: ");
      scanf("%d", &value);
      pa = make_array(size, value);
      if (pa)
```

```
        {
            show_array(pa, size);
            free(pa);
            /* 当 pa 不为空时，表明 make_array()函数正确返回，显示后释放该数组，
             * 进入下一次循环，如果没有 free()调用，则下一次循环会造成这一次循环中
             * make_array()函数里 malloc()申请的内存的泄露 */
        }
        printf("Enter the number of elements (<1 to quit): ");
    }
    printf("Done.\n");
    return 0;
}

int* make_array(int elem, int val)
{
    int *p = (int*)malloc(elem * sizeof(int));
    if( p == NULL ) return NULL;
    for (int i = 0; i < elem; ++i) {
        p[i] = val;
    }
    /* 使用数组形式进行初始化 */
    return p;
}

void show_array(const int ar[], int n)
{
    for (int i = 0; i < n; i++) {
        printf("%d ", ar[i]);
        if((i + 1) % 8 == 0) putchar('\n');
        /* 每行打印 8 个数据，随后输入换行符 */
    }
    putchar('\n');
}
```

9．编写一个符合以下描述的函数。首先，询问用户需要输入多少个单词。然后，接受用户输入的单词，并显示出来。使用 malloc()并回答第 1 个问题（即要输入多少个单词），创建一个动态数组，该数组包含指向 char 的指针（注意，因为数组的每个元素都是指向 char 的指针，所以用于存储 malloc()返回值的指针应该是一个指向指针的指针，且它所指向的指针指向 char）。在读取字符串时，该程序应该把单词读入一个临时的 char 数组，使用 malloc()分配足够的存储空间来存储单词，并把地址存入该指针数组（该数组中每个元素都是指向 char 的指针）。然后，从临时数组中把单词复制到动态分配的存储空间中。因此，有一个字符指针数组，每个指针都指向一个对象，该对象的大小正好能容纳要存储的特定单词。下面是该程序的一个运行示例。

```
How many words do you wish to enter? 5
Enter 5 words now: I enjoyed doing this exercise
Here are your words:
I
enjoyed
doing
this
exercise
```

编程分析：

程序要求通过用户的输入创建指定大小的字符串数组，并依次读取用户输入的字符串，用户输入的字符串需要通过临时的字符数组和stcpy()函数复制至字符串数组中。完整代码如下。

```
/*
第 12 章的编程练习 9
*/
#include <stdio.h>
#include <stdlib.h>
#include <string.h>

int main(int argc, char *argv[]){
    int amount;
    printf("How many words do you wish to enter?");
    scanf("%d", &amount);
    printf("Enter %d words now: ",amount);
    char **pst = (char**)malloc(amount * sizeof(char*));
    /* 因为数组的每个元素都是指向 char 的指针，所以用于存储 malloc()
       返回值的指针应该是一个指向指针的指针，且它所指向的指针指向 char */
    for (int i = 0; i < amount; i++) {
        char temp[100];
        scanf("%s", temp);
        int length = strlen(temp);
        /* 获取用户输入的字符串的长度 */
        char* str = (char*)malloc(length * sizeof(char));
        /* 根据用户输入的字符串的长度，创建一个长度匹配的字符串 */
        strcpy(str,temp);
        *( pst + i) = str;
        /* 将字符串数组指向新创建的字符串 */
    }
    for (int i = 0; i < amount; i++) {
        printf("%s\n",*(pst+i));
    }
    free(pst);
    printf("All done!\n");
    return 0;
}
```

第 13 章 文件输入/输出

本章知识点总结

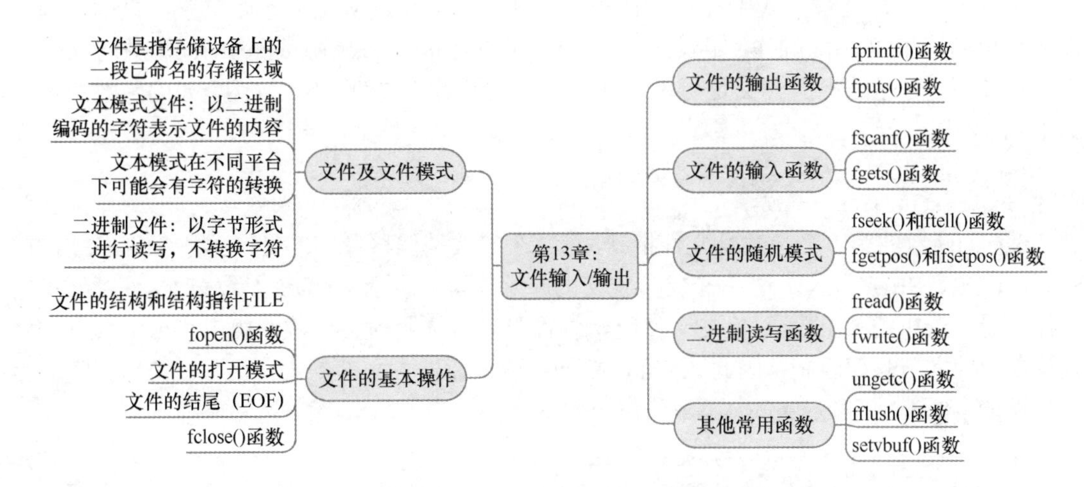

13.1 文件和文件的读写

程序设计中的文件一般是指存储在存储设备中的一段已命名的存储区域的数据。C 语言将文件看作由一个连续的可读写字节内容组成的连续存储区域，并使用 FILE 结构定义了一个标准文件模型，以实现对文件的各类操作。程序设计中定义一个 FILE 结构指针来指向确定存储设备中的文件，并通过该指针来实现文件的读写操作。文件操作的基本流程如下。

```
FILE *fp; //定义 FILE 类型的指针
fp = fopen("路径+文件名","读写模式"); //打开指定文件，成功后，通过指针 fp 访问该文件
```

如果 fopen()函数成功打开文件，将返回文件指针，并赋值给 fp；否则，返回 NULL。当文件读写完成后，需要使用 fclose()函数关闭文件指针。表 13.1 中是常用的文件读写函数。

表 13.1 常用的文件读写函数

函数名	函数的声明	函数的功能
fopen()	FILE *fopen(const char *filename, const char *mode);	打开指定文件，打开方式由 mode 参数确定
fclose()	int fclose(FILE *stream)	关闭指定文件
getc()/putc()	int getc(FILE *stream) int putc(int ch, FILE *stream)	getc()从指定文件读取一个字符； putc()向参数指定的文件输出指定字符
fprintf()	int fprintf(FILE *stream, const char *format, ...);	向文件写入指定格式的内容，其他参数的含义类似于 printf()

续表

函数名	函数的声明	函数的功能
fscanf()	int fscanf(FILE *stream, const char *format, ...);	从指定文件读取指定格式的内容，其他参数的含义类似于 scanf()
fgets()/fputs()	int fputs(const char* str, FILE* stream); char* fgets(char* str, int count,　FILE* stream);	fput()函数向指定文件写入一个字符串；fgets()从指定文件读取指定长度的字符串

13.2　文件的随机读写

在以上的文件读写方式中都将文件作为一种顺序结构，从文件起始位置一直读写到文件的结束标识 EOF。除顺序结构之外，我们也可以通过 fseek()函数和 ftell()函数对文件进行随机读写。这里随机的含义是可以从文件指定位置读写文件。fseek()和 ftell()函数的声明如下。

```
int fseek( FILE *stream, long offset, int origin );
long ftell( FILE *stream );
```

fseek()函数的第 1 个参数是文件指针，第 2 个参数是偏移量，第 3 个参数是 SEEK_SET、SEEK_CUR、SEEK_END 这 3 个常量定义的起始位置，表示从起始位置移动文件指针指定的偏移量。ftell()函数的返回值是文件起始位置距当前位置的字节数。由于两个函数在文件偏移量上的字节长度限制，因此 ANSI C 新增了两个读取大文件的定位函数，来增强随机存取的性能。fgetpos()和 fsetpos()函数的声明如下。

```
int fgetpos( FILE *stream, fpos_t *pos );
int fsetpos( FILE *stream, const fpos_t *pos );
```

其中，fpos_t 是描述文件位置的对象，它可以描述文件中大数据量的偏移地址。这两个函数是 fseek()与 ftell()函数的补充和增强。

13.3　文本模式和二进制模式

所有文件在计算机内都是以二进制数据的形式存储的。如果文件内的数据是二进制编码的字符（如 ASCII 编码、UNICODE 编码），那么这些文件的内容就可以直接转换成文本，因此称为文本文件；如果这些二进制表示其他形式的编码（如机器语言编码、图像、音乐），那么这些文件就是二进制文件。在程序设计中两个类型的文件在进行文件读取和数据转换方面存在差异。C 语言提供二进制模式和文本模式两种文件读取形式：在二进制格式中可以直接读取文件的每个字节；在文本模式中系统会自动按照文本编码的特点（针对不同系统平台的差异和字符编码差异）对文本文件做一些字符转换。

在实际应用中对于二进制文件不能使用文本模式读写，这样产生的默认字符转换会产生意想不到的错误。C 语言提供了二进制文件的读写函数，其中最主要的是 fread()和 fwrite()函数。两个函数的声明如下。

```
size_t fread( void *buffer, size_t size, size_t count, FILE *stream );
size_t fwrite( const void *buffer, size_t size, size_t count,FILE *stream );
```

参数中的 buffer 和 size 表示数据读写的缓冲区大小。这两个函数直接写入数据位，不存在数据的转换过程。在数据转换上可以对比 fprintf()和 fscanf ()函数。

13.4 复习题

1．下面的程序有什么问题？

```
int main(void)
{
    int * fp;
    int k;
    fp = fopen("gelatin");
    for (k = 0; k < 30; k++)
        fputs(fp, "Nanette eats gelatin.");
    fclose("gelatin");
    return 0;
}
```

分析与解答：

程序的功能是打开磁盘文件，并写入字符串"Nanette eats gelatin."。作为完整程序，文件存在一些语法错误：

- 缺少预编译指令`#include <stdio.h>`；
- 文件指针不能够使用整型数据指针`FILE *fp`；
- fopen()函数缺少打开方式的参数，对于文件写入，应当使用 w 或者 a，`fp = fopen("gelatin","w");`
- fput()函数的参数错误，应当改为`fput("Nanette eats gelatin.", fp);`
- fclose()函数的参数错误，应当使用`fclose(fp)`关闭文件指针。

正确的代码如下。

```
/*
第13章的复习题1
*/

#include <stdio.h>
int main(int argc, char * argv[])
{
    FILE * fp;
    int k;
    fp = fopen("gelatin","w");
    for (k = 0; k < 30; k++)
        fputs("Nanette eats gelatin.",fp);
    fclose(fp);
    return 0;
}
```

2．下面的程序将完成什么任务？（假设在命令行环境中运行。）

```
#include <stdio.h>
#include <stdlib.h>
#include <ctype.h>
int main(int argc, char *argv [])
{
```

```
    int ch;
    FILE *fp;
    if (argc < 2)
        exit(EXIT_FAILURE);
    if ((fp = fopen(argv[1], "r")) == NULL)
        exit(EXIT_FAILURE);
    while ((ch = getc(fp)) != EOF)
        if (isdigit(ch))
            putchar(ch);
    fclose(fp);
    return 0;
}
```

分析与解答：

程序首先通过命令行参数，以第一个参数作为文件名，以只读方式打开该文件。通过 while 循环读取该文件的所有字符，如果字符是数字，则打印该字符，直到文件的结束。

3．假设程序中有下列语句。

```
#include <stdio.h>
FILE * fp1,* fp2;
char ch;
fp1 = fopen("terky", "r");
fp2 = fopen("jerky", "w");
```

另外，假设成功打开了两个文件。补全以下函数调用中缺少的参数：

a. `ch = getc();`

b. `fprintf( ,"%c\n", );`

c. `putc( , );`

d. `fclose(); /* 关闭 terky 文件 */`。

分析与解答：

程序中 fp1 以只读方式打开，fp2 以可写方式打开。通常情况下，以只读方式文件作为输入，以可写文件作为输出。因此 4 条语句中的参数如下。

- `ch = getc(fp1);`语句读取文件的一个字符，赋值给变量 ch，依据题义，应该读取文件指针 fp1 指向的文件。
- `fprintf(fp2 ,"%c\n",ch );`语句将 ch 变量的数值写入文件，因此只能写入文件指针 fp2 指向的文件。
- `putc(ch ,fp2 );`语句将 ch 变量数值写入文件，因此只能写入 fp2 指向的文件。
- `fclose(fp1); /* 关闭 terky 文件 */` 。fp1 指针指向 terky 文件，所以应当使用 `fclose(fp1);`。

4．编写一个程序，不接受任何命令行参数或接受一个命令行参数。如果有一个参数，将其解释为文件名；如果没有参数，使用标准输入（stdin）作为输入。假设输入完全是浮点数。该程序要计算和报告输入数字的算术平均值。

分析与解答：

习题要求通过命令行获取文件名或者选择标准输入读取浮现型数据，将读取的所有浮点型数据，计算其算术平均数。浮点型数据的读取可以使用 fscanf()函数，直接使用转换说明符读取浮点数据。文件末尾通过 EOF 进行标识判断。完整程序代码如下。

```
/*
第 13 章的复习题 4
*/

#include <stdio.h>
#include <stdlib.h>

int main(int argc, char* argv[])
{
    FILE *fp;
    double n, sum = 0.0;
    int num = 0;
    if(argc == 1){
        fp = stdin;
        printf("Enter the number(EOF to end input):\n");
    }
    /* 当无命令行参数时，指定标准输入为输入源 */
    else if(argc == 2){
        if((fp = fopen(argv[1], "r")) == NULL){
            printf("Can not open %s.\n", argv[1]);
            exit(EXIT_FAILURE);
        }
    }else{
        printf("Usage:%s filename\n", argv[0]);
        exit(EXIT_FAILURE);
    }
    while( !feof(fp) && (fscanf(fp, "%lf", &n) == 1))
    /* 循环的入口条件读取到 EOF 或者 fscan()函数无法读取浮点数据*/
    {
        num++;
        sum += n;
    }
    if(num > 0){
        printf("Average of data is %lf\n", sum / num);
    }else{
        printf("There is no number.\n");
    }
    return 0;
}
```

5. 编写一个程序，用于接受两个命令行参数。第 1 个参数是字符，第 2 个参数是文件名。要求该程序只打印文件中包含给定字符的那些行。

注意

C 程序根据'\n'识别文件中的行。假设所有行都不超过 256 个字符，你可能会想到用 fgets()。

分析与解答：

题目要求通过命令行参数读取文件并打印指定的行。每次读取文件的一行并判断该行内是否有命令行参数内指定的字符。如果有，则打印；否则，略过。文件中行的读取可以使用fgets()函数。

```
/*
第 13 章的复习题 5
*/

#include <stdio.h>
#include <stdlib.h>
#include <string.h>
#define SIZE 256

int main(int argc, char* argv[])
{
    FILE *fp;
    char line[SIZE];
    char seeker;
    /* 定义读取文件行的数据缓冲区 line[]和待查找字符 seeker。除字符数组之外，还可使用
     * 字符指针和 malloc()函数来定义。例如：
     char *line = (char*)malloc(SIZE*sizeof(char));
     */
    if(argc != 3)
    {
        printf("Usage: %s character filename\n", argv[0]);
        exit(EXIT_FAILURE);
    }
    else
    {
        if(strlen(argv[1]) != 1)
        {
            printf("The second parameter should be a char.\n");
            exit(EXIT_FAILURE);
        }
        if((fp = fopen(argv[2], "r")) == NULL)
        {
            printf("Can not open file %s.\n", argv[1]);
            exit(EXIT_FAILURE);
        }
    }
    seeker = argv[1][0];
    /*  初始化 seeker 为命令行参数的第二个参数 */
    while(fgets(line, SIZE, fp) != NULL){
        char *p = line;
        while(*p != '\0'){
            if(*p++ == seeker) {
                printf("FOUND %c IN LINE :%s",seeker,line);
                break;
            }
        }
        /* 依次读取一行数据，如果在 seeker 字符，打印当前行，并开始查找下一行
          * 字符指针 p 在查找过程中依次前移，因此打印行时使用 line 作为参数
         * 程序也可以直接使用系统中的字符串函数 strchr()判断行内是否有指定字符  */
    }
```

```
    return 0;
}
```

6．二进制文件和文本文件有何区别？二进制流和文本流有何区别？

分析与解答：

所有文件在计算机内都是以二进制形式存储的。如果文件使用二进制编码（如 ASCII 编码、UNICODE 编码）的字符，那么这些文件就是文本文件；如果这些二进制表示其他形式的编码（如机器语言编码、图像、音乐），那么这些文件就是二进制文件。这两种文件格式对系统的依赖性不同：二进制文件和文本文件的区别包括在读写流时程序执行的转换。二进制文件直接读取文件的每个字节，不转换成字符；针对不同系统平台的差异和字符编码差异，系统可能会对文本文件做一些字符转换。

7．a．分别用 fprintf()和 fwrite()存储 8238201 有何区别？

b．分别用 putc()和 fwrite()存储字符 S 有何区别？

分析与解答：

- fprintf()按照字符形式写数据，因此会把 8238201 当作 7 个独立的字符数据独立存储，占 7 字节的存储空间；fwrite()函数按照二进制形式读写数据，因此在写入数据时会把 8238201 当作一个 4 字节的整型数据进行写入。
- 分别用 putc()和 fwrite()存储字符 S 没有区别，都将其视为一个单字节的二进制编码。

8．下面语句的区别是什么？

```
printf("Hello, %s\n", name);
fprintf(stdout, "Hello, %s\n", name);
fprintf(stderr, "Hello, %s\n", name);
```

分析与解答：

第 1 条语句和第 2 条语句实现的功能没有区别，都将"Hello"和字符串 name 输出到标准输出系统。第 1 条语句使用 printf()函数，其功能是输出到标准输出，而函数 fprintf()可以输出到多种输出目的地址。其输出目的地址是通过函数的第 1 个参数指定的。第 3 条语句把输出写到标准错误上。通常，系统将 stderr 定向到与 stdout 相同的位置（通常使用显示器输出）上，但标准错误不受标准输出重定向的影响。

9．以"a+"、"r+"和"w+"模式打开的文件都是可读写的。哪种模式更适合用来更改文件中已有的内容？

分析与解答：

fopen()函数在文件打开时，通过设置读写模式能够控制和管理读写文件的权限。其中，"r+"和"a+"表示文件的更新模式，即读和写模式，可以读取这个文件，但是只允许在文件的末尾添加新内容。"w+"模式也以更新模式打开文件，但是如果文件存在，则会清空原文件，即丢弃文件原有内容；如果文件不存在，则创建新文件。

13.5 编程练习

1．修改程序清单 13.1 中的程序，要求提示用户输入文件名，并读取用户输入的信息，不使用命令行参数。

编程分析：

程序清单 13.1 通过命令行参数获取文件名信息，将文件内容打印至标准输出系统并计数。题目要求修改成提示用户输入文件名的形式，差别仅在于获取打开的文件名的途径不同。程序文件的打印和计数功能不变。完整代码如下。

```
/*
第 13 章的编程练习 1
*/

#include <stdio.h>
#include <stdlib.h>  // 提供 exit()的原型
int main(int argc, char *argv[])
{
    int ch;      // 在读取文件时，存储每个字符的地方
    FILE *fp;    // "文件指针"
    unsigned long count = 0;
    char file_name[50];
    printf("Input the filename:");
    scanf("%s",filename);
    /* 通过 scanf()函数读取用户输入，并将输入保存至 filename 中  */
    if ((fp = fopen(filename, "r")) == NULL)
    {
        printf("Can't open %s\n", a);
        exit(EXIT_FAILURE);
    }
    while ((ch = getc(fp)) != EOF)
    {
        putc(ch, stdout); // 与 putchar(ch);相同
        count++;
    }
    fclose(fp);
    printf("File %s has %lu characters\n", a, count);
    return 0;
}
```

2．编写一个文件复制程序，该程序通过命令行获取原始文件名和复制后的文件名。尽量使用标准 I/O 和二进制模式。

编程分析：

题目要求使用命令行形式获得原始文件和复制文件，且使用二进制模式进行文件的复制。程序设计中应当注意源文件和复制文件的读写模式并使用 fread()和 fwrite()函数进行读写操作。完整代码如下。

```
/*
第 13 章的编程练习 2
*/

#include <stdio.h>
#include <stdlib.h>
```

```
#define BUFFER_SIZE 512
/* 读写缓冲区的长度，可以依据情况设置不同大小，通常
 * 可以依据磁盘的最小单元，设置为 4KB */
int main(int argc, char* argv[])
{
    FILE *f_src, *f_dest;
    char buff[BUFFER_SIZE];
    if(argc != 3)
    {
        printf("Usage:%s src_file dest_file\n", argv[0]);
        exit(EXIT_FAILURE);
    }
    else
    {
        if((f_src = fopen(argv[1], "rb")) == NULL)
        {
            printf("Can't open %s.\n", argv[1]);
            exit(EXIT_FAILURE);
        }
        if((f_dest = fopen(argv[2], "wb")) == NULL)
        {
            printf("Can't open %s.\n", argv[2]);
            exit(EXIT_FAILURE);
        }
    }
    size_t bytes;
    while((bytes = fread(buff,sizeof(char),BUFFER_SIZE,f_src)) > 0)
    {/* bytes 为 fread()成功读取的数据量，类型为 size_t，保存至缓冲区中 */
        fwrite(buff,sizeof(char),bytes,f_dest);
        /* 写入缓冲区存储的数据，写入数据量为 bytes */
    }
    fclose(f_src);
    fclose(f_dest);
    return 0;
}
```

3．编写一个文件复制程序，提示用户输入文本文件名，并以该文件名作为原始文件名和输出文件名。该程序要使用 ctype.h 中的 toupper()函数，在写入输出文件时把所有文本转换成大写。使用标准 I/O 和文本模式。

编程分析：

题目要求程序实现对同一个文件进行改写的功能，即将文件内所有文本改写为大写字符。字符的大小写转换可以直接使用 ctype.h 中的 toupper()函数。文件操作的基本做法是设置一个临时文件，先转换字符，再保存至临时文件中，最后从临时文件复制至源文件并覆盖原有内容。此外，对于这类改写，也可以是使用随机读写功能，实现方式是首先读取一个字符，然后转换该字符并将文件指针回退一个字符，最后将转换后的字符写入文件（依次覆盖单个字符）。这种方法不需要临时文件转换，但是需要大量调用 fseek()函数来移动文件指针。使用临时文件形式编程相对比较简单。下面实现采用了随机读写形式。完整代码如下。

```
/*
第 13 章的编程练习 3
*/

#include <stdio.h>
#include <stdlib.h>
#include <ctype.h>

int main(int argc, char* argv[])
{
    FILE *fp;
    char file_name[80];
    char ch;
    printf("Input the filename:");
    scanf("%s",file_name);

    if((fp = fopen(file_name, "r+")) == NULL)
    {
        printf("Can't open file %s.\n", file_name);
        exit(EXIT_FAILURE);
    }
    while((ch = getc(fp)) != EOF)
        /* 读取一个字符，保存至 ch 变量中 */
    {
        fseek(fp,-sizeof(char),SEEK_CUR);
        /* 调用 fseek 函数将文件指针后移一个字符 */
        putc(toupper(ch), fp);
        /* 写入转换后的字符，覆盖原字符 */
    }
    fclose(fp);
    return 0;
}
```

4．编写一个程序，按顺序在屏幕上显示命令行中列出的所有文件。使用 argc 控制循环。

编程分析：

程序的功能是在标准输出上打印命令行参数所列出的所有文件的信息。因此文件打印使用文本模式，并使用 argc 控制循环，利用 argv 参数来顺序打印所有参数表示的文件名。完整代码如下。

```
/*
第 13 章的编程练习 4
*/

#include <stdio.h>
#include <stdlib.h>

int main(int argc, char* argv[])
{
    FILE* fp;
    char ch;
    for (int i = 0; i < argc - 1; i++)
    {
```

```
        if((fp = fopen(argv[i+1], "r")) != NULL)
        {
            printf("Now print file  %s:\n",argv[i+1]);
            while((ch = getc(fp)) != EOF)
            {
                putchar(ch);
            }
            /* 使用 getc()函数顺序读取文件字符，并输出。此处，也可以使用其他函数，如
             * fgets()函数、fscanf()函数，但是需要注意函数在读取空白字符上的区别 */
            printf("\n");
            fclose(fp);
        }
        else
        {
            printf("Open %s failed\n", argv[i]);
            exit(EXIT_FAILURE);
        }
    }
    printf("All done ,it is %d file printed.\n",argc-1);
    return 0;
}
```

5．修改程序清单 13.5 中的程序，用命令行界面代替交互式界面。

编程分析：

程序清单 13.5 的主要功能是将源文件依次添加至目标文件的末尾，函数使用 fread()和 fwrite()函数实现了二进制文件的读写。题目要求将交互式界面修改为命令行参数来进行文件操作。如果使用命令行参数，不需要使用 s_gets()函数读取用户的标准输入，可以删除程序清单 13.5 中原有的 s_gets()函数的定义。完整代码如下。

```
/*
第 13 章的编程练习 5
*/

#include <stdio.h>
#include <stdlib.h>
#include <string.h>
#define BUFSIZE 4096
#define SLEN 81

void append(FILE *source, FILE *dest);

int main(int argc, char* argv[])
{
    FILE *fa, *fs;            // fa 指向目标文件，fs 指向源文件
    int files = 0;            // 附加的文件数量
    char file_app[SLEN];  // 目标文件名
    char file_src[SLEN];  // 源文件名
    int ch;
    if(argc < 3)
    {
        fprintf(stderr,"Usage:%s dest_file src_file.\n", argv[0]);
        exit(EXIT_FAILURE);
```

```
    }
    if ((fa = fopen(argv[1], "a+")) == NULL)
    {
        fprintf(stderr,"Can't open %s\n", argv[1]);
        exit(EXIT_FAILURE);
    }
    if (setvbuf(fa, NULL, _IOFBF, BUFSIZE) != 0)
    {
        fputs("Can't create dest buffer\n", stderr);
        exit(EXIT_FAILURE);
    }
    /* 输入命令行参数，如果命令行参数少于 3 个，则缺少附加文件 */
    files = argc - 2;
    /* 附加文件的数量等于参数值减去 2，即减去程序文件名和源文件两个参数 */
    while (files > 0)
    {
        if ((fs = fopen(argv[argc - files], "r")) == NULL)
            fprintf(stderr, "Can't open %s\n", argv[argc - files]);
        else
        {
            if (setvbuf(fs, NULL, _IOFBF, BUFSIZE) != 0)
            {
                fputs("Can't create input buffer\n", stderr);
                continue;
            }
            append(fs, fa);
            if (ferror(fs) != 0)
                fprintf(stderr, "Error in reading file %s.\n", file_src);
            if (ferror(fa) != 0)
                fprintf(stderr, "Error in writing file %s.\n", file_app);
            fclose(fs);
            printf("File %s appended.\n", file_src);
            if(files > 0) printf("Next file %s:\n",argv[argc - (--files)]);
            else printf("No more file to appended.\n");
            /* 依次打开参数列表中的下一个文件，并附加到源文件中，直到遇到参数列表中的最后一个参数*/
        }
    }
    printf("Done appending, and %d files appended.\n", argc - 2);
    rewind(fa); printf("%s contents:\n", file_app);
    while ((ch = getc(fa)) != EOF)
        putchar(ch);
    puts("Done displaying.");
    fclose(fa);
    return 0;
}

void append(FILE *source, FILE *dest)
{
    size_t bytes;
    static char temp[BUFSIZE]; // 只分配一次
    while ((bytes = fread(temp, sizeof(char), BUFSIZE, source)) > 0)
        fwrite(temp, sizeof(char), bytes, dest);
}
```

6．使用命令行参数的程序依赖于用户的内存如何正确地使用它们。重写程序清单 13.2 中的程序，不使用命令行参数，而提示用户输入所需信息。

编程分析：

程序清单 13.2 的主要功能是把一个文件内的选定数据复制至另一个文件中。程序复制一个文件中每 3 个字符里的 1 个字符到另一个文件中。题目要求使用用户输入的信息（而不是命令行参数）来实现该功能。完整代码如下。

```
/*
第 13 章的编程练习 6
*/

#include <stdio.h>
#include <stdlib.h>  // 提供 exit()的原型
#include <string.h>  // 提供 strcpy()、strcat()的原型
#define LEN 40
int main(int argc, char *argv [])
{
    FILE *in, *out;  // 声明两个指向 FILE 的指针
    int ch;
    char name[LEN];  // 存储输出的文件名
    int count = 0;
    char input[LEN];

    printf("Input the file name:");
    scanf("%s",input);
    /* 删除命令行参数的条件语句，读取用户输入的文件名 */
    if ((in = fopen(input, "r")) == NULL)
    {
        fprintf(stderr, "I couldn't open the file \"%s\"\n", input);
        exit(EXIT_FAILURE);
    } /* 设置以读模式打开输入文件 */

    strncpy(name, input, LEN - 5);
    name[LEN - 5] = '\0';
    strcat(name, ".red");
    /* 设置完之后，输出文件名，并以写模式打开该文件*/
    if ((out = fopen(name, "w")) == NULL)
    {
        fprintf(stderr, "Can't create output file.\n");
        exit(3);
    }
    while ((ch = getc(in)) != EOF)
        if (count++ % 3 == 0)
            putc(ch, out);
        /* 打印 3 个字符中的第 1 个字符*/
    if (fclose(in) != 0 || fclose(out) != 0)
        fprintf(stderr, "Error in closing files\n");
    return 0;
}
```

7．编写一个程序打开两个文件。可以使用命令行参数，或提示用户输入文件名。

a．该程序以这样的顺序打印：打印第 1 个文件的第 1 行，第 2 个文件的第 1 行，第 1 个文件的第 2 行，第 2 个文件的第 2 行，依次类推，打印到行数较多文件的最后一行。

b．修改该程序，把编号相同的行打印成一行。

编程分析：

程序要求同时使用读模式打开两个文件，按行读取两个文件，并按照要求，逐行打印每个文件，或把两个文件中编号相同的行组合成一行打印。因此选择使用 fget()函数读取文件的行数据，并按照要求组合打印。完整代码如下。

```
/*
第 13 章的编程练习 7
*/

#include <stdio.h>
#include <stdlib.h>
#include <string.h>
#define LINE_SIZE 256

int main(int argc, char *argv [])
{
    char *line_one = (char* )malloc(LINE_SIZE * sizeof(char));
    char *line_two = (char* )malloc(LINE_SIZE * sizeof(char));
    /* 定义两个读入行的缓冲区 */
    int first_end = 1;
    if(argc != 3)
    {
        fprintf(stderr, "Usage:%s filename filename", argv[0]);
        exit(EXIT_FAILURE);
    }
    FILE *fp1, *fp2;
    if((fp1 = fopen(argv[1], "r")) == NULL)
    {
        fprintf(stderr, "Open %s failed\n", argv[1]);
        exit(EXIT_FAILURE);
    }
    if((fp2 = fopen(argv[2], "r")) == NULL)
    {
        fprintf(stderr, "Open %s failed\n", argv[2]);
        exit(EXIT_FAILURE);
    }
    /* 输入文件的相关设定 */
    /* 开始打印独立行 */
    printf("Print the line one bye one.\n");
    int i = 1;
    while(fgets(line_one, LINE_SIZE, fp1) != NULL){
        if(fgets(line_two, LINE_SIZE, fp2) != NULL){
            printf("File 1 LINE NO.%d : %s",i,line_one);
            printf("File 2 LINE NO.%d : %s",i,line_two);
            i++;
            /* 两个文件逐一打印 */
        }else{
```

```
            printf("File 1 LINE NO.%d : %s",i,line_one);
            i++;
            /* 在第 1 个文件长于第 2 个文件的情况下打印 */
        }
    }/* 第 1 个文件读取到文件结束 */
    while(fgets(line_two, LINE_SIZE, fp2) != NULL) printf("File 2 LINE NO.%d : %s",
        i++,line_two);
    /* 如果第 2 个文件还有未读取的行，则继续打印第 2 个文件 */
    /* 开始合并行并打印 */
    printf("Print the combine line.\n");
    rewind(fp1);
    rewind(fp2);
    /* 将文件指针设置为从头开始 */
    i = 1;
    while(fgets(line_one, LINE_SIZE, fp1) != NULL){
        if(fgets(line_two, LINE_SIZE, fp2) != NULL){
            printf("LINE NO.%d :",i);
            while(*line_one != '\n') putchar(*line_one++);
            putchar('+');
            printf(" %s",line_two);
            i++;
            /* fgets()读取文件内容中保存的换行符，使用 putchar()删除第一个文件的换行符 */
        }else{
            printf("LINE NO.%d : %s",i,line_one);
            i++;
        }
    }
    while(fgets(line_two, LINE_SIZE, fp2) != NULL) printf("LINE NO.%d : %s",i++,line_two);
    fclose(fp1);
    fclose(fp2);
    return 0;
}
```

8. 编写一个程序，以一个字符和任意文件名作为命令行参数。如果字符后面没有参数，该程序读取标准输入；否则，程序依次打开每个文件并报告每个文件中该字符出现的次数。文件名和字符本身也要一同报告。程序应包含错误检查，以确定参数数量是否正确和是否能打开文件。如果无法打开文件，程序应报告这一情况，然后继续处理下一个文件。

编程分析：

程序要求统计和分析文件内指定字符的数量，因此使用 getc()函数读取文件字符并判断和计数。由于未指定文件数量，因此依次使用循环和 argc 值循环打开文件并读取数据。完整代码如下。

```
/*
第 13 章的编程练习 8
*/

#include <stdio.h>
#include <stdlib.h>
#include <string.h>
```

```
int main(int argc, char *argv [])
{
    FILE *fp;
    int count = 0;
    int para_count = 1;
    char ch;
    if(argc < 2)
    {
        printf("Usage: %s character file_name_1 file_name_2 ... \n", argv[0]);
        exit(EXIT_FAILURE);
    }
    if(strlen(argv[1]) != 1)
    {
        printf("The second parameter should be a character\n");
        exit(EXIT_FAILURE);
    }
    /* 检查命令行参数 */

    if(argc == 2)
    {
        printf("Now you can input the string:");
        while((ch = getchar()) != EOF ){
            if(ch == argv[1][0]) count++;
        }
        printf("There are %d character '%c' in your input\n", count, argv[1][0]);
    }/* 命令行参数未指定文件名，使用标准输入 */
    else{
        while ( ++para_count  < argc)
        {
            count = 0;
            if((fp = fopen(argv[para_count], "r")) == NULL)
            {
                printf("Can not open the file %s.\n", argv[para_count]);
                continue;
                /* 若文件打开错误，则开始下一个文件 */
            }
            while((ch = getc(fp)) != EOF)
            {
                if(ch == argv[1][0]) count++;
            }
            printf("There are %d character '%c' in file %s.\n", count, argv[1][0],
              argv[para_count]);
            fclose(fp);
            /* 统计文件内的字符数据，完成后关闭文件指针 */
        }
    }
    return 0;
}
```

9．修改程序清单 13.3，从 1 开始，根据加入列表的顺序为每个单词编号。当程序下一次运行时，确保新的单词编号接着上一次的编号开始。

编程分析：

程序清单 13.3 的功能是在文件的末尾添加单词。题目要求修改原始程序，在添加单词的同时添加单词编号，并且再次打开文件添加单词时能够连续计数，因此，可以在打开文件后首先检索单词数量，确定行号后，开始添加新的单词。程序的完整代码如下。

```
/*
第 13 章的编程练习 9
*/

#include <stdio.h>
#include <stdlib.h>
#include <string.h>
#define MAX 41

int get_number(FILE *);
int main(void)
{
    FILE *fp;
    char words[MAX];
    int count = 1;

    if ((fp = fopen("wordy", "a+")) == NULL)
    {
        fprintf(stdout, "Can't open \"wordy\" file.\n");
        exit(EXIT_FAILURE);
    }
    count = get_number(fp);
    puts("Enter words to add to the file; press the #");
    puts("key at the beginning of a line to terminate.");
    while ((fscanf(stdin, "%40s", words) == 1) && (words[0] != '#'))
        fprintf(fp, "%d.%s\n", ++count,words);
    /* 修改 fprintf()函数，添加行号。程序并未修改 words 文件之前的行号 */

    puts("File contents:");
    rewind(fp);
    while (fscanf(fp, "%s", words) == 1)
        puts(words);
    puts("Done!");
    if (fclose(fp) != 0)
        fprintf(stderr, "Error closing file\n");
    return 0;
}
int get_number(FILE * fp){
    /* 在单词保存时每一个单词为一行，因此使用 fgets()函数读取到文件末尾并计数 */
    int i = 0;
    char temp[MAX];
    rewind(fp);
    while(fgets(temp,MAX,fp) != NULL) i++;
    return i;
}
```

10．编写一个程序，用于打开一个文本文件，通过交互方式获得文件名。通过一个循环，提示用户输入一个文件位置。然后该程序打印从该位置开始到下一个换行符之前的内容。用户输入负数或非数值字符可以结束输入循环。

编程分析：

程序要求打印指定位置到行末的文件内容，因此需要使用 fseek()函数进行随机访问。完整代码如下。

```
/*
第 13 章的编程练习 10
*/

#include <stdio.h>
#include <stdlib.h>
#include <string.h>
#define SIZE 256

int main(void)
{
    FILE *fp;
    char file_name[40];
    long position;
    char buffer[SIZE];

    printf("Input a filename:");
    scanf("%s", file_name);
    if((fp = fopen(file_name, "r")) == NULL)
    {
        printf("Can not open %s.\n",file_name);
        exit(EXIT_FAILURE);
    }
    printf("Input the position to read (q or -1 to quit):");
    while(scanf("%ld", &position) == 1 && position >= 0)
    {
        fseek(fp, position, SEEK_SET);
        /* 调用 fseek()函数，进行文件定位 */
        if(fgets(buffer,SIZE,fp) != NULL)
        {
            printf("Content is : %s",buffer);
        }
        /* 读取当前位置到行末的数据，并打印 */
        printf("Input the position to read (q or -1 to quit):");
    }
    fclose(fp);
    return 0;
}
```

11．编写一个程序，该程序接受两个命令行参数。第 1 个参数是一个字符串，第 2 个参数是一个文件名。然后通过该程序查找文件，打印文件中包含对应字符串的所有行。因为该任务是面向行而不是面向字符的，所以要使用 fgets()而不是 getc()。使用标准 C 库函数 strstr()（11.5.7 节简要介绍过）在每一行中查找指定字符串。假设文件中的所有行都不超过 255 个字符。

编程分析：

程序要求检查文件内每一行和指定字符串的匹配情况，题目提示使用 fgets()函数读取一行数据并进行子串的查找。子串查找算法可以使用第 11 章的编程练习 8 中的算法，也可以直接使用 strstr()函数。本题使用 strstr()函数实现子串查找。完整代码如下。

```
/*
第 13 章的编程练习 11
*/

#include <stdio.h>
#include <stdlib.h>
#include <string.h>
#define SIZE 256

int string_in(char* st, char* sub);

int main(int argc, char * argv[])
{
    FILE *fp;
    char buffer[SIZE];
    char* seek_string;
    if(argc < 3)
    {
        printf("Usage:%s string file_name ... \n", argv[0]);
        exit(EXIT_FAILURE);
    }
    seek_string = argv[1];

    if((fp = fopen(argv[2], "r")) == NULL)
    {
        printf("Can not open the file %s \n", argv[2]);
        exit(EXIT_FAILURE);
    }
    while(fgets(buffer, SIZE, fp) != NULL)
    {
        if(strstr(buffer, seek_string))
            /* 也可以使用自定义子串查找函数
            if(string_in(buffer, seek_string))
            */
        {
            puts(buffer);
        }
    }
    return 0;
}
int string_in(char* st, char* sub){
    int count = 0;
    int src_len = strlen(sub);
    while(*st != '\0' && count < src_len){
        /* count 表示子串中匹配的字符数，循环入口为
         * 主串不为空或者子串匹配完 */
        if(*(st + count) == *(sub + count)){
```

```
                count++;
                /* 匹配到第 1 个字符后，主串指针并未后移，而是通过子串计数，
                 * 并开始进行剩余字符的匹配检查 */
            }else{
                count = 0;
                st++;
                /* 如果没有匹配到子串的字符，主串的指针后移，并清空子串的计数 */
            }
        }
        if(count == src_len) return 1;
        else return 0;
    }
```

12．创建一个文本文件，内含 20 行，每行 30 个整数。这些整数都介于 0～9，用空格分开。该文件使用数字表示一张图片，0～9 表示逐渐增加的灰度。编写一个程序，把文件中的内容读入一个 20×30 的整型数组中。一种把这些数字转换为图片的粗略方法是：该程序使用数组中的值初始化一个 20×31 的字符数组，用值 0 对应空格字符，1 对应点字符，以此类推。数字越大表示字符所占的空间越多。例如，用#表示 9。每行的最后一个字符（第 31 个）是空字符，这样该数组包含了 20 个字符串。最后，程序显示最终的图片（即，打印所有的字符串），并将结果存储在文本文件中。例如，下面是开始的数据。

```
0 0 9 0 0 0 0 0 0 0 0 0 5 8 9 9 8 5 2 0 0 0 0 0 0 0 0 0 0 0
0 0 0 0 9 0 0 0 0 0 0 0 5 8 9 9 8 5 5 2 0 0 0 0 0 0 0 0 0 0
0 0 0 0 0 0 0 0 0 0 0 0 5 8 1 9 8 5 4 5 2 0 0 0 0 0 0 0 0 0
0 0 0 0 9 0 0 0 0 0 0 0 5 8 9 9 8 5 0 4 5 2 0 0 0 0 0 0 0 0
0 0 9 0 0 0 0 0 0 0 0 0 5 8 9 9 8 5 0 0 4 5 2 0 0 0 0 0 0 0
0 0 0 0 0 0 0 0 0 0 0 0 5 8 9 1 8 5 0 0 0 4 5 2 0 0 0 0 0 0
0 0 0 0 0 0 0 0 0 0 0 0 5 8 9 9 8 5 0 0 0 0 4 5 2 0 0 0 0 0
5 5 5 5 5 5 5 5 5 5 5 5 5 8 9 9 8 5 5 5 5 5 5 5 5 5 5 5 5 5
8 8 8 8 8 8 8 8 8 8 8 8 5 8 9 9 8 5 8 8 8 8 8 8 8 8 8 8 8 8
9 9 9 9 0 9 9 9 9 9 9 9 9 9 9 9 9 9 9 9 9 9 3 9 9 9 9 9 9 9
8 8 8 8 8 8 8 8 8 8 8 8 5 8 9 9 8 5 8 8 8 8 8 8 8 8 8 8 8 8
5 5 5 5 5 5 5 5 5 5 5 5 5 8 9 9 8 5 5 5 5 5 5 5 5 5 5 5 5 5
0 0 0 0 0 0 0 0 0 0 0 0 5 8 9 9 8 5 0 0 0 0 0 0 0 0 0 0 0 0
0 0 0 0 0 0 0 0 0 0 0 0 5 8 9 9 8 5 0 0 0 0 6 6 0 0 0 0 0 0
0 0 0 0 2 2 0 0 0 0 0 0 5 8 9 9 8 5 0 0 5 6 0 0 6 5 0 0 0 0
0 0 0 0 3 3 0 0 0 0 0 0 5 8 9 9 8 5 0 5 6 1 1 1 1 6 5 0 0 0
0 0 0 0 4 4 0 0 0 0 0 0 5 8 9 9 8 5 0 0 5 6 0 0 6 5 0 0 0 0
0 0 0 0 5 5 0 0 0 0 0 0 5 8 9 9 8 5 0 0 0 0 6 6 0 0 0 0 0 0
0 0 0 0 0 0 0 0 0 0 0 0 5 8 9 9 8 5 0 0 0 0 0 0 0 0 0 0 0 0
0 0 0 0 0 0 0 0 0 0 0 0 5 8 9 9 8 5 0 0 0 0 0 0 0 0 0 0 0 0
```

根据以上描述选择特定的输出字符，最终输出如下。

```
  #         *@##@*'
    #       *@##@**'
            *@.#@*^*'
    #       *@##@* ^*'
  #         *@##@*  ^*'
            *@#.@*   ^*'
            *@##@*    ^*'
*************@##@*************
@@@@@@@@@@@@*@##@*@@@@@@@@@@@@
#### #################"#######
```

```
@@@@@@@@@@@@*@##@*@@@@@@@@@@@@
************@##@*************
            *@##@*
            *@##@*    %%
    ''      *@##@*  *%   %*
    ""      *@##@* *%....%*
    ^^      *@##@*  *%   %*
    **      *@##@*    %%
            *@##@*
            *@##@*
            *@##@*
```

编程分析：

程序的功能是将源文件中的整型数据读入二维数组，再依据二维数组中数据的对应符号进行编码转换，最后转存到新的文件内，并同时打印出整个符号模型图。文件内的整型数据为 0～9。可以通过查找一维字符数组的下标和元素值来实现整数到符号的转换。例如，定义 char convert[] = {' ', '.', '\'', '\"', '^', '*', '%', '$', '@', '#'}，这样通过数组下标和元素数据实现了整型数据到符号的转换。可以整行读取文件，逐一转换并删除空白字符。更简便的方法是使用 fscan()函数读取整型数据并自动删除空白和转换数据。完整代码如下。

```c
/*
第 13 章的编程练习 12
*/

#include <stdio.h>
#include <stdlib.h>
#include <string.h>
#define row 20
#define col 30

int main(int argc, char * argv[])
{
    FILE *fin,*fout;
    int data[row][col];
    char file_input[] = "data";
    char file_output[] = "graphic";

    char convert[] = {' ', '.', '\'', '\"', '^', '*', '%', '$', '@', '#'};
    if((fin = fopen(file_input, "r")) == NULL)
    {
        printf("Can not open file %s.\n", file_input);
        exit(EXIT_FAILURE);
    }
    if((fout = fopen(file_output, "w")) == NULL)
    {
        printf("Can not open file %s.\n", file_output);
        exit(EXIT_FAILURE);
    }

    for(int i = 0; i < row; i++)
    {
        for(int j = 0;j < col; j++)
            fscanf(fin,"%d",&data[i][j]);
```

```
        /* 调用 fscanf()函数，按照整型数据进行转换，写入 data 数组*/
    }

    for(int i = 0; i < row; i++)
    {
        for(int j = 0;j < col; j++)
        {
            printf("%c",convert[data[i][j]]);
            fprintf(fout,"%c",convert[data[i][j]]);
        }
        printf("\n");
        fprintf(fout,"\n");
    }/* 应用 convert[]数组进行整型数据到符号的转换，并存入相应的文件中 */

/* 如果不使用二维整型数组和 fscanf()自动转换数据，也可以使用 fgets()并手动将字符
 * 转换成整型数据，操作过程略微复杂
 *  char line[61];
  while( fgets(line,61*sizeof(char),fin) != NULL)
  {
     for (int i = 0; i <= 61; i++) {
        if(line[i]>=48&&line[i]<=57){
           printf("%c",convert[line[i] - 48]);
           fprintf(fout,"%c",convert[line[i] - 48]);
        }
     }
     printf("\n");
     fprintf(fout,"\n");
  }
*/
    fclose(fin);
    fclose(fout);

    return 0;
}
```

13. 用变长数组代替标准数组，完成编程练习 12。

编程分析：

题目要求使用变长数组重做编程练习 12。二维数组的存储方式以及文件读取和数据转换的基本算法可以保持不变。为了满足题目要求，需要将文件数据的读取和写入方式改写成使用变长数组的函数，将数字和符号的对应表改写成静态变量。完整代码如下。

```
/*
第 13 章的编程练习 13
*/

#include <stdio.h>
#include <stdlib.h>
#include <string.h>

void read_data(int row, int col, int data[row][col], FILE* fp);
void write_data(int row, int col, int data[row][col], FILE* fp);
static const char convert[] = {' ', '.', '\'', '\"', '^', '*', '%', '$', '@', '#'};
```

```
int main(int argc, char * argv[])
{
    FILE *fin,*fout;
    int row = 20;
    int col = 30;
    int data[row][col];
    char file_input[] = "data";
    char file_output[] = "graphic";

    if((fin = fopen(file_input, "r")) == NULL)
    {
        printf("Can not open file %s.\n", file_input);
        exit(EXIT_FAILURE);
    }
    if((fout = fopen(file_output, "w")) == NULL)
    {
        printf("Can not open file %s.\n", file_output);
        exit(EXIT_FAILURE);
    }
    read_data(row, col, data, fin);
    write_data(row,col,data, fout);

    fclose(fin);
    fclose(fout);

    return 0;
}
void read_data(int row, int col, int data[row][col],FILE* fp){
    for(int i = 0; i < row; i++)
    {
        for(int j = 0;j < col; j++)
            fscanf(fp,"%d",&data[i][j]);
    }
}
void write_data(int row, int col, int data[row][col],FILE* fp){
    for(int i = 0; i < row; i++)
    {
        for(int j = 0;j < col; j++)
        {
            printf("%c",convert[data[i][j]]);
            fprintf(fp,"%c",convert[data[i][j]]);
        }
        printf("\n");
        fprintf(fp,"\n");
    }
}
```

14．数字图像（尤其是从宇宙飞船发回的数字图像）可能会有一些失真。为编程练习 12 添加消除失真的函数。该函数把图像中的每个值与它相邻的值进行比较，如果该值与其相邻值的差都大于 1，则用所有相邻值的平均值（四舍五入为整数）代替该值。注意，因为与边界上的点相邻的点少于 4 个，所以对于边界上的点要特殊处理。

编程分析：

题目要求针对编程练习 12 中的二维数组进行异常数值的判断和优化，即，判断一个值和行列中周围数据的差，如果符合条件，则对该区域的值取平均值。这种算法可以算是一种基本的图像抖动优化算法。程序设计的重点在于特殊数据的处理，题目中的特殊数据包括二维数组所组成矩形的 4 个顶点和 4 条边。程序中应当特殊处理这种类型的特殊数据。对于其他普通类型的数据，可以使用周围相邻的 8 个数据进行判断和平均，通过统一的处理函数进行抖动处理。由于在编程练习 12 中使用二维数组的形式处理数据，因此代码编写中需要注意相邻数据的下标。整个程序的数据处理算法简单，代码编写需要注意条理性。程序的完整代码如下。

```
/*
第 13 章的编程练习 14
*/

#include <stdio.h>
#include <stdlib.h>
#include <string.h>

void read_data(int row, int col, int data[row][col], FILE* fp);
void write_data(int row, int col, int data[row][col], FILE* fp);
int data_diffusion(int row,int col,int data[row][col],int x,int y);
static const char convert[] = {' ', '.', '\'', '\"', '^', '*', '%', '$', '@', '#'};

int main(int argc, char * argv[])
{
    FILE *fin,*fout;
    int row = 20;
    int col = 30;
    int data_matrix[row][col];
    char file_input[] = "data";
    char file_output[] = "graphic";

    if((fin = fopen(file_input, "r")) == NULL)
    {
        printf("Can not open file %s.\n", file_input);
        exit(EXIT_FAILURE);
    }
    if((fout = fopen(file_output, "w")) == NULL)
    {
        printf("Can not open file %s.\n", file_output);
        exit(EXIT_FAILURE);
    }
    read_data(row, col, data_matrix, fin);
    for(int i = 0;i<row;i++){
        for(int j = 0;j<col;j++){
            data_matrix[i][j] = data_diffusion(row, col, data_matrix, i, j);
        }
    }
    write_data(row,col,data_matrix,fout);
    fclose(fin);
```

```
    fclose(fout);
    return 0;
}

void read_data(int row, int col, int data[row][col],FILE* fp){
    for (int i = 0; i < row; i++) {
        for(int j = 0;j < col ;j++)
            data[i][j] = getc(fp)-48;
        getc(fp);
    }
}
void write_data(int row, int col, int data[row][col],FILE* fp){
    for (int i = 0; i < row; i++) {
        for(int j = 0;j < col ;j++){
            printf("%c",convert[data[i][j]]);
            fprintf(fp,"%c",convert[data[i][j]]);
        }
        putchar('\n');
        putc('\n',fp);
    }
}
int data_diffusion(int row,int col,int data[row][col],int x,int y){
    int average;
    if(x == 0){
        if(y == 0){
            if( abs(data[x][y]-data[x][y+1]) > 1 && abs(data[x][y]-data[x+1][y]) >
                1 && abs(data[x][y]-data[x+1][y+1]) > 1) return ( data[x][y]+data
                [x][y+1]+data[x+1][y]+data[x+1][y+1] )/ 4;
        }
        if(y == col - 1){
            if( abs(data[x][y]-data[x][y-1]) > 1 && abs(data[x][y]-data[x+1][y]) >
                1 && abs(data[x][y]-data[x+1][y-1]) > 1) return ( data[x][y]+data
                [x][y-1]+data[x+1][y]+data[x+1][y-1] )/ 4;
        }
        if( abs(data[x][y]-data[x][y-1]) > 1 && abs(data[x][y]-data[x][y+1]) > 1 &&
                abs(data[x][y]-data[x+1][y-1]) > 1 && abs(data[x][y]-data[x+1][y]) > 1
                && abs(data[x][y]-data[x+1][y+1]) > 1) return ( data[x][y]+data[x][y-1]
                +data[x][y+1]+data[x+1][y-1] + data[x+1][y]+ data[x+1][y+1]) / 6;

    }else if(x == row -1){
        if(y == 0){
            if( abs(data[x][y]-data[x-1][y]) > 1 && abs(data[x][y]-data[x][y+1]) >
                1 && abs(data[x][y]-data[x-1][y+1]) > 1) return ( data[x][y]+data
                [x-1][y]+data[x][y+1]+data[x-1][y+1] )/ 4;
        }
        if(y == col - 1){
            if( abs(data[x][y]-data[x][y-1]) > 1 && abs(data[x][y]-data[x-1][y]) >
                1 && abs(data[x][y]-data[x-1][y-1]) > 1) return ( data[x][y]+data
                [x][y-1]+data[x-1][y]+data[x-1][y-1] )/ 4;
        }
        if( abs(data[x][y]-data[x][y-1]) > 1 && abs(data[x][y]-data[x][y+1]) > 1 &&
            abs(data[x][y]-data[x-1][y-1]) > 1 && abs(data[x][y]-data[x-1][y]) > 1
            && abs(data[x][y]-data[x-1][y+1]) > 1)
            return ( data[x][y]+data[x][y-1]+data[x][y+1]+data[x-1][y-1] +
               data[x-1][y]+ data[x-1][y+1]) / 6;

    }
    if(y == 0){
```

```
        if( abs(data[x][y]-data[x-1][y]) > 1 && abs(data[x][y]-data[x-1][y+1]) > 1
            && abs(data[x][y]-data[x][y+1]) > 1 && abs(data[x][y]-data[x+1][y]) >
            1 && abs(data[x][y]-data[x+1][y+1]) > 1) return ( data[x][y]+data[x-1]
            [y]+data[x-1][y+1]+data[x][y+1] + data[x+1][y]+ data[x+1][y+1]) / 6;

    }else if(y == col - 1){
        if( abs(data[x][y]-data[x-1][y]) > 1 && abs(data[x][y]-data[x-1][y-1]) > 1
            && abs(data[x][y]-data[x][y-1]) > 1 && abs(data[x][y]-data[x+1][y]) >
            1 && abs(data[x][y]-data[x+1][y+1]) > 1) return ( data[x][y]+data[x-1]
            [y]+data[x-1][y-1]+data[x][y-1] + data[x+1][y]+ data[x+1][y+1]) / 6;

    }

    if( abs(data[x][y]-data[x-1][y-1]) > 1 && abs(data[x][y]-data[x-1][y]) > 1 &&
        abs(data[x][y]-data[x-1][y+1]) > 1 && abs(data[x][y]-data[x][y-1]) > 1 &&
        abs(data[x][y]-data[x][y+1]) > 1&& abs(data[x][y]-data[x+1][y-1]) > 1&&
        abs(data[x][y]-data[x+1][y]) > 1&& abs(data[x][y]-data[x+1][y+1]) > 1)
        return ( data[x][y]+data[x-1][y-1]+data[x-1][y]+data[x-1][y+1] + data[x]
        [y-1]+ data[x][y+1]+data[x+1][y-1]+data[x+1][y]+data[x+1][y+1] )/ 9;
    return data[x][y];
}
```

第 14 章 结构和其他数据形式

本章知识点总结

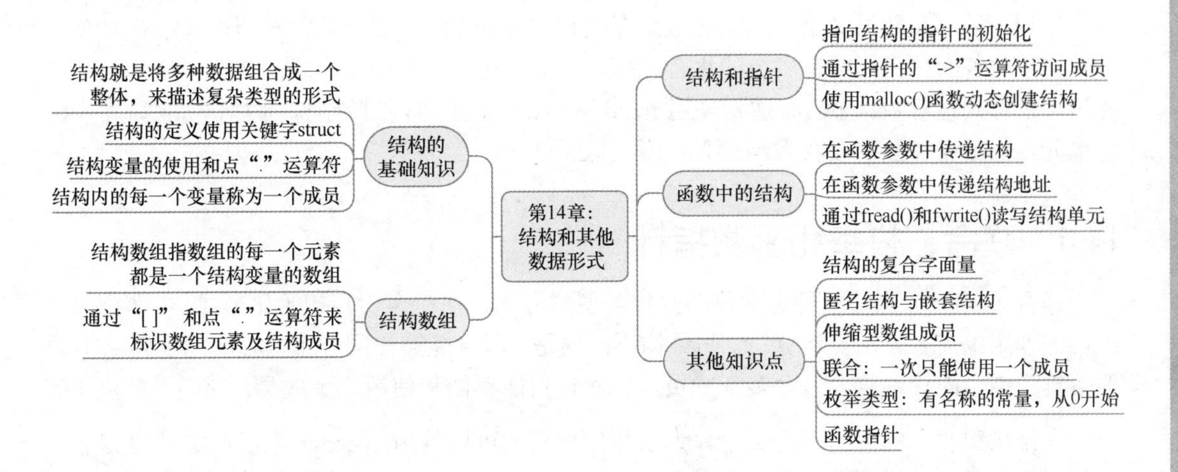

14.1 结构和结构变量

在程序设计中经常需要使用复杂的数据对象，其数据特征需要用多个简单的数据类型进行综合表述，这就需要使用一些复杂的数据类型来提高数据的表达能力。结构体是 C 语言中进行复杂数据描述的重要手段，它可以将多个简单数据类型组合在一起，其中的每一个简单数据类型叫作结构的成员。结构的定义使用关键字 struct，当建立了结构体声明后就可以定义一个结构变量，例如，`struct book library;`其中 struct book 相当于简单数据类型声明中的数据类型，library 就是一个结构变量，结构中的成员可以使用成员运算符访问，library.title 表示访问结构中的 title 成员。结构变量的初始化可以使用花括号，指定成员的初始化可以使用点运算符与成员名。

14.2 结构的应用

定义了结构之后就可以像其他数据类型一样使用它，例如，可以应用结构建立结构数组，即数组中的每一个元素都是一个结构对象。结构的定义中也可以使用嵌套的结构定义，即一个结构中的成员是另一个结构，其成员表示方法需要用点运算符连续表示为 library.auther.name。嵌套结构的定义中也可以使用匿名结构，这样的优势是可以缩减点运算符。

程序设计中也可以通过定义指向结构的指针来使用结构对象。结构指针在初始化上有两种方法：一种是使用结构变量和&运算符；另一种是使用 malloc()函数进行动态存储申请。

当使用指针访问结构的成员时需要使用->运算符。C99 标准还允许用户创建一种伸缩型数组成员，在这种类型的结构中，最后一个数组成员可以不指定数组长度，而在 malloc()中动态创建这个可变长度的数组。

14.3　函数和 I/O 中的结构

结构作为函数的参数既可以传递结构变量，也可以传递结构的地址。作为参数传递结构指针效率更高，但是需要注意函数体内对结构数据的访问保护；以结构变量作为函数的参数能够防止实参的数据被修改，但是效率略低。

作为一种复杂数据类型，结构在数据存储和文件的 I/O 方面也非常重要，通常存储在一个结构中的整套信息（所有成员的集合）称为一个记录，单独的一个成员称为一个字段。在使用记录形式进行数据 I/O 时通常使用 fread()和 fwrite()函数，按照结构的大小读取和写入指定单元，然后在按照字段将数组逐条展开读取。

14.4　联合、枚举和函数指针

联合（union）也是一种定义复杂数据类型的方式，它在声明和初始化形式与结构类似，成员的使用也需要使用点运算符。与结构不同的是，联合能够在同一个内存空间中存储不同的数据类型。即使联合内包含多个成员，一次也只能存储和使用一个成员。

在结构和联合的声明、定义中，为了简化代码，可以使用 typedef 表示自定义的类型，例如：

```
typedef unsigned int BYTE;
```

以上定义语句用 BYTE 表示 unsigned int 类型，在之后的编码过程中可以使用 `BYTE n;` 来定义一个变量。

枚举类型本质上是以符号名称来代替整型常量的一种方式。默认情况下，枚举常量从 0 开始赋予每一个列表中的常量，实际使用过程中也可以使用指定类型的方式进行赋值。

在 C 语言中可以认为函数名就代表函数的地址，因此可以声明一个指向函数的指针，也可以把函数的地址作为参数传递给其他函数。函数指针在声明中必须指定指针指向的函数的类型，即函数的返回值和函数的参数，例如，以下语句定义了一个函数指针，指向的函数的返回值为 void，函数的参数为 char *。

```
void (*pf) (char *);
```

函数指针的具体用法在下面的编程练习中有详细的讲解。

14.5　复习题

1. 下面的结构模板有什么问题？

```
structure {
    char itable;
    int num[20];
    char * togs
}
```

分析与解答：

- 结构的关键字是 struct，不是 structure。
- 结构模板的花括号左侧需要以结构标识符作为结构名，或者在花括号末尾直接定义结构变量。
- char *togs 后面需要添加分号，模板结尾的花括号后面缺少分号。

正确的定义如下。

```
/*
第 14 章的复习题 1
*/
struct Test {
    char itable;
    int num[20];
    char * togs;
};
```

2．下面是程序的一部分，输出是什么？

```
#include <stdio.h>
struct house {
    float sqft;
    int rooms;
    int stories;
    char address[40];
};
int main(void)
{
    struct house fruzt = {1560.0, 6, 1, "22 Spiffo Road"};
    struct house *sign;
    sign = &fruzt;
    printf("%d %d\n", fruzt.rooms, sign->stories);
    printf("%s \n", fruzt.address);
    printf("%c %c\n", sign->address[3], fruzt.address[4]);
    return 0;
}
```

分析与解答：

程序首先定义了结构 house，并在 main()函数内声明了 house 结构变量 fruzt 和指针 sign，sign 指向变量 fruzt。printf ()函数分别用变量和指针的形式打印了变量 fruzt 的内容。

程序输出：

```
6 1
22 Spiffo Road
S p
```

3．设计一个结构模板，用于存储一个月份名、该月份名的 3 个字母缩写、该月的天数以及月份编号。

分析与解答：

题目要求结构模板中的结构成员有月份名、月份缩写、天数和月份编号。根据题意，可以分别用字符数组和整型定义。定义方式如下。

```
/*
第 14 章的复习题 3
*/

struct month{
    char month_name[10];
    char month_abbrev[4]; //3 个字母加一个空字符
    int days;
    int number;
};
```

4．定义一个数组并初始化为一个年份（非闰年），该数组包含 12 个结构（复习题 3 中的结构类型）。

分析与解答：

题目要求使用复习题 3 声明的结构定义一个数组，并初始化为全年的数据。数组元素的初始化使用花括号表示，因此初始化中需要使用嵌套的花括号，数字元素之间、结构体成员之间使用逗号分隔。完整代码如下。

```
/*
第 14 章的复习题 4
*/

struct month months[12] ={
        {"January", "Jan", 31, 1},
        {"February", "Feb", 28, 2},
        {"March", "Mar", 31, 3},
        {"April", "Apr", 30, 4},
        {"May", "May", 31, 5},
        {"June", "Jun", 30, 6},
        {"July", "Jul", 31, 7},
        {"August", "Aug", 31, 8},
        {"September", "Sep", 30, 9},
        {"October", "Oct", 31, 10},
        {"November", "Nov", 30, 11},
        {"December", "Dec", 31, 12}
};
```

5．编写一个函数，用户提供月份编号，该函数就返回一年中到该月为止（包括该月）的总天数。假设在所有函数的外部声明了复习题 3 的结构模板和一个该结构类型的数组。

分析与解答：

假设已经声明了复习题 3 的月份结构，并且按照复习题 4 初始化了全年的结构数组，为了计算输入与当前月份的总天数，需要按照结构数组循环计算。代码如下。

```
/*
第 14 章的复习题 5
*/
extern struct month moths[];
int cala_days(int month)
{
```

```
    int index, total = 0;
    if(month <1 || moth > 12){
        return -1;
    }else{
        for (int index = 0; index < month; index++) {
            total += months[index].days;
        }
    }
    return total;
}
```

6. a. 假设有下面的typedef，声明一个内含10个指定结构的数组。然后，单独给成员赋值（或等价字符串），使第3个元素表示一个焦距长度为500mm、孔径为*f*/2.0的Remarkata镜头。

```
typedef struct lens  {      /* lens的描述*/
float foclen;               /* 焦距的长度*/
float fstop;                /* 孔径*/
char brand[30];             /* 品牌*/
} LENS;
```

b. 重做a部分，在声明中使用一个待指定初始化器的初始化列表，而不是对每个成员单独赋值。

分析与解答：

a. 题目使用typedef定义了结构LENS，使用该结构定义数组，并按照要求单独初始化第3个元素，代码如下。

```
/*
第14章的复习题6.a
*/

typedef struct lens {    /* lens的描述*/
    float foclen;        /* 焦距长度*/
    float fstop;         /* 孔径*/
    char brand[30];      /* 品牌*/
} LENS;

LENS bigEye[10];
/* 定义10元素的结构数组*/
bigEye[2].foclen = 500;
bigEye[2].fstop = 2.0;
strcpy(bigEye[2].brand, "Remarkata");
/* 初始化第3个元素为指定型号的镜头 */
```

b. 题目要求重新使用待指定初始化器的初始化列表，重新初始化第3个元素，使用C99标准的数组指定元素初始化方式。代码如下。

```
/*
第14章的复习题6.b
*/
LENS bigEye[10] = {[2] = {500, 2.0, "Remarkata"}};
```

7. 考虑下面的程序片段。

```
struct name {
     char first[20];
     char last[20];
};
struct bem {
     int limbs;
     struct name title;
     char type[30];
};
struct bem * pb;
struct bem deb = { 6, { "Berbnazel", "Gwolkapwolk" }, "Arcturan" };
pb = &deb;
```

a. 下面的语句分别打印什么？

```
printf("%d\n", deb.limbs);
printf("%s\n", pb->type);
printf("%s\n", pb->type + 2);
```

b. 如何用结构表示法（两种方法）表示"Gwolkapwolk"？

c. 编写一个函数，以 bem 结构的地址作为参数，并以下面的形式输出结构的内容（假定结构模板存放在一个名为 starfolk.h 的头文件中）。

```
Berbnazel Gwolkapwolk is a 6-limbed Arcturan.
```

分析与解答：

- `printf("%d\n", deb.limbs);`语句打印结构变量 deb 的 limb 值，结果为 6。
- `printf("%s\n", pb->type);`语句打印 pb 指向的 deb 的 type 值，结果为 Arcturan。
- `printf("%s\n", pb->type + 2);`语句打印 pb 指向的 deb 的 type 的值，截断前两个字符，结果为 cturan。
- 可以使用结构指针和结构变量两种方式表示"Gwolkapwolk"。分别是 deb.title.last 和 pb->title.last 的形式。

```
/*
第 14 章的复习题 7.c
*/

#include < starfolk.h> // 添加结构定义
void printbem (const struct bem *p)
{
    printf("%s %s is a %d-limbed %s\n", p->title.first, p->title.last, p->limbs,
        p->type);
}
```

8. 考虑下面的声明。

```
struct fullname {
    char fname[20];
    char lname[20];
};
struct bard {
    struct fullname name;
```

```
    int born;
    int died;
};

struct bard willie;
struct bard *pt = &willie;
```

a．用 willie 标识符标识 willie 结构的 born 成员。

b．用 pt 标识符标识 willie 结构的 born 成员。

c．调用 scanf()读入一个用 willie 标识符标识的 born 成员的值。

d．调用 scanf()读入一个用 pt 标识符标识的 born 成员的值。

e．调用 scanf()读入一个用 willie 标识符标识的 name 成员中 lname 成员的值。

f．调用 scanf()读入一个用 pt 标识符标识的 name 成员中 lname 成员的值。

g．构造一个标识符，标识 willie 结构变量所表示的姓名中名的第 3 个字母（英文的名在前）。

h．构造一个表达式，表示 willie 结构变量所表示的名和姓中的字母总数。

分析与解答：

- 要用 willie 标识符标识 willie 结构的 born 成员，表示方式为 `willie.born`。
- 要用 pt 标识符标识 willie 结构的 born 成员，表示方式为 `pt-born`。
- 要调用 scanf()读入一个用 willie 标识符标识的 born 成员的值，表示方式为 `scanf("%d", willic.born);`。
- 要调用 scanf()读入一个用 pt 标识符标识的 born 成员的值，表示方式为 `scanf("%d", pt->born);`。
- 要调用 scanf()读入一个用 willie 标识符标识的 name 成员中 lname 成员的值，表示方式为 `scanf("%s", willie.name.lname);`。
- 要调用 scanf()读入一个用 pt 标识符标识的 name 成员中 lname 成员的值，表示方式为 `scanf("%s", pt->name.lname);`。
- 要构造一个标识符，标识 willie 结构变量所表示的姓名中名的第 3 个字母（英文的名在前），表示方式为 `willie.name.fname[2]`。
- 要构造一个表达式，表示 willie 结构变量所表示的名和姓中的字母总数。表示方式为 `strlen(willie.name.fname) + strlen(willie.name.lname)`。

9．定义一个结构模板以存储这些项——汽车名、功率、EPA（美国环保局）城市交通 MPG（每加仑燃料行驶的英里数）评级、轴距和出厂年份。使用 car 作为该模板的标记。

分析与解答：

依据题目要求的结构模板内的存储内容，可以这样定义该结构模板。

```
/*
第 14 章的复习题 9
*/
```

```
struct car{
    char name[30];
    float horsepower;
    float epa_mpg;
    float wbase;
    int year;
};
```

10．假设有如下结构。

```
struct gas {
float distance;
float gals;
float mpg;
};
```

a．设计一个函数，接受 struct gas 类型的参数。假设传入的结构包含 distance 和 gals 信息。该函数为 mpg 成员计算正确的值，并把值返回该结构。

b．设计一个函数，接受 struct gas 类型的参数。假设传入的结构包含 distance 和 gals 信息。该函数为 mpg 成员计算正确的值，并把该值赋给合适的成员。

分析与解答：

- 题目 a 要求函数中传递的参数是结构对象，函数体内通过计算返回该结构。在声明和定义过程中注意需要使用 typedef 进行类型定义和使用 struct gas 全名。代码如下。

```
/*
第 14 章的复习题 10.a
*/

struct gas {
    float distance;
    float gals;
    float mpg;
};

struct gas get_mpg(struct gas trip){
    if(trip.gals > 0){
        trip.mpg = trip.distance / trip.gals;
    }else{
        trip.mpg = -1.0;
    }
    return trip;
}
```

- 题目 b 要求将计算结果赋值给合适成员，而不是将值返回原结构，因此需要以指针类型作为函数的参数，返回值为空。在使用指针调用结构体变量时，注意使用->运算符。代码如下。

```
/*
第 14 章的复习题 10.b
```

```
*/
void get_mpg(struct gas *ptrip){
    if(ptrip ->gals > 0){
        ptrip ->mpg = ptrip ->distance / ptrip ->gals;
    }else{
        ptrip ->mpg = -1.0;
    }
}
```

11．声明一个标记为choices的枚举，把枚举常量no、yes和maybe分别设置为0、1与2。

分析与解答：

枚举类型本质上是以符号名称来代替整型常量的一种方式。默认情况下，枚举常量从0开始赋予每一个列表中的常量。因此在枚举定义中no、yes和maybe应按顺序才能保证其值分别为0、1与2。定义方式如下。

```
enum choices = {no, yes, maybe};
```

12．声明一个指向函数的指针，该函数返回指向char的指针，接受一个指向char的指针和一个char类型的值。

分析与解答：

题目要求定义一个指向两个参数的指针，两个参数分别是char*和char类型，因此可以首先标注其参数列表(char*, char)，返回值char*应当在表达式最左侧。指向这种函数的指针定义如下。

```
char* (*pfunc)(char*, char);
```

13．声明4个函数，并初始化一个指向这些函数的指针数组。每个函数都接受两个double类型的参数，返回double类型的值。另外，以两种方法使用该数组调用带实参10.0和2.5的第2个函数。

分析与解答：

```
/*
第14章的复习题13
*/

double sum(double, double);
double diff(double, double);
double times(double, double);
double divide(double, double);
/* 函数的声明，在声明中参数列表可以只表示参数类型*/
double (*pf[4])(double, double) = {sum, diff, times, divide};
/* 定义一个函数的指针数组 pf，数组的每一个元素都是指向函数的指针，初始化该函数指针数组，使该指针数组分别指向上述 4 个函数，因此可以直接使用函数指针数组的形式进行函数调用 */

typedef double (*ptype) (double, double);
ptype pf[4] = {sum, diff,times,divide};
/* 使用 typedef 进行类型定义，可以简化上述函数指针数组的定义，首先将函数指针定义为 ptype 类型，然后创建ptype 类型的 4 元素数组
*/
调用 diff()函数
pf[1](10.0,2.5);
```

```
(*pf[1])(10.0,2.5);
(*(pf+1))(10.0,2.5);
/* 数组pf 内的第 2 个元素是指向第 2 个函数的指针，因此可以使用上述方法分别以下标和指针方式进行函数的调用 */
```

14.6　编程练习

1．重做复习题 5，用月份名的拼写代替月份号（别忘了使用 strcmp()）。在一个简单的程序中测试该函数。

编程分析：

复习题 5 中要求用户提供月份号，函数计算并返回一年中到该月为止（包括该月）的总天数。本题要求实现月份的单词拼写，并提示使用 strcmp()函数对比用户的输入和结构体内的字符串，计算并返回总天数。完整代码如下。

```
/*
第 14 章的编程练习 1
*/

#include <stdio.h>
#include <stdlib.h>
#include <string.h>

struct month{
    char month_name[10];
    char month_abbrev[4];
    int days;
    int number;
} months[12] ={
        {"January", "Jan", 31, 1},
        {"February", "Feb", 28, 2},
        {"March", "Mar", 31, 3},
        {"April", "Apr", 30, 4},
        {"May", "May", 31, 5},
        {"June", "Jun", 30, 6},
        {"July", "Jul", 31, 7},
        {"August", "Aug", 31, 8},
        {"September", "Sep", 30, 9},
        {"October", "Oct", 31, 10},
        {"November", "Nov", 30, 11},
        {"December", "Dec", 31, 12}
};
/* 结构数组的初始化 */
int cala_days(char* month);
int main(int argc, char * argv[]){
    char name[10];
    printf("Enter a capitalize month name: ");
    scanf("%s",name);
    while(strlen(name) > 3){
        printf("The total to %s is %d \n",name,cala_days(name));
        printf("Enter a capitalize month name: ");
        scanf("%s",name);
```

```
    };
    printf("Done.");
    return 0;
}

int cala_days(char* month)
{
    int total = 0;
    for(int i = 0; i < 12; i++){
        if(strcmp(month, months[i].month_name) == 0){
            return total;
        }else{
            total += months[i].days;
        }
    }
    /* 通过循环对比用户的输入和结构数组内的字符串，并计算天数 */
    return -1;
}
```

2．编写一个函数，提示用户输入日、月和年。月份可以是月份号、月份名或月份名的缩写。然后该程序应返回一年中到用户指定日子（包括这一天）为止的总天数。

编程分析：

题目要求修改编程练习 1 的程序，提示用户输入日、月和年，计算当年到该日期的总天数。这里暂时在不考虑闰年的情况下，按照编程练习 1 的计算方法需要重新处理月份的对比，分别验证 3 种月份表达方式，一种表达形式匹配之后，就可以计算和返回。完整代码如下。

```
/*
第 14 章的编程练习 2
*/

#include <stdio.h>
#include <stdlib.h>
#include <string.h>

struct month{
    char month_name[10];
    char month_abbrev[4];
    int days;
    int number;
} months[12] ={
        {"January", "Jan", 31, 1},
        {"February", "Feb", 28, 2},
        {"March", "Mar", 31, 3},
        {"April", "Apr", 30, 4},
        {"May", "May", 31, 5},
        {"June", "Jun", 30, 6},
        {"July", "Jul", 31, 7},
        {"August", "Aug", 31, 8},
        {"September", "Sep", 30, 9},
        {"October", "Oct", 31, 10},
        {"November", "Nov", 30, 11},
        {"December", "Dec", 31, 12}
```

```
};
int cala_days(char* month,int day);
int main(int argc, char * argv[]){
    int year, day;
    char month[10];
    int result;
    printf("Enter the YEAR MONTH DAY(seprate by blank) :");
    scanf("%d %s %d", &year,month,&day);
    while(year > 1000){
        /* 若输入年份小于1000，退出循环 */
        result = cala_days(month,day);
        if(result < 0)
            printf("Error input, retry.\n");
        else
            printf("The %d/%s/%d is %d days.\n",year, month ,day, result);
        printf("Enter the YEAR MONTH DAY(seprate by blank) :");
        scanf("%d %s %d", &year,month,&day);
    };
    printf("Done.");
    return 0;
}

int cala_days(char* month,int day)
{
    if(day < 1 || day > 31) return -1;
    /* 日期的简易判断*/
    int total = 0;
    int temp = atoi(month);
    for(int i = 0; i < 12; i++){
        if((temp == months[i].number) || (strcmp(month, months[i].month_abbrev) ==
            0) || (strcmp(month, months[i].month_name) == 0)){
            if(day > months[i].days) return -1;
            /* 当月日期的判断*/
            return total + day;
        }else{
            total += months[i].days;
        }
    }
    return -1;
}
```

3．修改程序清单 14.2 中的图书目录程序，使其按照输入图书的顺序输出图书的信息，然后按照书名的字母顺序输出图书的信息，最后按照价格的升序输出图书的信息。

编程分析：

在程序清单 14.2 中，通过 book 结构体的数组存储图书的基本信息，并按照输入顺序（数组下标顺序）显示图书信息。该题目要求在此基础上对程序进行修改，使其按照图书书名的字母顺序和价格升序进行图书信息输出。这里首先需要按照书名的字母顺序和价格进行排序，随后才能按照要求输出。但是排序操作不能修改图书的输入顺序，即必须保持原图书的输入顺序不变。因此，程序中要设计指针数组，通过临时性的指针数组获取原图书数组的信息，然后进行排序和输出。排序显示函数返回后，临时数组被回收，原数组信息不变。排序算法使用第 11 章中的选择排序法。完整代码如下：

```
/*
第 14 章的编程练习 3
*/


#include <stdio.h>
#include <stdlib.h>
#include <string.h>
#define MAXTITL  40
#define MAXAUTL  40
#define MAXBKS 100     /* 图书的最大数量 */
struct book{           /* 建立 book 模板  */
    char title[MAXTITL];
    char author[MAXAUTL];
    float value;
};

char * s_gets(char * st, int n);
void list_book(struct book library[], int count);
void list_book_title(struct book library[], int count);
void list_book_value(struct book library[], int count);
/* 声明排序函数 */
int main(int argc, char * argv[])
{
    struct book library[MAXBKS];  /* book 类型的结构数组 */
    int count = 0;
    int index;
    printf("Please enter the book title.\n");
    printf("Press [enter] at the start of a line to stop.\n");
    while (count < MAXBKS && s_gets(library[count].title, MAXTITL) != NULL &&
        library[count].title[0] != '\0')
    {
        printf("Now enter the author.\n");
        s_gets(library[count].author, MAXAUTL);
        printf("Now enter the value.\n");
        scanf("%f", &library[count++].value);
        while (getchar() != '\n')
            continue;          /* 清理输入行*/
        if (count < MAXBKS)
            printf("Enter the next title.\n");
    }
    if (count > 0)
    {
        list_book(library,count);
        list_book_title(library,count);
        list_book_value(library,count);
        /* 分别显示排序结果 */
    }
    else
        printf("No books? Too bad.\n");
    return 0;
```

```
}
void list_book(struct book library[], int count){
    /* 按输入顺序打印图书 */
    printf("Here is the list of your books:\n");
    for (int index = 0; index < count; index++)
        printf("%s by %s: $%.2f\n", library[index].title,library[index].author,
            library[index].value);
}

void list_book_title(struct book library[], int count){
    /* 按图书字母排序打印，为了不改变原输入顺序，新建了指针数组进行排序和打印 */
    char * ptitle[count];
    char *temp;
    int top, seek;

    for(int index = 0; index < count; index++)
        ptitle[index] = library[index].title;
    for(top = 0;top < count - 1; top++)
        for(seek = top + 1; seek < count; seek++)
            if(strcmp(ptitle[top],ptitle[seek]) > 0)
            {
                temp = ptitle[top];
                ptitle[top] = ptitle[seek];
                ptitle[seek] = temp;
            }
    /* 通过 ptitle 数组指向的 title 进行比较排序 */
    printf("Here is the list of your books by title :\n");
    for (int index = 0; index < count; index++)
        for (int i = 0; i < count; i++)
            if(ptitle[index] == library[i].title)
                /* 依据排序结果打印图书*/
                printf("%s by %s: $%.2f\n", library[i].title,library[i].author,
                    library[i].value);

}
void list_book_value(struct book library[], int count){
    /* 按照图书价格排序打印，为了不改变原输入顺序，新建了指针数组进行排序和打印 */
    float * pvalue[count];
    float *temp;
    int top, seek;

    for(int index = 0; index < count; index++)
        pvalue[index] = &library[index].value;
    for(top = 0;top < count - 1; top++)
        for(seek = top + 1; seek < count; seek++)
            if((*pvalue[top] > *pvalue[seek]))
            {
                temp = pvalue[top];
                pvalue[top] = pvalue[seek];
                pvalue[seek] = temp;
            }
    /* 通过 pvalue 数组进行比较和排序*/
    printf("Here is the list of your books by value :\n");
    for (int index = 0; index < count; index++)
        for (int i = 0; i < count; i++)
```

```
            if(*pvalue[index] == library[i].value)
                /* 依据排序结果打印图书 */
                printf("%s by %s: $%.2f\n", library[i].title,library[i].author,
                    library[i].value);
}

char * s_gets(char * st, int n)
{
    char * ret_val;
    char * find;
    ret_val = fgets(st, n, stdin);
    if (ret_val)
    {
        find = strchr(st, '\n');      // 查找换行符
        if (find)                      // 如果地址不是 NULL,
            *find = '\0';              // 在此处放置一个空字符
        else while (getchar() != '\n')
                continue;              // 处理输入行中剩余的字符
    }
    return ret_val;
}
```

4．编写一个程序，创建一个有两个成员的结构模板。

a．第 1 个成员是社保号，第 2 个成员是一个有 3 个成员的结构，第 1 个成员代表名，第 2 个成员代表中间名，第 3 个成员表示姓。创建并初始化一个内含 5 个该结构类型的数组。该程序以下面的格式打印数据。

```
Dribble, Flossie M.   302039823
```

如果有中间名，只打印它的第 1 个字母，后面加一个点（.）；如果没有中间名，则不用打印点。编写一个程序用于打印，把结构数组传递给这个函数。

b．修改 a 部分，传递结构的值而不是结构的地址。

编程分析：

程序要求创建一个较复杂的结构模板，因此需要使用结构的嵌套模式。通常以两种方式解决这个问题。普通类型的嵌套需要首先定义内部的结构模板，在定义外部结构时，外部结构的成员是上一个结构对象，这样需要使用两次“.”点运算符；也可以使用匿名结构进行嵌套，这样在使用过程中可以简化步骤，只需要把内部结构的成员看作多级结构即可。程序要求其他的功能较简单。完整代码如下。

```
/*
第 14 章的编程练习 4.a
*/

#include <stdio.h>
#include <stdlib.h>
#include <string.h>

struct user{
    char fname[15];
```

```
    char mname[15];
    char lname[15];
};
struct user_id{
    char sid[30];
    struct user name;
}user_list[5] = {
        {"302039823", {"Flossie", "Mike", "Dribble"}}};
/* 使用非匿名形式的嵌套，初始化第 1 个元素 */
/*
 * 下面是采用匿名结构模式定义的结构模板，两者在使用上存在区别
struct user_id{
   char sid[30];
   struct {
      char fname[15];
      char mname[15];
      char lname[15];
   };
}user_list[5] = {
      {"302039823", "Flossie", "Mike", "Dribble"}};
*/

void print_user_id(struct user_id list[],int num);
int main(int argc, char * argv[])
{
    printf("Test to printf struct contents:\n");
    print_user_id(user_list, 5);
    return 0;
}
void print_user_id(struct user_id list[],int num){
    for(int i = 0; i < num; i++ ){
        if(strlen(list[i].sid)< 9) break;
        printf("No %d: %s, ",i+1,list[i].name.lname);
        printf(" %s ",list[i].name.fname);
        if(strlen(list[i].name.mname) > 0) printf("%c. ",list[i].name.mname[0]);
        printf("-- %s",list[i].sid);
        printf("\n");
    }
}
```

b. 将函数参数修改为传递结构的值而不是结构的地址。

```
/*
第 14 章的编程练习 4.b
*/

#include <stdio.h>
#include <stdlib.h>
#include <string.h>
/*
struct user{
   char fname[15];
   char mname[15];
   char lname[15];
```

```
};
struct user_id{
   char sid[30];
   struct user name;
}user_list[5] = {
      {"302039823", {"Flossie", "Mike", "Dribble"}}};
*/
/* 使用非匿名形式的嵌套，初始化第 1 个元素 */
/*
 * 下面是采用匿名结构模式定义的结构模板，两者在使用上存在区别 */
struct user_id{
    char sid[30];
    struct {
        char fname[15];
        char mname[15];
        char lname[15];
    };
}user_list[5] = {
        {"302039823", "Flossie", "Mike", "Dribble"}};

void print_user_id(struct user_id user);
int main(int argc, char * argv[])
{
    printf("Test to printf struct contents:\n");
    print_user_id(user_list[0]);
    return 0;
}
/* chuan*/
void print_user_id(struct user_id user){
    if(strlen(user.sid)< 9) return;
    printf("USERID: %s, ",user.lname);
    printf(" %s ",user.fname);
    if(strlen(user.mname) > 0) printf("%c. ",user.mname[0]);
    printf("-- %s",user.sid);
    printf("\n");
    return;
}
```

5．编写一个满足以下要求的程序。

a．在外部定义一个有两个成员的结构模板 name，在两个成员中，一个字符串存储名，一个字符串存储姓。

b．在外部定义一个有 3 个成员的结构模板 student，这 3 个成员分别是一个 name 类型的结构、一个 grade 数组（存储 3 个浮点型分数）和一个变量（存储 3 个分数的平均数）。

c．在 main()函数中声明一个内含 CSIZE（CSIZE = 4）个 student 类型结构的数组，并初始化这些结构的名字部分。用函数执行 g、e、f 和 g 部分中描述的任务。

d．以交互的方式获取每个学生的成绩，提示用户输入学生的姓名和分数。把分数存储到 grade 数组相应的结构中。可以在 main()函数或其他函数中用循环来实现该功能。

e．计算每个结构的平均分，并把计算后的值赋给合适的成员。

f. 打印每个结构的信息。

g. 打印班级的平均分，即所有结构的数值成员的平均值。

编程分析：

题目要求编写一个结构模板，用于描述学生的姓名、成绩、平均分，并按照题目要求实现成绩录入、平均分计算等功能。程序的完整代码如下。

```
/*
第 14 章的编程练习 5
*/

#include <stdio.h>
#include <stdlib.h>
#include <string.h>
#define CSIZE 4
typedef struct{
    char fname[30];
    char lname[30];
}FULL_NAME;
/* 定义姓名结构 */
typedef struct{
    FULL_NAME name;
    float grade[3];
    float average;
}student ;
/* 定义学生的成绩表结构模板 */
void set_grade(student list[]);
/* 输入学生信息 */
void set_average(student list[]);
/* 计算平均分 */
void get_info_all(student list[]);
/* 打印学生信息 */
void get_agerage_all(student list[]);
/* 计算全体平均分 */
int main(int argc, char * argv[]){
    student student_list[CSIZE] = {};
    set_grade(student_list);
    set_average(student_list);
    get_info_all(student_list);
    get_agerage_all(student_list);
    return 0;
}

void set_grade(student list[]){
    char fname[15],lname[15];
    int i = 0;
    while(i < CSIZE){
        printf("Enter the student name(FIRST_NAME  LAST_NAME):");
        scanf("%s %s",fname,lname);
        if(strlen(fname) < 1 && strlen(lname) < 1){
            printf("Error in student name! retry!");
```

```
            printf("Enter the student name(FIRST_NAME  LAST_NAME):");
            scanf("%s %s",fname,lname);
            break;
        }
        strcpy(list[i].name.fname,fname);
        strcpy(list[i].name.lname,lname);
        /* 读取用户输入，并复制到结构变量内 */
        printf("Enter the 3 score of %s:",fname);
        scanf("%f %f %f",&list[i].grade[0],&list[i].grade[1],&list[i].grade[2]);
        i++;
        /* 读取用户输入的 3 门成绩 */
    }
}

void set_average(student list[]){
    for (int i = 0; i < CSIZE; i++) {
        list[i].average = (list[i].grade[0] + list[i].grade[1] + list[i].grade[2]) / 3;
    }
}

void get_info_all(student list[]){
    for (int i = 0; i < CSIZE; i++) {
        printf("No.%d: %s.%s : %5.2f %5.2f %5.2f, average = %5.2f\n",i, list[i].
            name.fname,
               list[i].name.lname, list[i].grade[0], list[i].grade[1], list[i].
                  grade[2], list[i].average);
    }
}

void get_agerage_all(student list[]){
    float sum = 0.0;
    for (int i = 0; i < CSIZE; ++i) {
        sum += list[i].average;
    }
    printf("Class average is %.2f\n", sum / 4);
}
```

6．一个文本文件保存了一个垒球队的信息。每行数据都这样排列。

```
4 Jessie Joybat 5 2 1 1
```

第 1 项是球员号，为方便起见，其范围是 0～18。第 2 项是球员的名。第 3 项是球员的姓。名和姓都是一个单词。第 4 项是官方统计的球员上场次数。接着的 3 项分别是击中数、走垒数和打点（Runs Battled In，RBI）。文件可能包含多场比赛的数据，所以同一位球员可能有多行数据，而且同一位球员的多行数据之间可能有其他球员的数据。编写一个程序，把数据存储到一个结构数组中。该结构中的成员要分别表示球员的名、姓、上场次数、击中数、走垒数、打点和安打率（稍后计算）。可以使用球员号作为数组的索引。该程序要读到文件结尾，并统计每位球员的各项累计总和。

世界棒球统计与之相关。例如，一次走垒和触垒中的失误不计入上场次数，但是可能产生一个 RBI。但是该程序要做的是像下面描述的一样读取和处理数据文件，不会关心数据的实际含义。

要实现这些功能，最简单的方法是把结构的内容都初始化为零，把文件中的数据读入临时变量中，然后将其加入相应的结构中。程序读完文件后，应计算每位球员的安打率，并把计算结果存储到结构的相应成员中。安打率等于球员的累计击中数除以上场累计次数。这是一个浮点计算。最后，程序结合整个球队的统计数据，一行显示一位球员的累计数据。

编程分析：

程序要求从文件读取球员的相关信息，并保存至结构数组中。

```
/*
第 14 章的编程练习 6
*/

#include <stdio.h>
#include <stdlib.h>
#include <string.h>

typedef struct{
    int id;
    char fname[20];
    char lname[20];
    int start_num;
    int hit_num;
    int base_num;
    int RBI;
    float BABIP;
}PLAYER;

PLAYER player_list[19] = {};
/* 定义结构模板和结构数组 */

void read_data(PLAYER list[],FILE* fp);
/* 读取文件信息，并保存至结构数组中 */
void set_babip(PLAYER list[]);
/* 计算结构数组信息 */
void get_info(PLAYER list[]);
/* 打印结构数组信息 */
int main(int argc, char * argv[]){
    FILE *fp;
    if ((fp = fopen("data.txt", "r")) == NULL)
    {
        printf("Can't open %s\n", "data.txt");
        exit(EXIT_FAILURE);
    }
    read_data(player_list,fp);
    set_babip(player_list);
    get_info(player_list);
    fclose(fp);
    return 0;
}
void read_data(PLAYER list[],FILE* fp){
    if(fp == NULL) {
        printf("Can not open the file. \n");
```

```
        exit(EXIT_FAILURE);
    }
    int id, start_num, hit_num, base_num, RBI;
    float BABIP;
    char fname[20], lname[20];
    int read_count = 1;
    while(1){
        read_count = fscanf(fp, "%d %s %s %d %d %d %d", &id, fname, lname, &start_
            num, &hit_num, &base_num, &RBI);
        if(read_count < 7) break;
        /* 在标准数据格式的情况下，可以直接使用 fscan()函数读取，
         * 其返回值为读取的数据的个数，这个值可以作为读取成功的判别标准 */
        strcpy(list[id].fname,fname);
        strcpy(list[id].lname,lname);
        list[id].id = id;
        list[id].start_num += start_num;
        list[id].hit_num += hit_num;
        list[id].base_num += base_num;
        list[id].RBI += RBI;
    }
}

void set_babip(PLAYER list[]){
    for (int i = 0; i < 19; i++) {
        list[i].BABIP = (float)list[i].hit_num / (float)list[i].start_num;
    }
}

void get_info(PLAYER list[]){
    printf("ID: FIRST_NAME.LAST_NAME START HIT_NUM BASE_NUM RBI BABIP\n");
    for (int i = 0; i < 19; i++) {
        printf("%2d %10s.%-10s %5d %5d %7d %6d %.2f\n", list[i].id, list[i].fname,
            list[i].lname, list[i].start_num, list[i].hit_num, list[i].base_num,
            list[i].RBI, list[i].BABIP);
    }
}
```

7. 修改程序清单 14.14，从文件中读取每条记录并显示出来，允许用户删除记录或修改记录的内容。如果删除记录，把空出来的空间留给下一个要读入的记录。要修改现有的文件内容，必须用"r+b"模式，而不是"a+b"模式。另外，必须更加注意定位文件指针，防止新加入的记录覆盖现有记录。最简单的方法是改动存储在内存中的所有数据，然后把最后的信息写入文件。跟踪的一个方法是在 book 结构中添加一个成员，用于表示是否该项被删除。

编程分析：

程序清单 14.14 的主要功能是定义了图书信息的结构，并利用该结构维护和管理个人图书系统。首先输入相关图书信息，并进行图书的维护和管理。题目要求添加相应功能，实现图书记录的删除功能。为了实现这个功能，可以在结构体中添加一个标记图书有效的成员，用于判断该条记录的有效性。在程序的其他管理功能上也需要做适当调整以匹配新功能的添加。完整代码如下。

```
/*
第 14 章的编程练习 7
```

```
*/

#include <stdio.h>
#include <stdlib.h>
#include <string.h>
#define MAXTITL 40
#define MAXAUTL 40
#define MAXBKS 20              /* 最大图书数量 */
char * s_gets(char * st, int n);
struct book{                   /* 建立 book 模板 */
    char title[MAXTITL];
    char author[MAXAUTL];
    float value;
    int delete_flag;
};
/* 添加删除标记成员 */

int main(int argc, char * argv[])
{
    struct book library[MAXBKS]; /* 结构数组 */
    int count = 0;
    int index, filecount;
    FILE * pbooks;
    int size = sizeof(struct book);
    char delete;
    if ((pbooks = fopen("book.dat", "r+b")) == NULL)
    {
        fputs("Can't open book.dat file\n", stderr);
        exit(1);
    }
    rewind(pbooks);         /* 定位到文件开始 */
    while (count < MAXBKS && fread(&library[count], size, 1, pbooks) == 1)
    /* 添加标志位，并不影响数据的读取功能，fread()函数按照结构体 book 的存储空间大小
     * 依次读取相同字节。可参见语句 int size = sizeof(struct book);*/
    {
        if (count == 0)
            puts("Current contents of book.dat:");
        printf("%s by %s: $%.2f\n", library[count].title, library[count].author,
            library[count].value);
        count++;
    }
    filecount = count;
    if (count == MAXBKS)
    {
        fputs("The book.dat file is full.", stderr);
        exit(2);
    }
    printf("Do you want to modefy library?(y/n):");
    scanf("%c",&delete);
    if(delete == 'y'){
        for(int i = 0;i < count; i++){
            printf("%s by %s: $%.2f\n", library[i].title, library[i].author, library
                [i].value);
            while(getchar() != '\n') continue;
            puts("Do you want to deleet this book ?(Y/N).");
```

```
            scanf("%c",&delete);
            if(delete == 'y') library[i].delete_flag = 1;
        }
    }
    /* 为了修改原数组，可以设置其标记位，表明它被删除。在要添加记录信息时，可通过改标记覆盖旧数据*/

    while(getchar() != '\n') continue;
    puts("Please add new book titles.");
    puts("Press [enter] at the start of a line to stop.");
    while (count < MAXBKS && s_gets(library[count].title, MAXTITL) != NULL&&library
        [count].title[0] != '\0' && library[count].delete_flag != 1)
    {
        puts("Now enter the author.");
        s_gets(library[count].author, MAXAUTL);
        puts("Now enter the value.");
        scanf("%f", &library[count].value);
        library[count++].delete_flag = 0;
        while (getchar() != '\n')
            continue;       /* 清理输入行 */
        if (count < MAXBKS)
            puts("Enter the next title.");
    }
    /* 记录新信息可以覆盖被删除信息 */
    rewind(pbooks);        /* 定位到文件开始 */
    if (count > 0)
    {
        puts("Here is the list of your books:");
        for (index = 0; index < count; index++)
            if(library[index].delete_flag != 1){
                printf("%s by %s: $%.2f\n", library[index].title, library[index].
                    author, library[index].value);
                fwrite(&library[filecount],size,count - filecount,pbooks);
            }
    }
    /* 在保存数据时，忽略被标记为“删除”的信息 */
    else
        puts("No books? Too bad.\n");
    puts("Bye.\n");
    return 0;
}

char * s_gets(char * st, int n)
{
    char * ret_val;
    char * find;
    ret_val = fgets(st, n, stdin);
    if (ret_val)
    {
        find = strchr(st, '\n');     // 查找换行符
        if (find)                    // 如果地址不是 NULL,
            *find = '\0';            // 在此处放置一个空字符
        else while (getchar() != '\n')
                continue;            // 清理输入行
```

```
    }
    return ret_val;
}
```

8. 巨人航空公司的机群由 12 个座位的飞机组成。它每天飞一个航班。根据下面的要求，编写一个座位预订程序。

a．该程序使用一个内含 12 个结构的数组。每个结构中包括 4 个成员。其中，一个成员表示座位编号，一个成员表示座位是否已被预订，一个成员表示预订人的名，一个成员表示预订人的姓。

b．该程序显示下面的菜单。

To choose a function, enter its letter label:

a) Show number of empty seats

b) Show list of empty seats

c) Show alphabetical list of seats

d) Assign a customer to a seat assignment

e) Delete a seat assignment

f) Quit

c．该程序能成功执行上面给出的菜单。选择 d)和 e)会提示用户进行额外的输入，每个选项都能让用户中止输入。

d．执行特定程序后，该程序再次显示菜单，除非用户选择 f)。

编程分析：

题目要求设计一个程序，实现航空公司的座位预订功能。其主要功能为显示空余座位、客户预订、客户取消、查询等。为了实现该功能，需要设计一个结构模板，以表示座位信息和预订客户的基本信息，并创建一个结构数组，描述一架航班的所有座位的预订情况。与编程练习 7 类似，管理座位预订使用了一个标志成员，表示预订有效或者可使用这两种情况。完整代码如下。

```
/*
第 14 章的编程练习 8
*/

#include <stdio.h>
#include <stdlib.h>
#include <string.h>

struct seat{
    int id;
    int booked;
    char fname[20];
    char lname[20];
}list[12] = {};
```

```
/* 定义了航班的座位信息，booked 是表示是否预订的标记位 */
void show_menu(void);
void get_empty(struct seat list[]);
/* 显示空余座位数量 */
void show_empty(struct seat list[]);
/* 显示空余座位的编号信息 */
void show_booked(struct seat list[]);
/* 显示已经预订的座位信息和客户信息 */
void book_seat(struct seat list[]);
/* 预订座位 */
void cancel_book(struct seat list[]);
/* 取消预订 */

int main(int argc, char * argv[]){
    char selected;
    show_menu();
    while((selected = getchar() )!= 'f'){
        switch(selected){
            case 'a':
                get_empty(list);
                break;
            case 'b':
                show_empty(list);
                break;
            case 'c':
                show_booked(list);
                break;
            case 'd':
                book_seat(list);
                break;
            case 'e':
                book_seat(list);
                break;
            default:
                break;
        }
        while(getchar() != '\n') continue;
        show_menu();
    }
    return 0;
}

void show_menu(void){
    puts("To choose a function, enter its letter label: ");
    puts("a) Show number of empty seats ");
    puts("b) Show list of empty seats ");
    puts("c) Show alphabetical list of seats ");
    puts("d) Assign a customer to a seat assignment ");
    puts("e) Delete a seat assignment");
    puts("f) Quit");
}

void get_empty(struct seat list[]){
```

```
    int sum = 0;
    for (int i = 0; i < 12; ++i) {
        if(list[i].booked == 0) sum++;
    }
    printf("There are %d seats empty\n", sum);

}
void show_empty(struct seat list[]){
    printf("Empty list:");
    for (int i = 0; i < 12; ++i) {
        if(list[i].booked == 0)
            printf("%d ", (i+1));
    }
    putchar('\n');
}

void show_booked(struct seat list[]){
    struct seat* ptstr[12];
    for(int i = 0; i < 12; i++){
        ptstr[i] = &list[i];
    }
    int top, seek;
    struct seat* temp;
    for(top = 0 ;top < 12 - 1;top++){
        for(seek = top + 1;seek < 12; seek++){
            if(strcmp(ptstr[top]->fname,ptstr[seek]->fname) > 0){
                temp = ptstr[top];
                ptstr[top] = ptstr[seek];
                ptstr[seek] = temp;
            }
        }
    }
    puts("Alphabetical list:");
    for (int i = 0; i < 12; ++i) {
        if(ptstr[i]->booked == 1){
            printf("Seat No:%d book by %s.%s\n",(i+1), ptstr[i]->fname, ptstr[i]->lname);
        }
    }
}
void book_seat(struct seat list[]){
    int id;
    char fname[20],lname[20];
    show_empty(list);
    puts("Please select the seat:");
    scanf("%d",&id);
    if(list[id-1].booked == 1){
        puts("Error selected.");
        return;
    }
    list[id-1].id = id;
    puts("Please input you FIRST_NAME LAST_NAME.");
    scanf("%s %s",fname,lname);
    strcpy(list[id].fname,fname);
    strcpy(list[id].lname,lname);
    list[id-1].booked = 1;
```

```
        puts("Booked!");
    }
    void cancel_book(struct seat list[]){
        show_booked(list);
        int id;
        puts("Please select the seat to cancel:");
        scanf("%d",&id);
        if(list[id-1].booked == 0){
            puts("Error selected.");
            return;
        }
        list[id-1].booked = 0 ;
    }
```

9. 巨人航空公司（编程练习 8）需要另一架飞机（容量相同），每天飞 4 班（航班 102、311、444 和 519）。把程序扩展为可以处理 4 个航班。一个顶层菜单负责航班选择和退出。选择一个特定航班，就会出现和编程练习 8 类似的菜单。但是该菜单中要添加一个新选项，用于确认座位分配。同时，菜单中的 Quit 选项会返回顶层菜单。每次显示都要指明当前正在处理的航班号。另外，座位分配显示要指明确认状态。

编程分析：

题目要求修改编程练习 8 的程序代码，实现 4 个航班的座位预订和管理。因此需要将原结构数组拓展成二维数组的形式以分别进行管理。通过菜单可以让用户选择和显示当前处理的航班号。在其他功能不变的基础上升级该程序时，需要注意原处理函数的参数以及数组元素的表示方式。完整的代码如下。

```
/*
第 14 章的编程练习 9
*/

#include <stdio.h>
#include <stdlib.h>
#include <string.h>

struct seat{
    int id;
    int booked;
    char fname[20];
    char lname[20];
}list[4][12] = {};
void show_menu(void);
void get_empty(struct seat list[]);
void show_empty(struct seat list[]);
void show_booked(struct seat list[]);
void book_seat(struct seat list[]);
void cancel_book(struct seat list[]);

int main(int argc, char * argv[]){
    char selected;
    int air_no;
    printf("Please select airplane No1(102,311,444,519):");
    scanf("%d",&air_no);
```

```
    while(air_no == 102 || air_no == 311 || air_no == 444 || air_no == 519 ){
        if(air_no == 102) { printf("Now you select Air %d:\n",air_no); air_no = 0;}
        if(air_no == 311) { printf("Now you select Air %d: \n",air_no); air_no = 1;};
        if(air_no == 444) { printf("Now you select Air %d: \n",air_no); air_no = 2;};
        if(air_no == 519) { printf("Now you select Air %d: \n",air_no); air_no = 3;};
        while(getchar() != '\n') continue;
        show_menu();
        while((selected = getchar() )!= 'f'){
            switch(selected){
                case 'a':
                    get_empty(list[air_no]);
                    break;
                case 'b':
                    show_empty(list[air_no]);
                    break;
                case 'c':
                    show_booked(list[air_no]);
                    break;
                case 'd':
                    book_seat(list[air_no]);
                    break;
                case 'e':
                    book_seat(list[air_no]);
                    break;
                default:
                    break;
            }

            show_menu();
        }
        while(getchar() != '\n') continue;
        printf("Please select airplane No1((102,311,444,519)):");
        scanf("%d",&air_no);
    }
    puts("All done");
    return 0;
}

void show_menu(void){
    puts("To choose a function, enter its letter label: ");
    puts("a) Show number of empty seats ");
    puts("b) Show list of empty seats ");
    puts("c) Show alphabetical list of seats ");
    puts("d) Assign a customer to a seat assignment ");
    puts("e) Delete a seat assignment");
    puts("f) Quit");
}

void get_empty(struct seat list[]){
    int sum = 0;
    for (int i = 0; i < 12; ++i) {
        if(list[i].booked == 0) sum++;
    }
    printf("There are %d seats empty\n", sum);
```

```
}
void show_empty(struct seat list[]){
    printf("Empty list:");
    for (int i = 0; i < 12; ++i) {
        if(list[i].booked == 0)
            printf("%d ", (i+1));
    }
    putchar('\n');
}

void show_booked(struct seat list[]){
    struct seat* ptstr[12];
    for(int i = 0; i < 12; i++){
        ptstr[i] = &list[i];
    }
    int top, seek;
    struct seat* temp;
    for(top = 0 ;top < 12 - 1;top++){
        for(seek = top + 1;seek < 12; seek++){
            if(strcmp(ptstr[top]->fname,ptstr[seek]->fname) > 0){
                temp = ptstr[top];
                ptstr[top] = ptstr[seek];
                ptstr[seek] = temp;
            }
        }
    }
    puts("Alphabetical list:");
    for (int i = 0; i < 12; ++i) {
        if(ptstr[i]->booked == 1){
            printf("Seat No:%d book by %s.%s\n",(i+1), ptstr[i]->fname, ptstr[i]->lname);
        }
    }
}
void book_seat(struct seat list[]){
    int id;
    char fname[20],lname[20];
    show_empty(list);
    puts("Please select the seat:");
    scanf("%d",&id);
    if(list[id-1].booked == 1){
        puts("Error selected.");
        return;
    }
    list[id-1].id = id;
    puts("Please input you FIRST_NAME LAST_NAME.");
    scanf("%s %s",fname,lname);
    strcpy(list[id].fname,fname);
    strcpy(list[id].lname,lname);
    list[id-1].booked = 1;
    puts("Booked!");
}
void cancel_book(struct seat list[]){
    show_booked(list);
    int id;
```

```
    puts("Please select the seat to cancel:");
    scanf("%d",&id);
    if(list[id-1].booked == 0){
        puts("Error selected.");
        return;
    }
    list[id-1].booked = 0 ;
}
```

10. 编写一个程序，通过一个函数指针数组实现菜单。例如，若选择菜单中的 a，将激活该数组中第 1 个元素指向的函数。

编程分析：

题目要求使用函数指针数组来实现函数选择并调用的功能。函数指针的定义中需要注意函数的参数和返回值，因为要求实现函数指针的数组，所以该数组内每一个函数指针指向的函数都应该有相同的参数列表形式和返回值形式。

```
/*
第 14 章的编程练习 10
*/

#include <stdio.h>
#include <stdlib.h>
#include <string.h>
void function_a (char c);
void function_b (char c);
void function_c (char c);
int main(int argc, char * argv[]){
    void (* pf[3])(char);
    pf[0] = function_a;
    pf[1] = function_b;
    pf[2] = function_c;
    char ch;
    printf("a) Function A.   b) Function B.  c)Function C. q)Quit\n");
    printf("Enter a, b, c or q:");
    scanf("%c", &ch);
    while( ch != 'q')
    {
        while(getchar()!='\n') continue;
        switch(ch)
        {
            case 'a':
                pf[0](ch);
                break;
            case 'b':
                pf[1](ch);
                break;
            case 'c':
                pf[2](ch);
                break;
            default:
                break;
        }
```

```
        printf("a) Function A.   b) Function B.  c)Function C. q)Quit\n");
        printf("Enter a, b, c or q:");
        scanf("%c", &ch);

    }
    printf("Done!\n");
    return 0;
}

void function_a (char c){
    printf("This is function_a  you select %c\n", c);
}

void function_b (char c){
    printf("This is function_b, you select %c\n", c);
}
void function_c (char c){
    printf("This is function_c  you select %c\n", c);
}
```

11．编写一个名为transform()的函数，该函数接受4个参数，分别是内含double类型数据的源数组名、内含double类型数据的目标数组名、一个表示数组元素个数的int类型参数、函数名（或等价的函数指针）。transform()函数应把指定函数应用于源数组中的每个元素，并把返回值存储在目标数组中。例如：

```
transform(source, target, 100, sin);
```

该声明会把target[0]设置为sin(source[0])，等等，共有100个元素。在一个程序中调用transform() 4次，以测试该函数。分别以math.h函数库中的两个函数以及自定义的两个函数作为参数。

编程分析：

题目要求编写transform()函数，其参数包含一个函数指针，这样可以让transform()函数在函数内部调用实参的函数名进行计算。函数的其他参数为待计算的数组和存储对应计算结果的数组。需要注意的是，这样的函数指针的形式要求指针指向的函数的参数和返回值一致。完整代码如下。

```
/*
第14章的编程练习11
*/

#include <stdio.h>
#include <stdlib.h>
#include <string.h>
#include <math.h>
#define LENGTH 10
void transform(double src[], double tar[], int n, double (*func)(double));

int main(int argc, char * argv[])
{
    double source[LENGTH], target[LENGTH];
    for (int i = 0; i < LENGTH; i++) {
```

```
        source[i] = i;
    }
    printf("The source data is:\n");
    for (int i = 0; i < LENGTH; i++) {
        printf("%5g",source[i]);
    }
    printf("\n");

    transform(source, target, LENGTH, sin);

    printf("The target sin data is:\n");
    for (int i = 0; i < LENGTH; i++) {
        printf("%g  ",target[i]);
    }
    printf("\n");

    transform(source, target, LENGTH, cos);

    printf("The target cos data is:\n");
    for (int i = 0; i < LENGTH; i++) {
        printf("%g  ",target[i]);
    }
    printf("\n");

    return 0;
}
void transform(double src[], double tar[], int n, double (*func)(double)){
    for (int i = 0; i < n; ++i) {
        tar[i] = func(src[i]);
    }
}
```

第 15 章 位操作

本章知识点总结

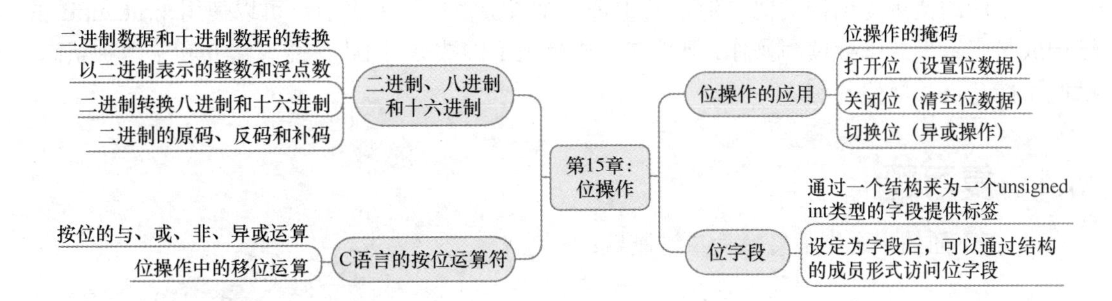

15.1 二进制数的表示

计算机系统是以二进制形式存储和操作数据的。其中一个数字（0 或者 1）称为 1 位，8 位称为 1 字节。直接按转换规则将十进制转换成二进制的数据叫作二进制的原码。但是计算机系统为了区分有符号数、无符号数，并提高各类运算的效率，通常在计算机内部使用补码形式进行运算。不同进制中进制越小，表达同一个数字需要的数位越多。为了简化程序设计中的二进制数据书写表示，可以使用较高的进制，如八进制和十六进制，其中每 3 位二进制数字组合在一起可转换成八进制数据，每 4 位二进制数字组合在一起可转换成十六进制数据。

15.2 C 语言中的位运算

C 语言中的位运算是指对整型数据按位（0 或者 1）进行运算的方式。主要的运算符由按位取反运算符（~）、按位与（&）、按位或（|）和按位异或（^）。程序设计中要注意区分位运算符与逻辑运算符的区别。针对二进制位，还有两个移位运算符，分别是左移位（<<，将无符号二进制数据整体向左移动，最左侧数据丢弃，右侧补 0）和右移位（>>，将无符号二进制数据整体向右移动，最右侧数据丢弃，左侧补 0）运算符。移位运算符是二元运算符，运算符左侧是待移位数据，右侧是移动的位数。

15.3 位运算的应用

计算机硬件系统使用的数字电路中使用数位作为硬件开关标记，因此程序设计中通常使用位操作来控制硬件开关。此外，通过位操作设定的标记位也能够大幅提高数据的表达效率。通常掩码、数位清空、开关设置等，都是通过设置指定位上的数据作为标记位来实现

的。在数位读取和设置中通常使用赋值运算符（&=、~=、|=、^=、<<=、>>=）。具体位运算的应用在复习题中会有详细说明。

通过位运算实现的标记位是操作、控制数位的一种方式。此外，也可以使用位字段来进行数位操作。位字段是通过一个结构，在 signed int 或者 unsigned int 类型变量中的相邻位上实现的标签设计。例如：

```
struct{
unsigned int autfd :1;
unsigned int bldfc : 2;
} prnt;
```

位字段的使用与结构类似，但是其中每一个成员都以位来表示。可以使用 prnt.autfd 的结构成员表示形式进行读写操作，但是这个成员是 1 位数据，因此只能表达 0 和 1 两种状态，赋值不能超过其取值范围。

15.4　复习题

1．把下面的十进制数转换为二进制数：

a．3；　　b．13；　　c．59；　　d．119。

分析与解答：

十进制整数到二进制数据的转换通常使用除以 2 取余的方法，在不够位数的情况下可以在前面补 0。转换结果如下：

a．0000 0011；　　b．0000 1101；　　c．0011 1011；　　d．0111 0111。

2．将下面的二进制值转换为十进制、八进制和十六进制的形式：

a．00010101；　　b．01010101；　　c．01001100；　　d．10011101。

分析与解答：

二进制数据到十进制数据的转换直接将位值相加；为了从二进制数据转换成八进制数据，通常从右向左，3 位二进制一组进行转换。为了把二进制数据转换成十六进制数据通常从右向左，4 位二进制一组进行转换。转换结果如下：

a．21(D)　025(O) 0x15(H)；　　b．85(D) 0125(O) 0x55 (H)；

c．76(D) 0114(O) 0x4C(H)；　　d．157(D) 0235(O) 0x9D(H)。

3．对下面的表达式求值，假设每个值都为 8 位：

a．~3；　　b．3 & 6；　　c．3 | 6；　　d．1 | 6；

e．3 ^ 6；　　f．7 >> 1；　　g．7 << 2。

分析与解答：

- ~3，表示将十进制 3 按位取反。~(0000 0011)，得到结果 1111 1100，即 252。
- 3 & 6，按位与运算，即(0000 0011) & (0000 0110)，得到结果 0000 0010，即 2。
- 3 | 6，按位或运算，即(0000 0011) | (0000 0110)，得到结果 0000 0111，即 7。

- 1 | 6，按位或运算，即(0000 0001) | (0000 0110)，得到结果 0000 0111，即 7。
- 3 ^ 6，按位异或运算，即(0000 0011) | (0000 0110)，得到结果 0000 0101，即 5。
- 7 >> 1，右移位运算，即(0000 0111) >> 1，得到结果 0000 0011，即 3。
- 7 << 2，左移位运算，即(0000 0111) << 2，得到结果 0001 1100，即 28。

4．对下面的表达式求值，假设每个值都为 8 位：

a．~0；　b．!0；　c．2 & 4；　d．2 && 4；

e．2 | 4；　f．2 || 4；　g．5 << 3。

分析与解答：

- ~0，表示对 0 按位取反，得到 1111 1111，即十进制 255。
- !0，!表示逻辑取反运算，并非位操作符号，因此表示对 0（假）取反即为真，值为 1（真）。
- 2&4，表示按位与运算，表示(0000 0010) & (0000 0100)，结果为 0000 0000，即 0。
- 2 && 4，&&表示逻辑与运算，2、4 均为真（非 0），因此 2 && 4 结果为 1（真）。
- 2 | 4，表示按位或运算，表示(0000 0010) | (0000 0100)，结果为 0000 0110，即 6。
- 2 || 4，||表示逻辑或操作，2、4 均为真（非 0），因此 2 || 4 结果为 1（真）。
- 5 << 3，左移位操作，表示(0000 00101) << 3，结果为(0010 0100)，即 40。

5．因为 ASCII 码只使用最后 7 位，所以有时需要用掩码关闭其他位，其相应的二进制掩码是什么？分别用十进制、八进制和十六进制来表示这个掩码。

分析与解答：

掩码是指通过二进制的位操作隐藏或者关闭某些数位上的数据，ASCII 码只使用后 7 位，最高位保留不用。因此其掩码只需要使最高位为 0，其余位为 1，即用(0111 1111)表示，这样就可以在按位与操作（使用掩码）中，隐藏最高位，保留其他位的数值。转换成其他进制分别是 127(D)、0177(O)、0x7F(H)。

6．程序清单 15.2 中，把下面的代码

```
while (bits-- > 0)
{
    mask |= bitval;
    bitval <<= 1;
}
```

替换成以下内容后，程序照常工作。

```
while (bits-- > 0)
{
    mask += bitval;
    bitval *= 2;
}
```

这是否意味着*=2 等同于<<=1？+=是否等同于|=？

分析与解答：

移位运算符等价于快速的乘法和除法运算，其中左移位 *n* 位等价于乘以 2 的 *n* 次幂；右移位 *n* 位等价于除以 2 的 *n* 次幂（被移位数非负）。因此，*=2 等同于 <<= 1。

但是+=与|=并不等同。两者只能在没有相同位数相等时才结果相同，即本质上在于|=不会产生进位效果。

7．a．Tinkerbell 计算机有一个可读取到程序中的硬件字节。该字节包含以下信息：

位	含义
0～1	1.4MB 软盘驱动器的数量
2	未使用
3～4	CD-ROM 驱动器的数量
5	未使用
6～7	硬盘驱动器的数量

Tinkerbell 计算机和 IBM PC 一样，从右往左填充结构位字段。创建一个适合存放这些信息的位字段模板。

b．Klinkerbell 计算机与 Tinkerbell 计算机类似，但是前者从左往右填充结构位字段。请为 Klinkerbell 计算机创建一个相应的位字段模板。

分析与解答：

在位字段的定义中，对于位使用的存储位数，使用未命名的字段宽度来进行填充。从右向左填充和从左向右填充在定义位字段时顺序相反。因此定义方式如下。

```
struct Tinkerbell_dirver {
    unsigned int fd_num : 2; //软盘
    unsigned int         : 1;
    unsigned int cd_num : 2; //CD-ROM磁盘
    unsigned int         : 1;
    unsigned int hd_num : 2; //硬盘
};

struct Klinkerbell_dirver {
    unsigned int hd_num : 2; //硬盘
    unsigned int  : 1;
    unsigned int cd_num : 2; //CD-ROM磁盘
    unsigned int      : 1;
    unsigned int fd_num : 2; //软盘
};
```

15.5　编程练习

1．编写一个函数，把二进制字符串转换为一个数值。例如，假设有下面的语句，那么把 pbin 作为参数传递给该函数后，它应该返回一个 int 类型的值 25。

```
char * pbin = "01001001";
```

编程分析：

程序的功能是将二进制的字符串转换成十进制数值，基本方法是按位乘以二进制的位值之后求和。转换中可以分别通过字符串从高位到低位的累加方式进行，也可以逆序从低位到高位累加。两者在实际操作上略有差异，从低位开始累加需要通过 strlen()函数获取二进制字符串的位数，从高位开始累加可以直接通过循环出口省略该步骤。完整代码如下。

```
/*
第 15 章的编程练习 1
*/
#include <stdio.h>
#include <stdlib.h>
#define SIZE 32
int bstoi(char *st);
int main(void)
{
    char input[SIZE];
    printf("Enter a binary string:");
    scanf("%s",input);
    printf("%d\n", bstoi(input));
    return 0;
}
int bstoi(char *st){
    int sum = 0;
    while(*st != '\0'){
        sum *= 2;
        sum += *st++ - '0';
    }
    /* 通过循环使每一位上的值都持续乘以 2，最终实现位值上
     * 数据的持续增长，该方法是从高位开始累加的 */
    return sum;
}
```

2．编写一个程序，通过命令行参数读取两个二进制字符串，对这两个二进制数使用~运算符、&运算符、|运算符和^运算符，并以二进制字符串形式打印结果（如果无法使用命令行环境，可以通过交互让程序读取字符串）。

编程分析：

题目要求程序通过命令行参数读取两个二进制数据（以字符串表示），并对两个二进制数据进行位运算。程序首先应当将命令行参数的字符串转换成二进制数据，并进行位运算，最后再转换回字符串输出。部分函数设计可以参考程序清单 15.1。完整代码如下。

```
/*
第 15 章的编程练习 2
*/

#include <stdio.h>
#include <stdlib.h>
#include <string.h>
#include <limits.h>
#define SIZE 32

int bstoi(char *st);
```

```
char* itobs(int n, char *ps);

int main(int argc, char *argv[]){
    if(argc != 3)
    {
        printf("Usage:%s binary_string binary_string. \n", argv[0]);
        exit(EXIT_FAILURE);
    }
    char bs[SIZE] = {};
    int result = 0;
    result = (~bstoi(argv[1]));
    itobs(result ,bs);
    printf("~%s result is : %s\n",argv[1],bs);
    /* 按位取反，并输出结果 */
    result = (~bstoi(argv[2]));
    itobs(result ,bs);
    printf("~%s result is : %s\n",argv[2],bs);

    result = (bstoi(argv[1])&bstoi(argv[2]));
    itobs(result ,bs);
    printf("%s & %s result is : %s\n",argv[1],argv[2],bs);
    /* 进行位与操作，并输出 */

    result = (bstoi(argv[1])|bstoi(argv[2]));
    itobs(result ,bs);
    printf("%s | %s result is : %s\n",argv[1],argv[2],bs);
    /* 进行位或操作，并输出 */
    result = (bstoi(argv[1])^bstoi(argv[2]));
    itobs(result ,bs);
    printf("%s ^ %s result is : %s\n",argv[1],argv[2],bs);
    /* 进行异或操作，并输出 */
    return 0;
}
int bstoi(char *st){
    /* 为了将字符串转换成整数，函数需要进行二进制位数据的检测 */
    int sum = 0;
    while(*st != '\0'){
        sum *= 2;
        if(*st != '0' && *st != '1'){
            printf("The argument shoule be binary. \n");
            exit(EXIT_FAILURE);
        }
        sum += *st++ - '0';
    }
    return sum;
}

char* itobs(int n, char *ps){
    /* 将整数转换成字符串输出 */
    int i;
    const static int size = CHAR_BIT * sizeof(int);
    /* CHAR_BIT 宏表示 char 中的位数，size 表示 int 类型的位数 */
    for(i = size - 1 ;i >= 0; i--, n >>= 1)
        ps[i] = (01 & n) + '0';
    ps[size] = '\0';
```

```
    return ps;
}
```

3. 编写一个函数，接受一个 int 类型的参数，并返回该参数中打开位的数量。在一个程序中测试该函数。

编程分析：

函数的功能是计算一个整型数据中打开位的数量。其中打开位是指函数的参数转换为二进制后，指定的数据位为 1 即为打开位。判断方式可以采用“&”（与）操作，通过移位逐次判断整型数据的最后一位上的数据是否为 1。完整代码如下。

```
/*
第 15 章的编程练习 3
*/

#include <stdio.h>
#include <stdlib.h>
#include <string.h>
#include <limits.h>

int switch_count(int n);
int main(int argc, char *argv[])
{
    if(argc != 2)
    {
        printf("Usage:%s numerical.\n", argv[0]);
        exit(EXIT_FAILURE);
    }
    int i = atoi(argv[1]);
    /* 将命令行参数转换为整型数据 */
    printf("The switch bit of %d is %d.\n",i,switch_count(i));
    return 0;
}

int switch_count(int n){
    const static int size = CHAR_BIT * sizeof(int);
    /* 确定整型数据的位数 */
    int sum = 0;
    for (int i = 0; i < size; i++){
        if(n & 1)  sum++;
        n >>= 1;
        /* 对参数 n 与 1 进行与操作，判断最后一位是否为 1，并向右移位 */
    }
    return sum;
}
```

4. 编写一个程序，接受两个 int 类型的参数：一个是值；一个是位的位置。如果指定位的位置为 1，该函数返回 1；否则，返回 0。在一个程序中测试该函数。

编程分析：

程序的功能是判断指定位位置的值，实现方式是通过移位指定位数，再和 1 进行与操作进行。在程序需要检测指定位的值时，对于指定位置可以使用固定掩码进行“与”

操作，但是对于题目类型中的不确定位置，掩码设置会过于复杂，而移位操作之后再进行检测会更加灵活。完整的代码如下。

```
/*
第 15 章的编程练习 4
*/

#include <stdio.h>
#include <limits.h>

int get_bit(int n, int pos);

int main(int argc, char *argv[])
{
    int i, pos;
    printf("Enter the a number and a position.:");
    scanf("%d %d", &i, &pos);
    printf("the %d position of %d is %d\n",pos,i,get_bit(i, pos));
    return 0;
}

int get_bit(int n, int pos){
    const static int size = CHAR_BIT * sizeof(int);
    if(pos >size || pos < 0){
        printf("Error position.\n");
        return -1;
    }/* 判断输入参数 */
    if(1&(n>>pos))
        return 1;
    /* 移位并且通过与判断 pos 位置上的值 */
    else return 0;
}
```

5. 编写一个函数，把一个 unsigned int 类型值中的所有位向左旋转指定的位。例如，`rotate_l(x, 4)`把 x 中所有位向左移动 4 个位置，而且从最左端移出的位会重新出现在右端。也就是说，把从高阶位移出的位放入低阶位。在一个程序中测试该函数。

编程分析：

程序要求在对数据移位的过程中，空位不是补 0，而是将移出位的数据补入空位。为了解决这个问题，基本算法是首先保存移出位的数据，即一次移出 1 位并读取数值，然后再将该数值设置到反方向的空位。完整代码如下。

```
/*
第 15 章的编程练习 5
*/

#include <stdio.h>
#include <limits.h>

int rotate_l(int n, int length);
int main(int argc, char *argv[])
{
```

```
    int i, length;
    printf("Enter the a number and a move bit:");
    scanf("%d %d",&i,&length);
    printf("the %d move  %d bit, result is %d\n",i,length,rotate_l(i, length));
    return 0;
}
int rotate_l(int n, int length){
    const static int size = CHAR_BIT * sizeof(int);
    if(length >size || length < 0){
        printf("Error length.\n");
        return 0;
        /* 判断输入参数 */
    }
    for (int i = 0; i < length; i++) {
        if(n&(1<<(size - 1))){
            /* 先读取将要被移出的数据，即把最高位设置为 1，并与 n 进行
             * 与操作。如果结果为 0，则直接移位；如果为 1，则移位，并在左侧置 1*/
            n <<=1;
            n |=1;
        }else{
            n <<=1;
        }
    }
    return n;
}
```

6．设计一个位字段结构以存储下面的信息。

- 字体 ID：0～255 的一个数。
- 字体大小：0～127 的一个数。
- 对齐：0～2 的一个数，表示左对齐、居中、右对齐。
- 加粗：开（1）或闭（0）。
- 斜体：开（1）或闭（0）。

在一个程序中使用该结构来打印字体参数，并使用循环菜单来让用户改变参数。例如，该程序的一个运行示例如下。

```
ID      SIZE    ALIGN   B       I       U
1       12      left    off     off     off
f)change font    s)change size    a)change alignment
b)toggle bold    i)toggle italic  u)toggle underline
q)quit
s
Enter font size (0-127):36


ID      SIZE    ALIGN   B       I       U
1       36      left    off     off     off
f)change font    s)change size    a)change alignment
b)toggle bold    i)toggle italic  u)toggle underline
q)quit
a
Select alignment:
```

```
0)left    1)center    2)right
r


ID       SIZE     ALIGN    B        I        U
1        36       left     off      off      off
f)change font    s)change size    a)change alignment
b)toggle bold    i)toggle italic  u)toggle underline
q)quit
i


ID       SIZE     ALIGN    B        I        U
1        36       left     off      on       off
f)change font    s)change size    a)change alignment
b)toggle bold    i)toggle italic  u)toggle underline
q)quit
q
Bye!
```

编程分析：

题目要求通过位字段，设计一个保存相关字体信息的结构。题目对各字段的位数通过取值范围进行了表述，因此结构可以设计为：

```
struct font{
    unsigned int id        : 8;
    unsigned int size      : 7;
    unsigned int align     : 2;
    unsigned int bold      : 1;
    unsigned int italic    : 1;
    unsigned int underline : 1;
}
```

程序通过用户选择的菜单，对该结构的位字段进行设定、切换等。完整代码如下。

```
/*
第 15 章的编程练习 6
*/

#include <stdio.h>
#include <stdlib.h>
#include <string.h>
#include <limits.h>

struct font{
    unsigned int id         : 8;
    unsigned int size       : 7;
    unsigned int align      : 2;
    unsigned int bold       : 1;
    unsigned int italic     : 1;
    unsigned int underline  : 1;
}font_mode = {1, 12, 0, 0, 0, 0};
/* 初始化字体结构的数据 */
const char align[][8] = {"left", "center", "right"};
const char on_off[][4] = {"off", "on"};
/* 设定字段与字符串的对应关系，菜单用于显示与输出 */

void show_menu(void);
```

```
void change_font(void);
void change_size(void);
void change_align(void);
void change_others(char ch);

int main(int argc, char *argv[])
{
    char selected;
    show_menu();
    scanf("%c",&selected);
    while(selected != 'q')
    {
        while (getchar() != '\n') continue;
        switch (selected)
        {
            case 'f':
                change_font();
                break;
            case 's':
                change_size();
                break;
            case 'a':
                change_align();
                break;
            default:
                change_others(selected);
                break;
        }
        show_menu();
        scanf("%c",&selected);
    }

}
void show_menu(void)
{
    printf("ID       SIZE     ALIGN    B        I        U\n");
    printf("%-8d%-8d%-8s%-8s%-8s%-8s\n", font_mode.id, font_mode.size, align[font_mode.
        align], on_off[font_mode.bold], on_off[font_mode.italic], on_off[font_mode.
        underline]);
    printf("f)change font    s)change size    a)change alignment\n");
    printf("b)toggle bold    i)toggle italic  u)toggle underline\n");
    printf("q)quit\n");
}
void change_font(void)
{
    unsigned int n;
    printf("Enter font id (0-255):");
    scanf("%u", &n);
    while (getchar() != '\n') continue;
    font_mode.id = n;
    /* 通过结构变量直接赋值*/
}
void change_size(void)
{
    unsigned int n;
    printf("Enter font size (0-127):");
```

```
    scanf("%u", &n);
    while (getchar() != '\n') continue;
    font_mode.size = n;
}
void change_align(void)
{
    char ch;
    printf("Select alignment:\nl)left    c)center    r)right\n");
    scanf("%c", &ch);
    while (getchar() != '\n') continue;
    if(ch =='l')font_mode.align = 0;
    if(ch =='c')font_mode.align = 1;
    if(ch =='r')font_mode.align = 2;
}
void change_others(char ch)
{
    if(ch == 'b')
        font_mode.bold = !font_mode.bold;
    if(ch =='i')
        font_mode.italic = !font_mode.italic;
    if(ch =='u')
        font_mode.underline = !font_mode.underline;
    /* 一位数据可以直接通过取反进行设置 */
}
```

7．编写一个与编程练习 6 功能相同的程序，使用 unsigned long 类型的变量存储字体信息，并且使用按位运算符而不是位成员来管理这些信息。

编程分析：

题目要求改写编程练习 6 中的程序，将位字段改写成 unsigned long 类型，并通过位运算的形式来实现原有的功能。因此改编的难点在于重新计算每一个功能描述字段的掩码。从右向左分别是字体 ID、字号、对齐、粗体、斜体和下划线。根据每个功能所占的位数，可以计算出其掩码。

```
#define ID_MASK            0XFF
#define SIZE_MASK          0X7F00
#define ALIGN_MASK         0X18000
#define BOLD_MASK       0X20000
#define ITALIC_MASK        0X40000
#define UNDER_MASK         0X80000
```

在原处理函数内也需要改写成位运算的形式。完整代码如下。

```
/*
第 15 章的编程练习 7
*/

#include <stdio.h>
#include <stdlib.h>
#include <string.h>
#include <limits.h>

#define ID_MASK            0XFF
#define SIZE_MASK          0X7F00
#define ALIGN_MASK         0X18000
```

```
#define BOLD_MASK        0X20000
#define ITALIC_MASK      0X40000
#define UNDER_MASK       0X80000

unsigned int font_mode = 0;

const char align_mode[][8] = {"left", "center", "right"};
const char on_off[][4] = {"off", "on"};

void show_menu(void);
void change_font(void);
void change_size(void);
void change_align(void);
void change_others(char ch);

int main(void)
{
    char selected;
    show_menu();
    scanf("%c",&selected);
    while(selected != 'q')
    {
        while (getchar() != '\n') continue;
        switch (selected)
        {
            case 'f':
                change_font();
                break;
            case 's':
                change_size();
                break;
            case 'a':
                change_align();
                break;
            default:
                change_others(selected);
                break;
        }
        show_menu();
        scanf("%c",&selected);
    }

}
void show_menu(void){
    int id = font_mode & ID_MASK;
    int size = (font_mode & SIZE_MASK)>>8;
    int align = (font_mode & ALIGN_MASK)>>15;
    int bold = (font_mode & BOLD_MASK)>>17;
    int italic = (font_mode & ITALIC_MASK)>>18;
    int underline =  (font_mode & UNDER_MASK)>>19;
    /* 通过移位，读取字体位信息*/

    printf("ID      SIZE    ALIGN   B       I       U\n");
    printf("%-8d%-8d%-8s%-8s%-8s%-8s\n", id, size, align_mode[align], on_off[bold],
        on_off[italic], on_off[underline]);
```

```
    printf("f)change font    s)change size    a)change alignment\n");
    printf("b)toggle bold    i)toggle italic  u)toggle underline\n");
    printf("q)quit\n");
    /* 将读取的位信息转换成菜单并输出 */
}
void change_font(void){
    unsigned int n;
    printf("Enter font id (0-255):");
    scanf("%u", &n);
    while (getchar() != '\n') continue;
    font_mode &= ~ID_MASK;
    font_mode |= n;
}
void change_size(void){
    unsigned int n;
    printf("Enter font size (0-127):");
    scanf("%u", &n);
    while (getchar() != '\n') continue;
    font_mode &= ~SIZE_MASK;
    font_mode |= n<<8;
}
void change_align(void){
    char ch;
    printf("Select alignment:\nl)left    c)center    r)right\n");
    scanf("%c", &ch);
    while (getchar() != '\n') continue;
    font_mode &= (~ALIGN_MASK);
    if(ch =='l'){
        font_mode |= (0<<15);
    }
    if(ch =='c'){
        font_mode |= (1<<15);
    }
    if(ch =='r'){
        font_mode |= (2<<15);
    }
}
void change_others(char ch){
    int bold = (font_mode & BOLD_MASK)>>17;
    int italic = (font_mode & ITALIC_MASK)>>18;
    int underline =  (font_mode & UNDER_MASK)>>19;
    if(ch == 'b'){
        font_mode &= (~BOLD_MASK);
        font_mode |= ~(bold<<17);
    }
    if(ch =='i'){
        font_mode &= (~ITALIC_MASK);
        font_mode |= ~(italic<<18);
    }
    if(ch =='u'){
        font_mode &= (~UNDER_MASK);
        font_mode |= ~(underline<<19);
    }
}
```

第 16 章 C 预处理器和 C 库

本章知识点总结

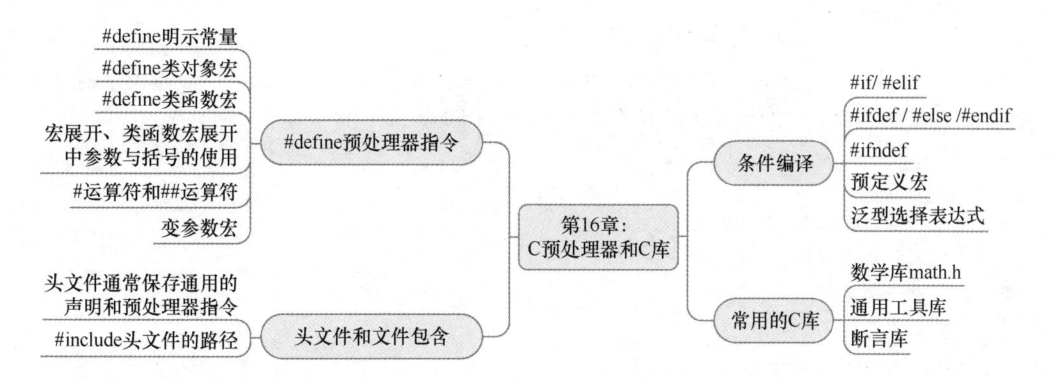

16.1 预处理器指令#define

在前面几章的编程练习中，经常使用#define 预处理器指令定义明示常量。除用于定义明示常量之外，#define 还经常用于定义类对象宏和类函数宏两种宏。在编译过程中，#define 定义的常量在编译过程中直接被替换成定义的文本的过程称为宏展开。其中明示常量和类对象宏会被替换成#define 定义的文本。类函数宏定义方式类似于函数，例如：

```
#define MAX(X, Y) ((X) > (Y) ? (X) : (Y))
```

宏名字后的圆括号内是宏的参数，在展开过程中除文本替换之外，还有宏的调用参数的替换操作。类函数宏在使用上比明示常量略复杂，由于预处理器只通过替换进行宏的运算操作，在类函数宏替换中可能会造成参数的替换歧义，因此在必要时使用足够多的圆括号来保证类函数宏运算的有效性和准确性。

16.2 头文件和条件编译

C 语言使用.h 的扩展名作为头文件，这些头文件包含了一些预处理器指令、外部链接的数据变量以及函数的声明。使用#include 预处理器指令包含头文件。头文件名如果在系统目录中使用尖括号，如果在当前工作目录中使用双引号。程序开发中可能需要为不同的编译环境准备不同的头文件和预处理器指令。为了解决这个问题，C 语言使用条件编译指令，依据特定编译条件执行和忽略相关的代码。条件编译的主要指令有#ifdef、#ifndef、#if、#else、#elseif、#endif 等。

16.3 其他知识点

泛型编程是 C++等面向对象程序设计中非常重要的一种编程方式，特指定义中没有特定类型，但是调用中一旦指定类型就可以进行转换成特定类型代码的编程方式。C 语言中可以通过_Generix 范型选择表达式支持部分范型选择。

内联函数是通过在编译、调用过程中用内联代码替换函数调用，实现快速调用函数的一种方式。内联函数使用函数说明符 inline 和表示存储类别的 static 关键字。C 语言的标准库是一个定义了大量常用预处理器宏和标准数据处理函数的标准库系统，例如，通常使用的字符串处理函数库、数学运算处理函数库等。在较大规模的程序设计中，利用预处理器指令和 C 语言标准库能够有效提高编程效率。

16.4　复习题

1．下面的几组代码由一个或多个宏组成，其后是使用宏的源代码。在每种情况下代码的输出结果是什么？这些代码是否是有效代码？（假设其中的变量已声明。）

a．

```
#define FPM 5280 /*每英里的英尺数*/
dist = FPM * miles;
```

b．

```
#define FEET 4
#define POD FEET + FEET
plort = FEET * POD;
```

c．

```
#define SIX = 6;
nex = SIX;
```

d．

```
#define NEW(X) X + 5
y = NEW(y);
berg = NEW(berg) * lob;
est = NEW(berg) / NEW(y);
nilp = lob * NEW(-berg);
```

分析与解答：

- a 部分的代码有效，预处理器指令定义了 FPM，dist = 5280 *miles，当提前声明和定义 miles 时 dist 有效。
- b 部分的代码有效，预处理器指令定义了 FEET 和 POD，plort = 4 * 4 + 4，可得到结果 plort = 20，如果要得到 4*(4 + 4)，需要将 POD 定义为#define POD (FEET + FEET)。
- c 部分的代码无效，nex = 　= 6;; 两个赋值号中有空格，有两个分号。应该将 SIX 声明修改为#define SIX 6。
- d 部分的预处理器指令定义了宏 NEW。可以得到：

```
y = y + 5;
berg = berg + 5 *lob;
est = berg + 5 / y +5
nilp = lob * -berg +5;
```

2．修改复习题 1 中 d 部分的定义，使其更可靠。

分析与解答：

`#define NEW(X)X+5` 定义在宏展开替换时会产生一些意想不到的问题。为了准确获得需要的数据，可以尽可能地多使用圆括号将宏函数中的变量括起来，例如：

```
#define NEW(X) ((X) + 5)
```

3．定义一个宏函数，返回两个值中的较小值。

分析与解答：

宏内定义需要尽可能多地使用圆括号将不同变量区分开，以避免产生歧义。要返回两个值中的较小值，使用问号表达式更加简洁。代码如下。

```
#define MIN(X, Y) ((X) > (Y) ? (Y) : (X))
```

4．定义 `EVEN_GT(X,Y)`宏，如果 `X` 为偶数且大于 `Y`，该宏返回 1。

分析与解答：

`EVENT_GT` 宏有两个表达式，表达式之间做逻辑与操作。若 `X` 为偶数，表达式是 `(X)%2==0`；若 `X` 大于 `Y` 表达式是 `(X)>(Y)`。两者做逻辑与操作可表示为 `((X)%2==0)&&(X)>(Y)`，再使用问号表达式。最后宏可以定义为：

```
#define EVEN_GT(X, Y)  (((X) % 2 == 0) && (X) > (Y) ? 1 : 0)
```

5．定义一个宏函数，打印两个表达式及其值。例如，若参数为3+4 和 4*12，则打印 `3+4 is 7 and 4*12 is 48`。

分析与解答：

宏函数使用 printf()函数实现打印功能。由于宏需要打印宏参数，因此应当使用#运算符将字符串转换成宏参数。宏函数的定义如下。

```
#define SHOW(X, Y)  printf(#X "is %d and" #Y "is %d\n", X, Y)
```

6．创建#define 指令，完成下面的任务。

a．创建一个值为 25 的命名常量。

b．SPACE 表示空格字符。

c．PS()代表打印空格字符。

d．`BIG(X)`代表 `X` 的值加 3。

e．`SUMSQ(X,Y)`代表 `X` 和 `Y` 的平方和。

分析与解答：

题目中 a、b 部分使用#define 定义明示常量。其余部分需要定义类对象宏和类函数宏，其中 `BIG(X)`宏和 `SUNSQ(X,Y)`宏需要注意使用圆括号将宏参数括起来，以避免出现歧义和错误。各部分的实现代码如下。

- `#define QUART 25`
- `#define SPACE ' '`
- `#define PS() putchar(' ')`
- `#define BIG(X) ((X) + 3)`

■ `#define SUMSQ(X,Y) ((X)*(X) + (Y)*(Y))`

7．定义一个宏，以下面的格式打印名称、值和 int 类型变量的地址。

```
name: fop; value: 23; address: ff464016
```

分析与解答：

题目要求使用宏打印名称、值、和地址这 3 种类型的数据，因此需要使用 printf()函数实现该打印功能。打印过程中为了实现宏参数的打印效果，需要使用#运算符进行宏参数的转换。完整的定义代码如下。

```
#define SHOW(X) printf("name:"#X"; value:%d; address:%p", X, &X)
```

8．假设在测试程序时要暂时跳过一块代码，如何在不移除这块代码的前提下完成这项任务？

分析与解答：

C 语言的预处理器指令通过条件编译的方式忽略特定条件下的代码。条件编译主要使用#ifdef、#ifndef、#else、#endif 等指令。语法上类似于普通条件语句，代码如下。

```
#define _SKIP_
#ifdef _ SKIP_
/* 需要被忽略的代码块 */
#endif
```

因此当定义_SKIP_时，代码块被编译器略过，否则会编译代码块。为了使用这段代码，只需要注释#define _SKIP_语句即可。当然，也可以使用其他语句和方式，例如，#ifndef 或者#if #else 等。

9．编写一段代码，如果定义了 PR_DATE 宏，则打印预处理的日期。

分析与解答：

为了依据是否定义了 PR_DATA 宏来执行不同语句，需要使用条件编译指令。通常使用#ifdef 和#endif 来实现相应功能。预处理日期可使用系统定义的宏_ _DATE_ _（注意是双下划线）。

```
#ifdef PR_DATE
printf("%s\n", __DATE__);
#endif
```

10．本章讨论了 3 种不同版本的 square()函数。从行为方面看，这 3 种版本的函数有何不同？

分析与解答：

这 3 种内联函数的功能和相互区别如下。

■ `double square(double x){return x*x};`

该 square()函数返回一个 double 类型的数据，数值为浮点型 x*x，例如，当输入 1.3 时，返回值为 1.69。

■ `double square(double x){return (int) (x*x)};`

该函数在返回之前将结果强制转换为 int 型，截断了小数部分。例如，当输入 1.3 时，在程序中先得到 1.69，随后截断成整型 1，在返回时再次转换为浮点数据 1.0。

■ `inline double square(double x){return (int) (x*x+0.5)};`

该函数在返回之前也将结果强制转换为 int 型，但在强制转换前结果加上了 0.5，当输入为 1.3 时，计算结果为 1.69+0.5，即 2.19，强制转换后得到 2，返回值再次转换成浮点数 2.0。但是当计算结果中的小数位小于 0.5 时，返回的数据不产生变化。其本质是强制实现了四舍五入。

11．创建一个使用泛型选择表达式的宏。如果宏参数是_Bool 类型，对"boolean"求值；否则，对"not boolean"求值。

分析与解答：

泛型编程是指那些没有特别指定数据类型，但是在运行、调用过程中一旦指定某种类型，就可以转换成特定类型数据的代码。泛型选择表达式可以根据表达式的类型选择一个值，代入表达式进行求值运算。泛型选择表达式使用_Generic 关键字，圆括号内有多个逗号分隔的类型和匹配值的配对。代码如下。

```
#define BOOL(X) _Generic((X), _Bool : "boolean", default : "not boolean")
```

当 X 为_Bool 类型时，值为 boolean，否则，值为 not boolean。

12．下面的程序有什么错误？

```
#include <stdio.h>
int main(int argc, char argv[])
{
    printf("The square root of %f is %f\n", argv[1],sqrt(argv[1]) );
}
```

分析与解答：

程序的主要功能是通过参数列表获得用户输入的数据，并计算该数据的平方根。程序的主要问题有以下几个。

- sqrt()函数是计算 double 类型数据的平方根函数，该函数在 math.h 头文件中定义，因此预处理器指令需要添加#include <math.h>。
- 以参数列表作为 main()函数的参数，第 1 个参数为整型，描述参数个数，第 2 个参数为字符数组，存储参数列表，因此该参数列表中第 2 个参数的类型错误，argv[]应该改为 *argv[]。
- 参数列表是通过字符串传递的，因此 printf()函数内的转换说明符%f 应该改为%s。
- argv[1]以字符串的形式存储，调用 sqrt()函数的参数应当是 double 类型，因此应使用 atof()函数转换为 double 类型。
- 为了避免输入不正确数据产生的逻辑错误，应检查输入数据的取值范围，排除参数是负数的条件。

13．假设 scores 是内含 1000 个 int 类型元素的数组，要按降序排序该数组中的值。假设你使用 qsort()和 comp()比较函数。

a．如何正确调用 qsort()？

b．如何正确定义 comp()？

分析与解答：

qsort()函数是 C 语言中内置的一个快速排序算法，qsort()函数的排序对象是数组。其原型如下。

```
void qsort( void *ptr, size_t count, size_t size, int (*comp)(const void *, const
void *) );
```

在函数的参数中第 1 个参数是待排序数组；第 2 个参数是数组中的元素数量；第 3 个参数是数组元素的大小；第 4 个参数是一个函数指针，是实现数组元素大小比较功能的函数的指针。qsort()函数通过 comp 函数指针指向的函数比较两个元素的大小关系并进行排序。comp 函数指针指向的函数的返回值为 int。当两个数据相等时，返回 0；当一个数大于另一个数时，返回 1；当一个数小于另一个数时，返回−1。

qsort()函数的调用方式如下。

```
qsort((void *)scort/* 待排序数据*/,  (size_t)1000/*数组中的元素数量*/, sizeof(int)/*元
素的大小*/, comp/*比较函数的名称*/)
```

调用 qsort()函数的关键在于配置比较函数，比较函数的两个参数分别是两个空指针，需要在比较函数的实现中进行转换和数据比较。当比较函数比较整型数据的大小时，可以直接使用比较运算符进行运算，并按照要求返回相应的整型数值。可以用以下代码实现。

```
int comp(const void *p1, const void *p2){
if(*p1 ==*p2) return 0;
else if(*p1>*p2) return 1;
else return -1;
}
```

14．假设 data1 是内含 100 个 double 类型元素的数组，data2 是内含 300 个 double 类型元素的数组。

a．编写 memcpy()的函数调用方法，把 data2 中的前 100 个元素复制到 data1 中。

b．编写 memcpy()的函数调用方法，把 data2 中的后 100 个元素复制到 data1 中。

分析与解答：

memcpy()函数的主要功能是实现内存内数据区域的复制，函数的第 1 个参数是复制的目的地址，第 2 个参数是数据源地址（起始地址），第 3 个参数是复制的数据块的大小。因此，要复制源地址内的部分数据，需要首先计算其起始地址。代码如下。

```
a. memcpy(data1, data2, 100 * sizeof(double));

b. memcpy(date1, &date2[200], 100 * sizeof(double));
```

16.5　编程练习

1．开发一个包含你需要的预处理器定义的头文件。

编程分析：

题目要求定义一个自己常用的预处理器头文件，因此我们需要依据自己开发的需要，选择与定义相关的头文件的包含、明示常量的定义以及外部链接变量的声明和常用函数的声明等。例如：

```
/*
第 16 章的编程练习 1
*/
```

```
#include <stdio.h>
#include <string.h>
#include <stdlib.h>
#define LENGTH 100

char * s_gets(char * st, int n);
typedef struct{
    char first[40];
    char last[40];
}NAME;
```

2．两数的调和平均数这样计算：先求两数的倒数，然后计算两个倒数的平均值，最后取计算结果的倒数。使用#define 指令定义一个宏“函数”，执行该运算。编写一个简单的程序，用于测试该宏。

编程分析：

设计和定义复杂宏函数的关键是应用圆括号标识参数，使其在函数展开中不会产生歧义。调和平均数需要多次求参数的倒数，因此需要注意，首先两数的倒数`1/(X)`、`1/(Y)`；倒数求和之后再除以2，即`(1/(X)+1/(Y))/2`；对平均数再求倒数，即`(1/((1/(X)+1/(Y))/2))`。

```
/*
第 16 章的编程练习 2
*/

#include <stdio.h>
#define HMEAN(X, Y) (1 / ((1 / (X) + 1 / (Y)) / 2))

int main()
{
    double f1, f2;
    printf("Enter two float number:");
    scanf("%lf %lf", &f1, &f2);
    printf("The %f and %f's HMEAN is %lf",f1, f2, HMEAN(f1, f2));
}
```

3．极坐标用向量的模（即向量的长度）和向量相对 x 轴逆时针旋转的角度来描述该向量。直角坐标用向量的 x 轴和 y 轴的坐标来描述该向量。编写一个程序，读取向量的模和角度（单位是度），然后显示 x 轴和 y 轴的坐标。相关方程如下。

```
x = r*cos A
y = r*sin A
```

需要一个函数来完成转换，该函数接受一个包含极坐标的结构，并返回一个包含直角坐标的结构（或返回指向该结构的指针）。

```
/*
第 16 章的编程练习 3
*/

#include <stdio.h>
#include <math.h>
#define PI 3.14
typedef struct{
```

```
    double length;
    double angle;
}polar;
/* 极坐标的结构定义 */
typedef struct{
    double x;
    double y;
}rectangular;
/* 直角坐标的结构 */
rectangular p_to_t(polar pc);
int main()
{
    polar pc;
    scanf("%lf %lf", &pc.length, &pc.angle);
    pc.angle = pc.angle*( PI / 180.0);
    /* 把角度转换为弧度 */
    rectangular r = p_to_t(pc);
    /* 坐标系转换*/
    printf("%lf %lf\n", r.x, r.y);
}
rectangular p_to_t(polar pc){
    rectangular rect;
    rect.x = pc.length * cos(pc.angle);
    rect.y = pc.length * sin(pc.angle);
    /* 坐标系转换 */
    return rect;
}
```

4．ANSI 库这样描述 clock()函数的特性。

```
#include <time.h>
clock_t clock (void);
```

这里，clock_t 是定义在 time.h 中的类型。该函数返回处理器的时间，其单位取决于实现（如果处理器的时间不可用或无法表示，该函数将返回−1）。然而，CLOCKS_PER_SEC（也定义在 time.h 中）是每秒处理器的时间单位的数量。因此，两个 clock()返回值的差值除以 CLOCKS_PER_SEC 得到两次调用之间经过的秒数。在进行除法运算之前，把值的类型强制转换成 double 类型，可以将时间精确到小数点后。编写一个函数，接受一个 double 类型的参数（用于表示时间延迟），然后在这段时间运行一个循环。编写一个简单的程序，用于测试该函数。

编程分析：

程序要求实现简单的时间延迟函数。C 语言中使用 clock()函数返回当前处理器的时间，而程序需要延迟的时间可以看作两次处理器时间的间隔值。因此可以通过两次调用 clock()函数并与第一次取得的处理器时间的比较进行延时判断。在下面的例子中，在延时阶段还需要占用 CPU 的时间进行循环判断。此外，C 语言中标准库中的 sleep()等函数可以实现延时功能。完整的代码如下。

```
/*
第 16 章的编程练习 4
*/
```

```
#include <stdio.h>
#include <time.h>

void delay(double second);
int main(void){
    double input;
    printf("Enter a second to delay.");
    scanf("%lf", &input);
    delay(input);
}
void delay(double second){
    clock_t start = clock();
    /* 取得初始的处理器时间 */
    printf("Now let's test %f second delay \n",second);
    clock_t now = clock();
    /* 取得延迟后的处理器时间 */
    while(((double)(now - start))/CLOCKS_PER_SEC < second){
        now = clock();
        printf("You delay  %f second.\n",((double)(now - start))/CLOCKS_PER_SEC);
        /* 判断时间是否达到参数值，需要注意的是，当前的 delay()函数
         * 占用 CPU 的时间进行循环判断。C 语言中其他相应的延迟等待函数也可以使用*/
    }
}
```

5．编写一个函数，用于接受 3 个参数——内含 int 类型元素的数组名、数组的大小和一个代表选取次数的值。该函数从数组中随机选择指定数量的元素，并打印它们。每个元素只能选择一次（模拟抽奖数字或挑选陪审团成员）。另外，如果你的实现有 time()（第 12 章讨论过）或类似的函数，可在 srand()中使用这个函数的输出来初始化随机数生成器 rand()。编写一个简单的程序，用于测试该函数。

编程分析：

题目要求设计一个随机抽取数据的函数，每个数据只能被抽取一次。为了记录每个数据被抽取的次数，可以使用另外一个和原数据数组相对应的数组进行抽取标记，设置对应位上的数据，表示对应数据曾经被抽取过。随机函数和可以使用第 12 章中的函数原型。完整代码如下。

```
/*
第 16 章的编程练习 5
*/

#include <stdio.h>
#include <time.h>
#include <stdlib.h>
#define SIZE 100

void select(int data[], int length, int n);
int main(void) {
    int test[SIZE],number;
    printf("Enter number to selected.");
    scanf("%d", &number);
    for (int i = 0; i < SIZE; i++) {
```

```
        test[i] = i;
    }
    select(test, SIZE, number);
    return 0;
}
void select(int data[], int length, int n){
    srand((unsigned long)clock());
    printf("Start to select Number.\n");
    int* marks = (int*) malloc(length*sizeof(int));
    /* 定义选择标识数组，其大小和 data 数组相同*/
    int index;
    while(n > 0){
        index = rand() % length;
        if(marks[index] != 0) continue;
        else marks[index] = 1;
        /* 随机选择。如果未标记，则选择并设置使用过的标记；否则，重选 */
        printf("Selected ID: %3d DATA: %3d \n",index, data[index]);
        /* 通过标记数组找到对应的原 data 数组并显示内容 */
        n--;
    }
}
```

6．修改程序清单 16.17，使用 struct names 元素（在程序清单 16.17 后面的讨论中定义过），而不是 double 类型的数组。使用较少的元素，并用选定的名字显式初始化数组。

```
/*
第 16 章的编程练习 6
*/

#include <stdio.h>
#include <stdlib.h>
#include <time.h>
#include <string.h>
#define SIZE 5
typedef struct{
    char first[40];
    char last[40];
}names;

names staff[SIZE];

void set_name(names list[], int n);
void show_name(const names list[], int n);
int mycomp(const void * p1, const void * p2);

int main(void)
{
    set_name(staff, SIZE);
    show_name(staff, SIZE);
    qsort(staff, SIZE, sizeof(names), mycomp);
    printf("Sorted list:\n");
    show_name(staff, SIZE);
    return 0;
}
```

```
void set_name(names list[], int n){
    for (int i = 0; i < n; i++){
        printf("Enter the No %d stuff name:",i+1);
        scanf("%s %s",list[i].first,list[i].last);
    }
}

void show_name(const names list[], int n){
    for (int i = 0; i < n; i++){
        printf("Stuff No %d %10s.%-10s\n",i+1, list[i].first, list[i].last);
    }
}

int mycomp(const void * p1, const void * p2){
    const names * ps1 = (const names *) p1;
    const names * ps2 = (const names *) p2;
    int res = strcmp(ps1->last, ps2->last);
    if(res != 0){
        return res;
    }else{
        return strcmp(ps1->first, ps2->first);;
    }
}
```

7. 下面是使用变参函数的一个程序段。

```
#include <stdio.h>
#include <stdlib.h>
#include <stdarg.h>
void show_array(const double ar[], int n);
double * new_d_array(int n, ...);
int main()
{
    double * p1;
    double * p2;
    p1 = new_d_array(5, 1.2, 2.3, 3.4, 4.5, 5.6);
    p2 = new_d_array(4, 100.0, 20.00, 8.08, -1890.0);
    show_array(p1, 5);
    show_array(p2, 4);
    free(p1);
    free(p2);
    return 0;
}
```

new_d_array()函数接受一个 int 类型的参数和一个 double 类型的参数。该函数返回一个指针，指向由 malloc()分配的内存块。int 类型的参数指定了动态数组中的元素个数，double 类型的值用于初始化元素（第 1 个值赋给第 1 个元素，依次类推）。编写 show_array()和 new_d_array()函数的代码，完成这个程序。

编程分析：

题目提供了程序的 main()函数与变参函数的声明与函数调用语句。其中变参函数 new_d_array()接受一个 int 类型的参数和一个 double 类型的参数。int 类型的参数指定了动态数组中的元素个数，double 类型的值用于初始化元素（第 1 个值赋给第 1 个元素，依次类推）。变参函数使用 valist 类型的变量读取相应的参数数据。show_array()函数的功能是显示数组的内容。完整代码如下。

```
/*
第 16 章的编程练习 7
*/

#include <stdio.h>
#include <stdlib.h>
#include <stdarg.h>

void show_array(const double ar[], int n);
double * new_d_array(int n, ...);
/* 变参函数 new_d_array()声明*/
int main()
{
    double * p1;
    double * p2;
    p1 = new_d_array(5, 1.2, 2.3, 3.4, 4.5, 5.6);
    p2 = new_d_array(4, 100.0, 20.00, 8.08, -1890.0);
    show_array(p1, 5);
    show_array(p2, 4);
    free(p1);
    free(p2);
    return 0;
}

void show_array(const double ar[], int n){
    for (int i = 0; i < n; ++i) {
        printf("%.2lf ", ar[i]);
    }
    /* 通过循环语句打印数组的内容 */
    printf("\n");
}

double * new_d_array(int n, ...){
    va_list ap;
    va_start(ap, n);
    /* 读取参数列表中的参数个数 */
    double *ar = (double*)malloc(n * sizeof(double));
    for (int i = 0; i < n; ++i) {
        ar[i] = va_arg(ap, double);
        /* 依次读取变参参数的内容，并赋值给数组元素 */
    }
    va_end(ap);
    return ar;
}
```

第 17 章

高级数据表示

本章知识点总结

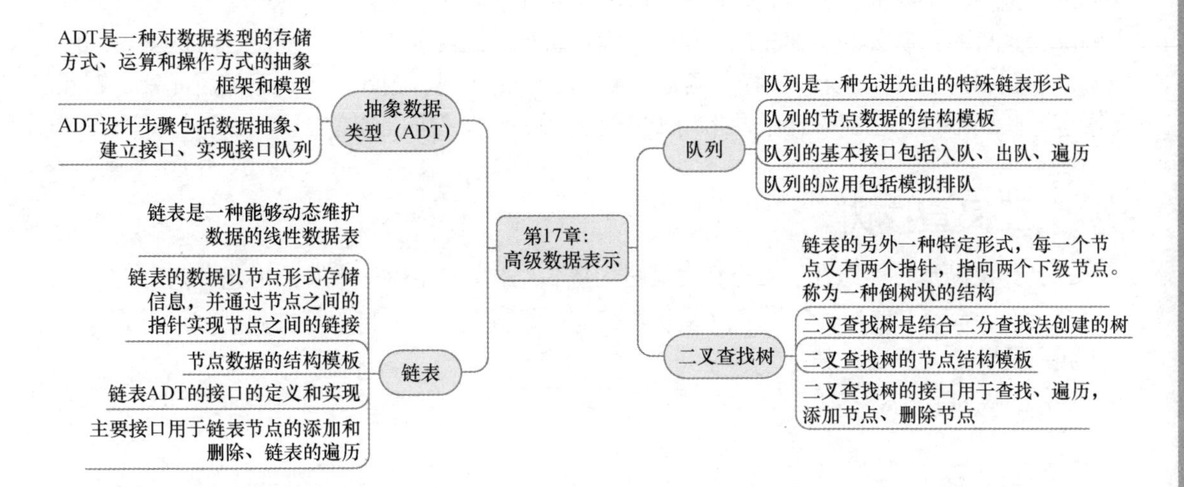

17.1 ADT（抽象数据类型）

抽象数据类型（Abstract Data Type，ADT）是一种对现实世界中复杂数据类型的抽象化描述和定义。抽象数据类型通过抽象化描述定义建立了一整套关于复杂数据的存储模型以及在该模型上操作函数的框架。这样的抽象模型有效隐藏了数据背后复杂的实现细节，强调和关注数据类型本身的逻辑关系特征，是软件开发中一种重要的数据定义活动。抽象数据类型通常使用自然语言进行抽象化描述，建立一个抽象数据类型，需要定义两个方面的内容——数据的存储形式的描述和数据操作函数的声明。存储形式一般是指数据的基本构成元素；数据的操作是指对数据的增加、删除、修改、遍历等基本的处理和维护方法。抽象数据类型是一种数据的抽象模型框架，实际的应用中抽象数据类型必须通过明确定义存储形式和操作方式将抽象模型转化为具体数据对象，才能实现对真实数据的描述和操作。

17.2 链表结构

程序设计中通常使用数组的形式来组织、管理大量相同类型的数据，但是数组形式不能灵活地拓展和修改元素数量（数组长度），只能在数组定义时声明固定数量的元素。为了动态和灵活地增加、删除数据，可以通过指针动态地管理元素。链表中的每一个元素称为一个节点，每个节点的结构内都包含一个指向下一个节点的指针。通过这些节点的指针，最终可以将这些节点元素链接在一起，因此这种数据形式称为链表。链表节点的一般定义形式如下。

```
struct film{
char title[20];
int rating;
struct film * next;
};
```

其中，next 指针就是实现链接功能并且指向下一个节点的指针。在 ADT 的表述中，链表结构的功能函数包括创建链表、添加节点、删除节点、遍历节点等。

17.3　队列结构

队列是一种特殊的链表形式。首先，队列中添加的新项只能添加到末尾。其次，从队列中删除元素只能从队列的头部删除。因此一般将队列的这种属性称为先进先出（First In First Out）。在队列的 ADT 定义中，操作函数主要包括创建队列、删除队列、添加新元素、删除元素等。队列结构在程序设计中通常用于处理先进先出类型的业务。

17.4　二叉查找树

二叉查找树是一种结合了二分查找策略的链状结构，其中每一个节点内包含两个指向下一个节点（子节点）的指针，子节点又分为左节点和右节点，并按照这种规则链接下去。二叉查找树的节点一般定义如下。

```
struct node{
Item item;
struct node* left;
struct node* right;
};
```

结构定义中的左右两个指针分别指向该节点的左右两个分支。当通过二叉查找树检索和查找数据时，如果目标项在当前节点之前，那么下一步操作就是查找当前节点的左子节点；否则，查找右子节点（即二分查找法的一种具体实现形式）。

17.5　复习题

1．定义一种数据类型涉及哪些内容？

分析与解答：

定义一种数据类型主要包含两方面内容：一是定义数据的基本存储形式；二是数据的操作方式。定义数据的基本存储形式是指描述自定义数据的基本元素的组成形式、在计算机存储器中存储容量的大小。只有准确规定了数据存储形式，才能使用新的数据类型进行数据的存储和读写。在数据的存储过程中还涉及一系列的读写操作，例如，自定义数据和其他类型数据之间的转换、数据的 I/O 读写以及其他各类常用的运算等。所以在定义数据存储形式的同时还需要定义与数据相关的操作函数，用于更好地应用新定义的数据类型进行数据处理操作。

2．为什么程序清单 17.2 只能沿一个方向遍历链表？如何修改 struct film 定义才能沿两个方向遍历链表？

分析与解答：

在程序清单 17.2 中所定义的链表结构如下。

```
struct film{
char title[TSIZE];
int rate;
struct file *next;
};
```

每一个节点的数据包含标题、评分和指向下一个节点的指针。多个这样的节点串联，形成了数据链表。对于链表中的每个节点，只有一个指针指向下一个节点，没有一个向前回溯的指针指向自己的上级节点，因此整个链表无法向反方向回溯。为了解决这个问题，可以给每个节点增加一个指向上级节点的指针（如图 17.1 所示）。例如：

```
struct film{
char title[TSIZE];
int rate;
struct film *next;  //next 指向下一个节点
struct film *previous;  //previous 指向上一个节点
}
```

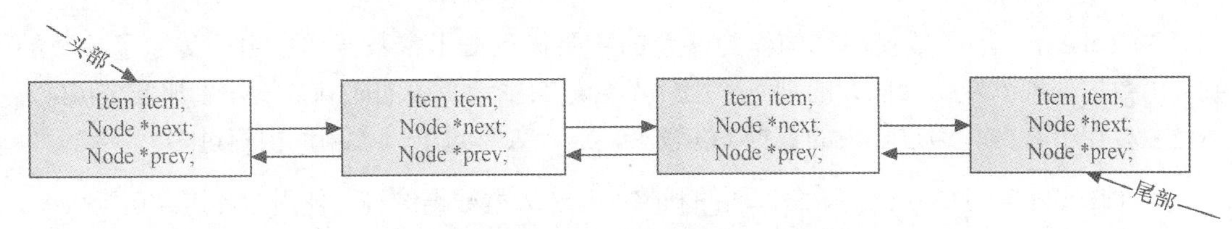

图 17.1 双向链表示意图

这样在链表中除首节点 previous 为空、尾节点 next 为空之外，其他节点均为双向链接，从而使该链表可以从头部开始，沿着 next 指针向下遍历，也可以从尾部开始，沿着 previous 指针向上遍历。此外，修改了节点的数据结构后，相应的数据操作函数也应当进行相应的修改，以实现对双指针的适配。

3．什么是 ADT？

分析与解答：

ADT 是抽象数据类型（Abstract Data Type），是一种对数据类型进行基本属性描述和数据操作方式定义的方法，在程序设计中主要实现一种模型的规划和设计功能。ADT 一般使用自然语言对数据的存储类型和数据的操作方法（函数）进行一般性的描述，而不使用特定的计算机语言，也不包含具体代码实现。采用 ADT 形式实现数据结构的抽象化定义和描述在程序设计中更加具有普适性，可以灵活选择后期采用的程序开发语言以进行接口的适配和实现。例如，在程序设计中需要使用一种链表结构来存储特定电影的信息，可以使用如下的 ADT 定义方式。

```
类型名:       观影记录链表
类型属性:     存储多条影片名称、评分等级的信息
类型操作:     新增一条观影记录
              查找原有链表末尾
              新增一条记录信息
```

```
将新记录信息添加到原记录链表末尾
返回
............
```

这样定义的一个抽象数据类型的自然语言描述是程序设计中自定义数据的基础和起点。在这个抽象性数据类型的基础上，结合具体实现语言就可以定义数据类型，实现各类操作函数，实现具体数据信息的存储和操作。

4．QueueIsEmpty()函数以一个指向 queue 结构的指针作为参数，但是也可以将其改写成以一个 queue 结构作为参数。这两种方式各有什么优缺点？

分析与解答：

QueueIsEmpty()函数以一个指向 queue 结构的指针作为参数，这样做的主要优势在于避免参数传递过程中大量数据的读写操作，能够更加简洁有效地进行数据处理，节省存储空间；使用指针作为参数的不足主要在于参数的指向和越界处理需要更加小心，例如，要严格区分指针的自增操作、赋值操作以及指针指向的数据的赋值操作等，避免由于误操作而产生的数据丢失、存储越界等问题。通常在参数列表中可以使用 const 关键字修饰来避免部分错误。

QueueIsEmpty()函数使用结构作为参数的主要优点在于参数传递中由于传递了参数的值，函数内处理的数据为队列的副本，因此不会影响主调函数的队列，操作更加安全可靠；不足主要在于参数传递过程中的数据 I/O 较多，运行效率过低，占用的内存过多。

因此在实际应用中应当权衡两方面的利弊：对于大型数据结构，使用指针提高运行效率；对于小型数据结构，可以使用结构传递，在效率方面影响较小。

5．栈是链表系列的另一种数据形式。在栈中，只能在链表的一端添加和删除项，把项压入栈和从栈中弹出栈。因此，栈是一种 LIFO（last int first out，后进先出）结构。

a．设计一个栈的 ADT。

b．为栈设计一个 C 编程接口，如 stack.h。

分析与解答：

栈是一个后进先出的数据结构，其节点的结构和链表结构相同。主要区别在添加数据和删除数据。因此，对于栈的接口，除初始化、判断是否已空之外，还主要有入栈、出栈两个操作。下面是具体的 ADT 定义和 C 语言实现的编程接口。

```
类型名：        栈
类型属性：      可以存储有序项
类型操作：      初始化栈为空
                    判断栈是否空
                    判断栈是否满
                    数据入栈
                    数据出栈
```

```
/**  stack.h -- Stack interface */
#include <stdbol.h>

#define MAXSTACK 100
```

```
/* 定义栈内的数据项 Item */

typedef struct stack{
    Item items[MAXSTACK];/* Item 存储数据信息 */
    int top;          /* top 描述栈的顶部位置*/
} Stack;

/* 操作：          初始化栈                      */
/* 前提条件：      ps 指向一个栈                 */
/* 后置条件：      该栈初始化为空                */
void InitializeStack(Stack *ps);

/* 操作：          检查栈是否满                  */
/* 前提条件：      ps 指向之前已经初始化的栈     */
/* 后置条件：      如果栈满，返回 true；否则，返回 false    */
bool FullStack(Stack *ps);

/* 操作：          检查栈是否空              */
/* 前提条件：      ps 指向之前已经初始化的栈 */
/* 后置条件：      如果栈空，返回 true；否则，返回 false    */
bool EmptyStack(Stack *ps);

/* 操作：          把数据入栈                */
/* 前提条件：      ps 指向之前已经初始化的栈
                   item 为将要入栈的项       */
/* 后置条件：      如果栈满，返回 false；否则入栈，修改 top */
bool push(Item item,Stack *ps);

/* 前提条件：      ps 指向之前已经初始化的栈 */
/* 后置条件：      如果栈不空，把栈顶数据复制到 item 中，
                   修改 top，删除栈顶数据；
                   如果删除之前栈已空，返回 false */
bool pop(Item *pitem, Stack *ps);
```

6．在一个有 3 项的分类列表中，判断一个特定项是否在列表中，用顺序查找方法和二叉查找方法最多分别需要多少次？当列表中有 1023 项时分别需要多少次？当有 65535 项时分别需要多少次？

分析与解答：

顺序查找法的基本形式是顺序遍历所有数据项并且一一比对，最多的查找次数为 n，即查找比对所有项，最后一个才匹配。二叉查找法的最多查找次数为 $\log_2 n$，即项数不断除以 2，直到最后匹配数据，因此题目给出的几个项数条件下的查找次数如下表所示。

项数	顺序查找方法的次数	二叉查找方法的次数
3	3	2
1023	1023	10
65535	65535	16

7．假设一个程序用本章介绍的算法构造了一个存储单词的二叉查找树。假设根据下列

顺序输入单词，请画出每种情况的树：

a．nice food roam dodge gate office wave；

b．wave roam office nice gate food dodge；

c．food dodge roam wave office gate nice；

d．nice roam office food wave gate dodge。

分析与解答：

二叉查找树是依据二分查找法建立的一个二叉树结构，当前节点的两个子节点的位置是依据子节点和当前节点的数据对比关系决定的。若子节点的数据小于当前节点，那么以这个子节点作为左子节点；否则，以这个子节点作为右子节点。按照题目要求建立二叉查找树，应当首先建立第 1 个单词节点，随后比较第 2 个单词和当前节点的大小关系，以确立左右子节点，并按照这个规律建立整个二叉树结构。答案如下。

a．

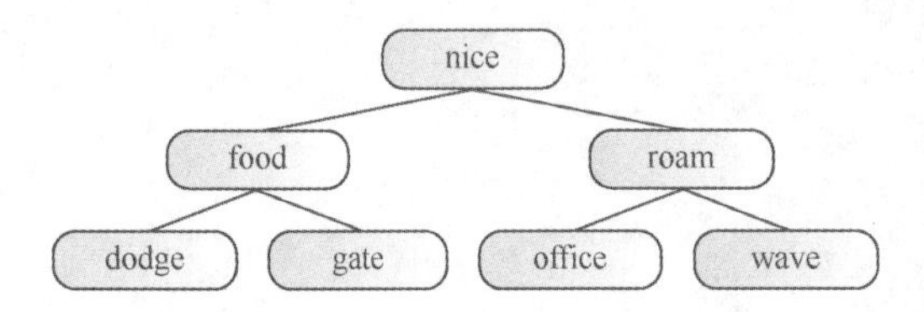

b．

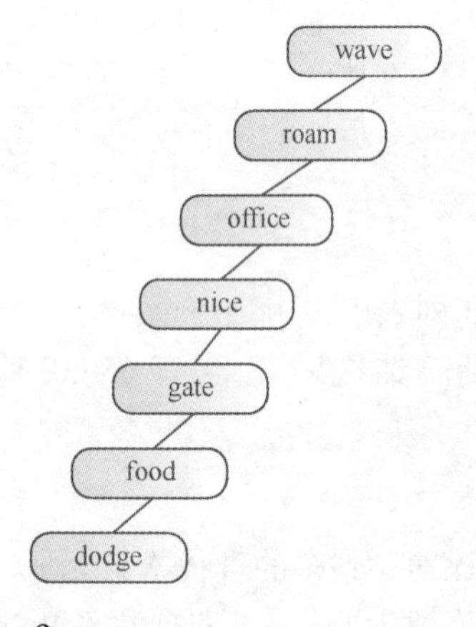

c．

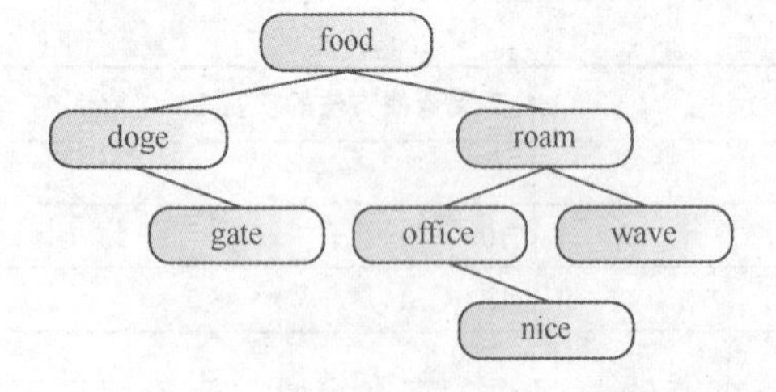

d．

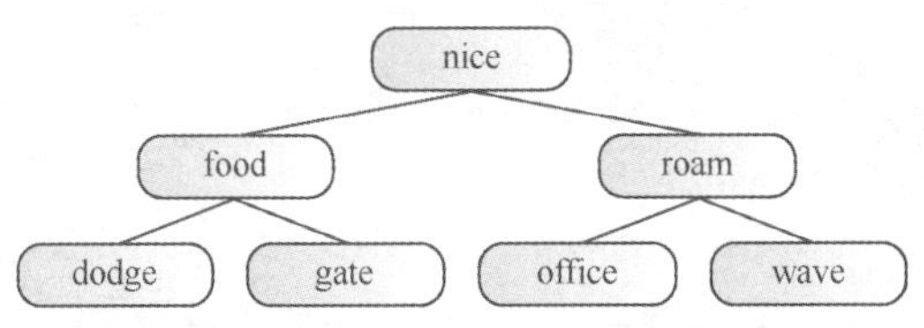

8．考虑复习题 7 中构造的二叉树，根据本章算法，删除单词 food 之后，各树是什么样子？

分析与解答：

删除单词 food 之后，复习题 7 中的单词序列发生的变化如下：

a．nice roam dodge gate office wave；

b．wave roam office nice gate dodge；

c．dodge roam wave office gate nice；

d．nice roam office wave gate dodge。

二叉查找树的建立方法和复习题 7 一致，二叉查找树的结构如下。

a．

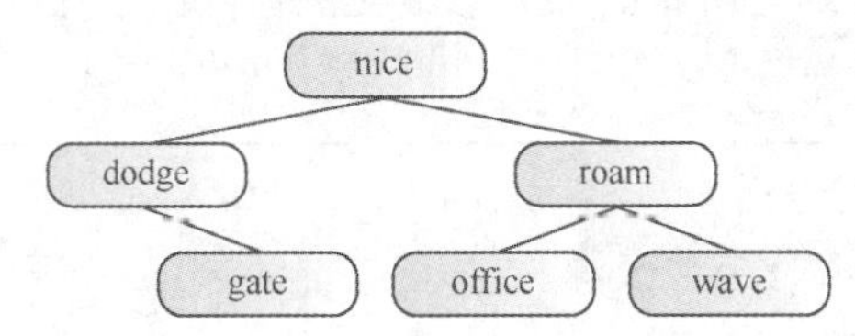

b．

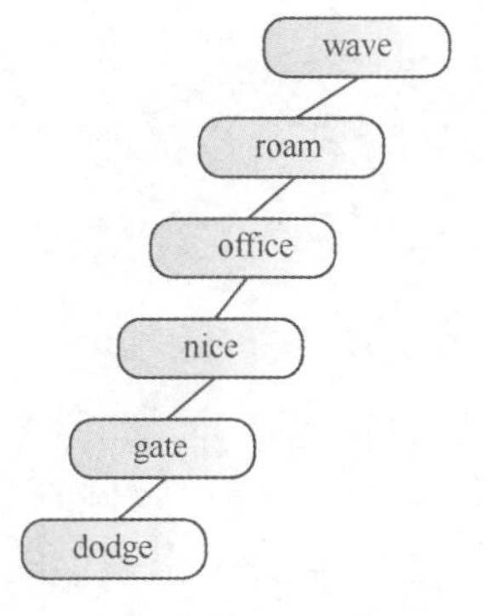

c．

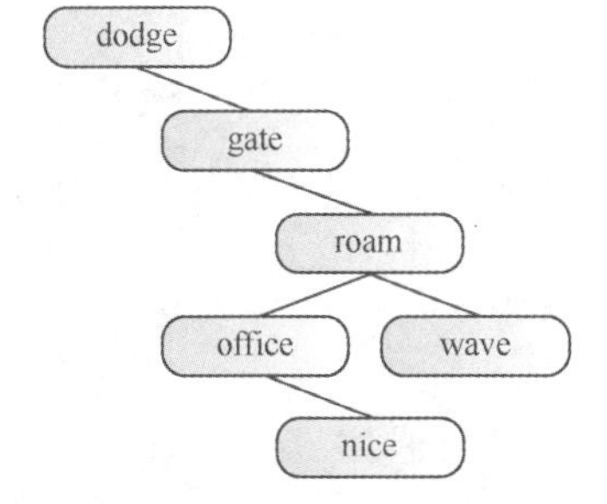

d.

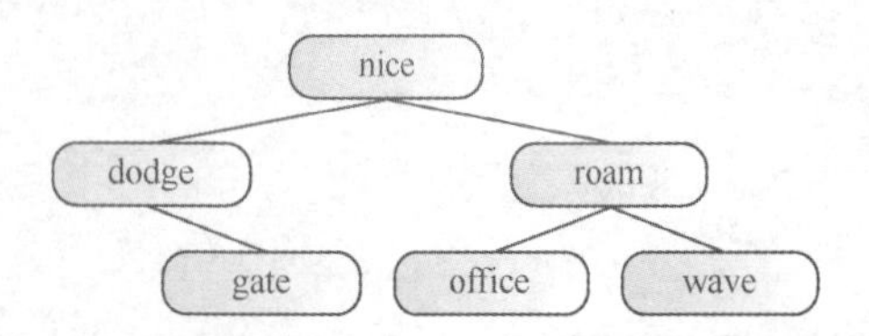

17.6 编程练习

1. 修改程序清单 17.2，让该程序既能正序也能逆序显示电影列表。一种方法是修改链表定义，可以双向遍历链表。另一种方法是用递归。

编程分析：

程序清单 17.2 的主要功能是通过链表实现影片信息的管理和维护。原始程序使用了单向链表，因此只能从链表的头部开始顺序遍历所有的数据。为了逆序遍历电影列表，可以通过双向链表或者递归两种方法。在双向链表中通过添加一个向前的反向指针，实现节点之间的双向链接，从而可以实现头尾两个方向的遍历操作。递归方法的基本原理是通过函数的递归操作找到尾部节点，随后开始返回以遍历操作方式实现的逆序显示。下面分别使用两种方法实现了双向遍历的功能，在程序清单 17.2 的基础上所做的部分修改在注释内做了详细说明。完整代码如下。

```
/*
第 17 章的编程练习 1 中双向链表的实现
*/

#include <stdio.h>
#include <stdlib.h>
#include <string.h>
#define TSIZE 45

struct film {
    char title[TSIZE];
    int rating;
    struct film * next;
    struct film * pre;/* 前向链接指针*/
};
/*双向链表*/
char * s_gets(char *st, int n);
int main(void){
    struct film * head = NULL;
    struct film * prev, *current;
    char input[TSIZE];

    /*收集并存储信息*/
    puts("Enter first movie title:");
    while(s_gets(input,TSIZE) != NULL && input[0] != '\0')
    {
        current = (struct film *)malloc(sizeof(struct film));
        if(head == NULL){
```

```
            head = current;
            /* 头指针固定，不再修改 */
        }
        else{
            prev->next = current;
            current->pre = prev;
            /* 两个节点时，新加节点双向指针建立链接 */
        }
        current->next = NULL;
        /* 最后一个节点的指针设置为空 */
        strcpy(current->title,input);
        puts("Enter your rating <0-10>:");
        scanf("%d",&current->rating);
        while(getchar() != '\n') continue;
        puts("Enter next movie title (empty line to stop):");
        prev = current;
        /* */
    }
/* 显示电影列表 */
    if(head == NULL)
        printf("No data entered.");
    else
        printf("Here is the movie list(by sequence):\n");
    current = head;
    while(current != NULL)
    {
        printf("Movie:%s Rating:%d\n",current->title,current->rating);
        current = current->next;
    }
/* 逆序显示电影列表 */
    puts("Here is the movie list(by inverted sequence):");
    current = prev;
    /* 当前指针指向末尾节点 */
    while(current != NULL)
    {
        printf("Movie:%s Rating:%d\n",current->title,current->rating);
        current = current->pre;
        /* 通过节点的 pre 指针反向遍历 */
    }
/* 完成任务，释放已分配内存 */
    current = head;
    while(current != NULL)
    {
        head = current->next;
        free(current);
        current = head;
    }
    /* 在释放节点时，需要保证 head 和 current 分别指向相邻两个节点，
     * 通过两个指针的交替前移，才能保证不丢失节点 */
    printf("Bye!\n");
    return 0;
}

char * s_gets(char * st, int n){
```

```
    char * ret_val;
    char * find;
    ret_val = fgets(st, n, stdin);
    if (ret_val){
        find = strchr(st, '\n');          // 查找换行符
        if (find)                         // 如果地址不是 NULL,
            *find = '\0';                 // 在此处放置一个空字符
        else while (getchar() != '\n')
                continue;                 // 处理输入行中剩余的字符
    }
    return ret_val;
}
```

```
/*
第 17 章的编程练习 1 中递归调用的实现
*/

#include <stdio.h>
#include <stdlib.h>
#include <string.h>
#define TSIZE 45
/*通过递归调用实现逆序 */
struct film {
    char title[TSIZE];
    int rating;
    struct film * next;
};
void invert_show(struct film * ptr);
char * s_gets(char *st, int n);

int main(void){
    struct film * head = NULL;
    struct film * prev,* current;
    char input[TSIZE];
    /*收集并存储信息*/
    puts("Enter first movie title:");
    while(s_gets(input,TSIZE) != NULL && input[0] != '\0')
    {
        current = (struct film *)malloc(sizeof(struct film));
        if(head == NULL)
            head = current;
            /* 头指针固定，不再修改 */
        else
            prev->next = current;
        current->next = NULL;
        strcpy(current->title,input);
        puts("Enter your rating <0-10>:");
        scanf("%d",&current->rating);
        while(getchar() != '\n') continue;
        puts("Enter next movie title (empty line to stop):");
        prev = current;
    }
```

```
    if(head == NULL)
        printf("No data entered.");
    else
        printf("Here is the movie listi(by sequence):\n");
    current = head;
    while(current != NULL)
    {
        printf("Movie:%s Rating:%d\n",current->title,current->rating);
        current = current->next;
    }

    puts("Here is the movie list(by inverted sequence):");
    invert_show(head);

/* 完成任务，释放已分配内存 */
    current = head;
    while(current != NULL)
    {
        head = current->next;
        free(current);
        current = head;
    }
    /* 在释放节点时，需要保证head和current分别指向相邻两个节点，
     * 通过两个指针的交替前移，才能保证不丢失节点 */

    printf("Bye!\n");
    return 0;
}
char * s_gets(char * st, int n){
    char * ret_val;
    char * find;
    ret_val = fgets(st, n, stdin);
    if (ret_val){
        find = strchr(st, '\n');            // 查找换行符
        if (find)                           // 如果地址不是NULL,
            *find = '\0';                   // 在此处放置一个空字符
        else while (getchar() != '\n')
                continue;                   // 处理输入行中剩余的字符
    }
    return ret_val;
}
void invert_show(struct film * ptr)
{
    if(ptr->next != NULL)
        invert_show(ptr->next);
    /* 递归调用，当到达最后一个元素时，开始返回 */
    printf("Movie:%s Rating:%d\n",ptr->title,ptr->rating);
}
```

2．假设list.h（程序清单17.3）使用下面的list定义。

```
typedef struct list
{
```

```
    Node * head;  /*指向列表首*/
    Node * end;   /*指向列表尾*/
} List;
```

重写 list.c（程序清单 17.5）中的函数，以适应新的定义，并通过 films3.c（程序清单 17.4）测试最终代码。

编程分析：

程序清单 17.5 是抽象数据类型链表的操作函数的具体实现代码。程序清单 17.3 中链表的定义如下。

```
typedef Node * list;
```

即只有一个指向列表的指针，现在题目要求使用头尾两个指针维护列表这个数据类型，因此原有的程序清单代码需要修改，以适应头尾双指针的数据类型定义。list 的定义如下。

```
typedef struct list
{
    Node * head;  /*指向列表首*/
    Node * end;   /*指向列表尾*/
} List;
```

修改了 list 的结构后，程序清单 17.5 中需要修改的代码主要集中在节点添加、节点删除等部分操作函数上，下列的代码是修改后的完整程序，与程序清单 17.5 中原来的代码相比，修改部分在函数内以注释方式标注了出来，读者可以自行比较。list.c 完整的源代码如下。

```
/*
第 17 章的编程练习 2 中的 list.c——支持链表操作的函数，list.h 略
*/

#include <stdio.h>
#include <stdlib.h>
#include "list.h"

/* 局部函数的原型 */
static void CopyToNode(Item item,Node * pnode);
/* 接口函数 */
/* 把链表置空 */

void InitializeList(List * plist)
{
    (* plist).head = NULL;
    (* plist).end = NULL;
    /* 初始化列表，头尾双指针均设置为空 */
}
/* 如果链表为空，返回 true */
bool ListIsEmpty(const List * plist)
{
    if((* plist).head == NULL)
        return true;
    else
        return false;
}
/* 如果链表已满，返回 true */
```

```
bool ListIsFull(const List * plist)
{
    Node * pt;
    bool full;

    pt = (Node *)malloc(sizeof(Node));
    if(pt == NULL)
        full = true;
    else
        full = false;
    free(pt);

    return full;
}
/* 返回节点数量 */
unsigned int ListItemCount(const List * plist)
{
    unsigned int count = 0;
    Node * pnode = (* plist).head;

    while(pnode != NULL)
    {
        ++count;
        pnode = pnode->next;
    }
    return count;
}
/* 创建存储项的节点，并将其添加至plist指向的链表末尾（较慢的实现）*/
bool AddItem(Item item,List * plist)
{
    Node * pnew;
    Node * scan = (* plist).head;

    pnew = (Node *)malloc(sizeof(Node));
    if(pnew == NULL)
        return false;/* 在失败时退出*/

    CopyToNode(item, pnew);
    pnew->next = NULL;
    if(scan == NULL) /* 在空链表中，把pnew放到链表的开头 */
        (* plist).head = pnew;
        (* plist).end = pnew;
        /* 空链表的第 1 个元素，首尾均指向该元素*/
    else
    {
        (* plist).end->next = pnew;
        (* plist).end = pnew;
        /* 以上为添加尾部指针之后的操作方式。直接添加至末尾，末尾后移。可以对比
         * 原来的代码，原来的代码需要从头查到末尾，可以对比加了末尾指针之后的优势 */
/* 以下为程序清单 17.5 原来的代码 */
/*        while(scan->next != NULL)
          scan = scan->next;
       scan->next = pnew;
*/
```

```
    }

    return true;
}

/* 访问每个节点并执行 pfun 指向的函数 */
void Traverse(const List * plist,void (* pfun)(Item item))
{
    Node * pnode = (* plist).head;
    while(pnode != NULL)
    {
        (* pfun)(pnode->item);
        pnode = pnode->next;
    }
}
/* 释放由 malloc 分配的内存，设置链表指针为空 */
void EmptyTheList(List * plist)
{
    Node * psave;

    while((*plist).head != NULL)
    {
        psave = (*plist).head->next; /* 保存下一个节点地址 */
        free((*plist).head);         /* 释放当前节点 */
        (*plist).head = psave;       /* 前进至下一个节点 */
    }
}

/* 局部函数的定义，把一个项复制至节点中 */
static void CopyToNode(Item item,Node * pnode)
{
    strpy(pnode->item.title,item.title);
    pnode->item.rating = item.rating;
    /* 该函数需要根据 Item 结构体进行修改,以上是针对 struct film 修改的例子
     * pnode->item = item;
     * * */
}
```

3．假设 list.h（程序清单 17.3）中有如下 list 定义。

```
#define MAXSIZE 100
typedef struct list {
    Item enteries[MAXSIZE];  /*项数组*/
    int items;               /*列表中项的个数*/
} List;
```

根据这个定义，重写 list.c（程序清单 17.5）中的函数以适应新的定义，并通过 film.c（程序清单 17.4）测试最终代码。

编程分析：

程序清单 17.3 中原来的链表定义如下。

```
typedef Node * list;
```

即只有一个指向列表的指针，列表的节点通过动态存储进行创建和申请，程序清单 17.5

是抽象数据类型链表的操作函数的具体实现代码。现在题目要求以结构数组的静态存储形式重新实现原有的操作函数。list 的定义如下。

```
typedef struct list {
    Item enteries[MAXSIZE];  /*项数组*/
    int items;               /*列表中项的个数*/
} List;
```

与编程练习 2 类似，再修改了 list 的定义之后，对于程序清单 17.5 中 list.c 原来的代码，主要需要修改节点添加、删除、遍历等几个操作函数。修改 list.c 中部分函数的实现后，完整代码如下。

```
/*
第 17 章的编程练习 3 中的 list.c——支持链表操作的函数，list.h 略
*/

#include <stdio.h>
#include <stdlib.h>
#include "list.h"

/* 局部函数的原型 */
static void CopyToNode(Item item,Node * pnode);

/* 接口函数 */
/* 把链表置空 */
void InitializeList(List * plist)
{
    plist = (List* )malloc(sizeof(List));
    if(plist != NULL) (* plist).items = 0;
    else exit(EXIT_FAILURE);
}

/* 如果链表为空，返回 true */
bool ListIsEmpty(const List * plist)
{
    /* 使用 items 成员直接判别链表是否已为空 */
    if((* plist).items == 0)
        return true;
    else
        return false;
}

/* 如果链表已满 ，返回 true */
bool ListIsFull(const List * plist)
{
    bool full;
    if((* plist).items == MAXSIZE)
        full = true;
    else
        full = false;
    return full;
}
```

```
/* 返回节点数量 */
unsigned int ListItemCount(const List * plist)
{
    return (unsigned int)(* plist).items;
}

/* 创建存储项的节点 */
bool AddItem(Item item, List * plist)
{
    if(ListIsFull(plist)
        return false;
    /* 对于静态列表，需要判断链表是否已满 */
    CopyToNode(item,(* plist).enteries[(* plist).items++]);
    /* 复制节点进行数的下一个元素，下标表示为(* plist).items++*/

    return true;
}

void Traverse(const List * plist,void (* pfun)(Item item))
{
    int i = 0;

    while(i < (* plist).items)
        (* pfun)((* plist).enteries[i++]);
    /* 按照数组的形式遍历所有节点*/

}

void EmptyTheList(List * plist)
{
    (* plist).items = 0;
}

static void CopyToNode(Item item,const List * plist)
{

    strcpy((*plist).enteries[(* plist).items -1].title,item.title);
    (*plist).enteries[(* plist).items -1].rating = item.rating
    /* 该函数需要根据Item结构体进行修改,以上是针对struct film修改的例子
     * (*plist).enteries[(* plist).items -1] = item;
     * */
}
```

4．重写 mall.c（程序清单 17.9），用两个队列模拟两个摊位。

编程分析：

在程序清单 17.9 中使用队列形式模拟摊位排队购物的情况。题目要求使用两个队列模拟两个摊位的排队购物情况。程序可以不修改，使用原有的队列定义，因此不需要修改 queue.h 与 queue.c 两个源文件，仅需要在主程序中创建两个队列的对象并分别进行模拟即可。下面的代码使用了队列数组的形式来模拟两个队列，其主要优势是代码清晰，修改程序清单 17.9 时替换的代码较少，且可扩展性强，可以很容易升级为更多个队列的状态模拟程序。修改后的完整代码如下，关键部分通过注释进行了描述。

```
/*
 * 第 17 章的编程练习 4 中
 * 双队列的模拟程序 mall2.c
 * 需要和 queue.h、queue.c 一起编译
 */

#include <stdio.h>
#include <stdlib.h>
#include <time.h>
#include <stdbool.h>
#include "queue.h"
#define MIN_PER_HR 60.0

struct{
    Queue line;
    int hours, perhour,wait_time;
    long cycle,cyclelimit,turnaways;
    long customers,served,sum_line,line_wait;
    double min_per_cust;
}Booth_line[2];
/* 为简化数据，根据 Queue 和排队的基本参数生成结构体模板，并创建两个元素的数组模拟排队情况，
 * 使用这种形式的优势是更加有利于扩展模拟排队的数量，结构清晰简单 */
bool newcustomer(double x);
Item customertime(long when);
int main(void)
{
    Item temp;
    InitializeQueue(&Booth_line[0].line);
    InitializeQueue(&Booth_line[1].line);
    srand((unsigned int) time(0));

    /* 初始化两个队列的数据 */
    puts("Case Study:Sigmund Lander's Advice Booth");
    puts("Enter the number of simulation hours for queue1:");
    scanf("%d",&Booth_line[0].hours);
    cBooth_line[0].yclelimit = MIN_PER_HR * Booth_line[0].hours;

    puts("Enter the number of simulation hours for queue2:");
    scanf("%d",&Booth_line[1].hours);
    Booth_line[1].cyclelimit = MIN_PER_HR * Booth_line[1].hours;

    puts("Enter the average number of customers per hour for queue1:");
    scanf("%d",&Booth_line[0].perhour);
    Booth_line[0].min_per_cust = MIN_PER_HR /Booth_line[0].perhour;

    puts("Enter the average number of customers per hour for queue2:");
    scanf("%d",&Booth_line[1].perhour);
    Booth_line[1].min_per_cust = MIN_PER_HR /Booth_line[1].perhour;

    /* 通过循环，分别模拟两个队列的排队状况。通过循环控制更加有利于升级，代码修改量较少 */
    for(int i = 0;i < 2;i++){
        for(Booth_line[i].cycle = 0;Booth_line[i].cycle < Booth_line[i].cyclelimit;
```

```
            Booth_line[i].cycle++)
        {
            if(newcustomer(Booth_line[i].min_per_cust))
            {
                if(QueueIsFull(&Booth_line[i].line))
                    Booth_line[i].turnaways++;
                else
                {
                    Booth_line[i].customers++;
                    temp = customertime(Booth_line[i].cycle);
                    EnQueue(temp,&Booth_line[i].line);
                }
            }
            if(Booth_line[i].wait_time <= 0 && !QueueIsEmpty(&Booth_line[i].line))
            {
                DeQueue(&temp,&Booth_line[i].line);
                Booth_line[i].wait_time = temp.processtime;
                Booth_line[i].line_wait += Booth_line[i].cycle - temp.arrive;
                Booth_line[i].served++;
            }
            if(Booth_line[i].wait_time > 0)
                Booth_line[i].wait_time--;
            Booth_line[i].sum_line += QueueItemCount(&Booth_line[i].line);
        }
        if(Booth_line[i].customers > 0)
        {
            printf("customers accepted for queue%d:%ld\n",i+1,Booth_line[i].customers);
            printf("customers served for queue%d:%ld\n",i+1,Booth_line[i].served);
            printf("turnaways for queue%d:%ld\n",i+1,Booth_line[i].turnaways);
            printf("average wait time for queue%d:%.2f minutes\n",i+1,(double)Booth
                _line[i].line_wait / Booth_line[i].served);
        }
        else
            puts("No cunstomers for queue%d!",i+1);
        EmptyTheQueue(&Booth_line[i].line);

    }
    bool newcustomer(double x)
    {
        if(rand() * x / RAND_MAX < 1)
            return true;
        else
            return false;
    }
    Item customertime(long when)
    {
        Item cust;
        cust.processtime = rand() % 3 + 1;
        cust.arrive = when;
        return cust;
    }
```

5．编写一个程序，提示用户输入一个字符串。然后该程序将此字符串中的字符逐个压入一个栈（参见复习题 5），然后从栈中弹出这些字符，并显示它们。最终显示该字符串的逆序形式。

编程分析：

复习题 5 中对栈的抽象数据类型进行了描述、定义，题目要求实现并且使用栈来逆序显示单词中的字符。基本方法是将一个单词的每一个字符压入栈，直到单词结尾，然后开始弹出栈并打印字符。重点在于栈的存储结构的定义和操作函数的具体实现。本道题目中的栈元素应当存储字符类型数据。完整代码如下。

```
/*
第 17 章的编程练习 5
*/

#include <stdio.h>
#include <stdlib.h>
#include <stdbool.h>

#define MAXSTACK 100
/* 定义栈内数据项 Item */
typedef char Item;
typedef struct stack{
    Item items[MAXSTACK];    /* Item 存储数据信息 */
    int top;                 /* top 描述栈的顶部位置*/
} Stack;

/* 声明栈接口 */
Stack * InitializeStack(void);
bool StackIsFull(Stack *ps);
bool StackIsEmpty(Stack *ps);
bool push(Item item,Stack *ps);
bool pop(Item *pitem,Stack *ps);
void EmptyTheStack(Stack *ps);
int main(void){
    Stack *pstack;
    int i = 0;
    Item ch;
    pstack = InitializeStack();
    char str[MAXSTACK];
    printf("Enter a String to Test stack:");
    scanf("%s",str);
    while(!StackIsFull(pstack)){
        if(str[i] != '\0') push(str[i++],pstack);
        else break;
    }
    while(!StackIsEmpty(pstack)){
        pop(&ch, pstack);
        printf("%c",ch);
    }
    EmptyTheStack(pstack);
    printf("Done!");
    return 0;
}
```

```
/* 初始化栈 */
Stack * InitializeStack(void){
    Stack *ps = (Stack*) malloc(sizeof(Stack));
    if(ps == NULL)exit(EXIT_FAILURE);
    ps->top = 0;
    return ps;
}
/* 判定栈是否已满 */
bool StackIsFull(Stack *ps){
    if(ps->top == (MAXSTACK - 1))
        return true;
    else return false;
}
/* 判断栈是否已空 */
bool StackIsEmpty(Stack *ps){
    if(ps->top == 0)
        return true;
    else return false;
}
/* 数据入栈 */
bool push(Item item,Stack *ps){
    if(StackIsFull(ps)) return false;
    ps->items[ps->top + 1] = item;
    ps->top++;
    return true;
}
/* 数据出栈 */
bool pop(Item *pitem,Stack *ps){
    if(StackIsEmpty(ps)) return false;
    *pitem = ps->items[ps->top];
    ps->top--;
    return true;
}
/* 释放栈*/
void EmptyTheStack(Stack *ps){
    if(ps != NULL)
        free(ps);
}
```

6. 编写一个函数，该函数接受 3 个参数——一个数组名（内含已排序的整数）、该数组的元素个数和待查找的整数。如果待查找的整数在数组中，那么该函数返回 1；如果不在数组中，该函数返回 0。用二分查找法实现。

编程分析：

题目要求实现一个针对整数数组的二分查找函数，参数分别是整数数组、元素个数和待查数据。二分查找的前提条件是待查的数组是已排序数据。由于数据的下标是整数，在查找后期取中值时会区间过小，取整后的中间值会导致死循环，因此需要添加区间判断代码。完整程序代码如下。

```
/*
第 17 章的编程练习 6
*/
```

```
#include <stdio.h>
#include <stdlib.h>
#include <time.h>
#define SIZE 20

/* comp()函数在使用 qsort()函数排序时的比较函数 */
int comp(const void *,const void *);
/* 声明 bfind()函数 */
int bfind(const int array[] , int size ,int targ);

int main(void)
{
    int numbers[SIZE];
    int result ,input;

    srand(time(0));
    for(int i = 0;i < SIZE;i++)
        numbers[i] = rand() % 100;

    puts("There are UNSORTED numbers list :");
    for(int i = 0;i < SIZE; i++)
        printf(" %d",numbers[i]);
    putchar('\n');

    qsort(numbers,SIZE,sizeof(int),comp);

/* 通过随机函数生成数据，并使用 qsort()函数排序 */

    puts("There are SORTED numbers list :");
    for(int i = 0;i < SIZE; i++)
        printf(" %d",numbers[i]);
    putchar('\n');

    puts("Input which number you want to find:");
    scanf("%d",&input);
    if(bfind(numbers,SIZE,input) == 1)
        printf("find it!\n");
    else
        printf("Do not find it!\n");
    return 0;
}
int comp(const void * p1,const void * p2)
{
    const int * ps1 = (const int *) p1;
    const int * ps2 = (const int *) p2;

    if(* ps1 > * ps2)
        return 1;
    else if(* ps1 == * ps2 )
        return 0;
    else
        return -1;
}
```

```
int bfind(const int array[] , int size ,int targ){
    int cur,low = 0;
    int high = size - 1;
    /* 初始化查找数据的区间 */
    while(low <= high)
    {
        cur = (high + low) / 2;
        if(targ == array[cur]) return 1;
        if(targ > array[cur]){
            low = cur + 1;
            /* 若数据大于中值，区间下标上移*/
        }else{
            high = cur - 1;
            /* 若数据小于中值，区间上标下移*/
        }
        if(cur == low) return 0;
        /* 由于整数的整除问题，即 cur == low ,high == low + 1;
         * 查找后期会导致最后的区间无变化，该情况需要单独处理*/
    }
    return 0;
}
```

7．编写一个程序，打开和读取一个文本文件，并统计文件中每个单词出现的次数。用改进的二叉查找树存储单词及其出现的次数。程序读入文件后，会提供一个有 3 个选项的菜单。第 1 个选项用于列出所有的单词和出现的次数。第 2 个选项用于让用户输入一个单词，程序报告该单词在文件中出现的次数。第 3 个选项用于退出。

编程分析：

题目要求实现对文本文件的单词进行二叉查找树的存储建模，并进行数据的查找和分析。题目的编程需要用到二叉查找树的 ADT 和部分接口的实现。在二叉查找树的建立过程中首先需要对节点的 Items 结构进行重新定义和修改。此外，tree.c 文件中的 addItem()函数也需要进行修改，原有的添加项目内容需要分析新添加项目。如果存在于树中则反馈报错，题目需要刷新该节点的次数信息。根据题目的需要，还需要添加遍历节点的函数。完整代码如下。

```
/*
第 17 章的编程练习 7 中的 TREE.H 二叉查找树，树中不允许有重复项
*/

#ifndef _TREE_H_
#define _TREE_H_
#include <stdbool.h>

/* 根据具体情况定义 Item*/
#define SLEN 20
typedef struct item {
    char word[SLEN];
    int times;
} Item;
/* 定义节点的内容 */

#define MAXITEMS 1000
```

```
typedef struct trnode {
    Item item;
    struct trnode * left;
    struct trnode * right;
} Trnode;
/* 定义节点 */

typedef struct tree {
    Trnode * root;
    int size;
} Tree;
/* 定义二叉查找树*/

/* 函数原型 */
/* 初始化树*/
void InitializeTree(Tree * ptree);

/* 判断树是否已空 */
bool TreeIsEmpty(const Tree * ptree);

/* 判断树是否已满*/
bool TreeIsFull(const Tree * ptree);

/* 树中的项数*/
int TreeItemCount(const Tree * ptree);

/* 添加节点*/
bool AddItem(const Item * pi,Tree * ptree);

/* 在树内查找*/
bool InTree(const Item * pi,const Tree * ptree);

/* 删除项*/
bool DeleteItem(const Item * pi,Tree * ptree);

/* 遍历树*/
void Traverse(const Tree * ptree,void (* pfun)(Item item));

/* 清空树*/
void DeleteAll(Tree * ptree);

#endif
```

```
/*
第 17 章的编程练习 7 中 TREE.C 查找二叉树的操作函数实现
*/

#include <stdio.h>
#include <string.h>
#include <stdlib.h>
```

```
#include "tree.h"

typedef struct pair {
    Trnode * parent;
    Trnode * child;
} Pair;

static Trnode * MakeNode(const Item * pi);
static bool ToLeft(const Item * i1,const Item * i2);
static bool ToRight(const Item * i1,const Item * i2);
static void AddNode(Trnode * new_node,Trnode * root);
static void InOrder(const Trnode * root,void (* pfun)(Item item));
static Pair SeekItem(const Item * pi,const Tree * ptree);
static void DeleteNode(Trnode ** ptr);
static void DeleteAllNodes(Trnode * ptr);

/*使用文件作用域的外部链接形式定义 find_word()函数 */
void find_word(const Tree * pt);

void InitializeTree(Tree * ptree)
{
    ptree->root = NULL;
    ptree->size = 0;
}

bool TreeIsEmpty(const Tree * ptree)
{
    /* 使用根指针判断树是否已空 */
    if(ptree->root == NULL)
        return true;
    else
        return false;
}

bool TreeIsFull(const Tree * ptree)
{
    /* 使用 size 成员判断树是否已满 */
    if(ptree->size == MAXITEMS)
        return true;
    else
        return false;
}

int TreeItemCount(const Tree * ptree)
{
    return ptree->size;
}

bool AddItem(const Item * pi,Tree * ptree)
{
    Trnode * new_node;
    Pair look;

    if(TreeIsFull(ptree))
    {
```

```
        fprintf(stderr,"Tree is full\n");
        return false;
    }

    if(SeekItem(pi,ptree).child != NULL){
        look = SeekItem(pi,ptree);
        look.child->item.times++;
        return true;
    }
    /* 如果输入数据重复，则在原数据的标记数量上加 1 */

    /* 如果新数据不存在，则添加节点，标记数量为 1 */
    new_node = MakeNode(pi);
    if(new_node == NULL)
    {
        fprintf(stderr,"Couldn't create node\n");
        return false;
    }
    ptree->size++;

    if(ptree->root == NULL)
        ptree->root = new_node;
    else
        AddNode(new_node,ptree->root);
    return true;
}

bool InTree(const Item * pi,const Tree * ptree)
{
    return (SeekItem(pi,ptree).child == NULL) ? false:true;
}

bool DeleteItem(const Item * pi,Tree * ptree)
{
    Pair look;
    look = SeekItem(pi,ptree);
    if(look.child == NULL)
        return false;

    if(look.parent == NULL)
        DeleteNode(&ptree->root);
    else if(look.parent->left == look.child)
        DeleteNode(&look.parent->left);
    else
        DeleteNode(&look.parent->right);
    ptree->size--;

    return true;
}

void Traverse(const Tree * ptree,void (*pfun)(Item item))
{
    if(ptree != NULL)
        InOrder(ptree->root,pfun);
}
```

```
void DeleteAll(Tree * ptree)
{
    if(ptree != NULL)
        DeleteAllNodes(ptree->root);
    ptree->root = NULL;
    ptree->size = 0;
}

/* 局部函数 */
static void InOrder(const Trnode * root,void (* pfun)(Item item))
{
    if(root != NULL)
    {
        InOrder(root->left,pfun);
        (* pfun)(root->item);
        InOrder(root->right,pfun);
    }
}

static void DeleteAllNodes(Trnode * root)
{
    Trnode * pright;

    if(root != NULL)
    {
        pright = root->right;
        DeleteAllNodes(root->left);
        free(root);
        DeleteAllNodes(pright);
    }
}

static void AddNode(Trnode * new_node,Trnode * root)
{
    if(ToLeft(&new_node->item,&root->item))
    {
        if(root->left == NULL)
            root->left = new_node;
        else
            AddNode(new_node,root->left);
    }
    else if(ToRight(&new_node->item,&root->item))
    {
        if(root->right == NULL)
            root->right = new_node;
        else
            AddNode(new_node,root->right);
    }
    else
    {
        fprintf(stderr, "Location Error! in Add Node()\n");
        exit(1);
    }
}
```

```
static bool ToLeft(const Item * i1,const Item * i2)
{
    int comp1;

    if((comp1 = strcmp(i1->word,i2->word)) < 0)
        return true;
    else
        return false;
}

static bool ToRight(const Item * i1,const Item * i2)
{
    int comp1;

    if((comp1 = strcmp(i1->word,i2->word)) > 0)
        return true;
    else
        return false;
}

static Trnode * MakeNode(const Item * pi)
{
    Trnode * new_node;

    new_node = (Trnode *)malloc(sizeof(Trnode));
    if(new_node != NULL)
    {
        new_node->item = *pi;
        new_node->left = NULL;
        new_node->right = NULL;
    }
    return new_node;
}

static Pair SeekItem(const Item * pi,const Tree * ptree)
{
    Pair look;
    look.parent = NULL;
    look.child = ptree->root;

    if(look.child == NULL)
        return look;
    while(look.child != NULL)
    {
        if(ToLeft(pi,&(look.child->item)))
        {
            look.parent = look.child;
            look.child = look.child->left;
        }
        else if(ToRight(pi,&(look.child->item)))
        {
            look.parent = look.child;
            look.child = look.child->right;
        }
```

```
        else
            break;
    }
    return look;
}


static void DeleteNode(Trnode ** ptr)
{
    Trnode * temp;
    if((*ptr)->left == NULL)
    {
        temp = * ptr;
        *ptr = (*ptr)->right;
        free(temp);
    }
    else if((*ptr)->right == NULL)
    {
        temp = * ptr;
        *ptr = (*ptr)->left;
        free(temp);
    }
    else
    {
        for(temp = (*ptr)->left;temp->right != NULL;temp = temp->right)
            continue;
        temp->right = (*ptr)->right;
        temp = (*ptr);
        (*ptr) = (*ptr)->left;
        free(temp);
    }
}
void find_word(const Tree * pt)
{
    Item temp;
    Pair pair;
    int t;

    printf("Enter the word you search:\n");
    scanf("%s",temp.word);
    while(getchar() != '\n');
    pair = SeekItem(&temp,pt);
    if(pair.child == NULL)
        printf("No entries!\n");
    else
    {
        t = pair.child->item.times;
        printf("%s appears %d times\n",temp.word,t);
    }
}
```

```
/*
第 17 章的编程练习 7 的主程序
*/
```

```
#include <stdio.h>
#include <stdlib.h>
#include <ctype.h>
#include <string.h>
#include "tree.h"

char show_menu(void);
/* 打印项信息 */
void show_item(Item item);
/* 查找单词信息*/
extern void find_word(const Tree * pt);

int main(int argc,char * argv[])
{
    char choice;
    Tree word_tree;
    FILE * fp;
    Item temp;


    if(argc != 2)
    {
        fprintf(stderr,"Usage:commond filename\n");
        exit(1);
    }

    if((fp = fopen(argv[1],"r")) == NULL)
    {
        fprintf(stderr,"Can't open %s\n",argv[1]);
        exit(2);
    }

    InitializeTree(&word_tree);

    while(fscanf(fp,"%s",temp.word) == 1)
        /* 使用 scanf()函数读取文件中的单词，对于无空格的标点符号，需要特殊处理 */
    {
        if(!isalpha(temp.word[0])) continue;
        if(!isalpha(temp.word[strlen(temp.word)-1])) temp.word[strlen(temp.word)
           -1] = '\0';
        /* 处理标点符号，这里使用 getchar()函数重写读单词函数的效率会更高*/
        temp.times = 1;
        AddItem(&temp,&word_tree);
    }

    fclose(fp);
    printf("file is opened,what do you want to do:\n");
    while((choice = show_menu()) != 'q')
    {
        switch(choice)
        {
            case 's':Traverse(&word_tree,show_item);
                break;
```

```
                case 'r':find_word(&word_tree);
                    break;
                case 'q': break;
                default:
                    puts("Switching error");
            }
        }

        puts("Bye!");
        DeleteAll(&word_tree);
        return 0;
}

char show_menu(void)
{
        int ch;
        printf("s)show all words and its times\n");
        printf("r)find a word and report its times\n");
        printf("q)quit\n");
        while ((ch = getchar()) != EOF)
        {
            while (getchar() != '\n')  //丢弃输入行的剩余部分
                continue;
            ch = tolower(ch);
            if (strchr("srq", ch) == NULL)
                puts("Please enter an s , r or q: ");
            else
                break;
        }
        if (ch == EOF)      //在遇到 EOF 时程序退出
            ch = 'q';

        return ch;
}

void show_item(Item item)
{
        printf("%s appear %d times\n",item.word,item.times);
}
```

8．修改宠物俱乐部程序，使所有同名的宠物存储在同一个节点中。当用户选择查找宠物时，程序应询问用户该宠物的名字，然后列出该名字的所有宠物（及其种类）。

编程分析：

原宠物俱乐部程序主要负责维护一个宠物俱乐部成员，例如，添加宠物、显示宠物、查找宠物等。程序使用二叉查找树维护宠物的数据表。题目要求在同一个节点存储同名但不同类型的宠物，因此需要在 Item 或者节点上修改原代码，以适应目前的存储要求。基本修改方式是给宠物品种添加多个数据字段，例如：

```
typedef struct item {
    char petname[SLEN];
    char petkind[SLEN][SLEN];
} Item;
```

这样一个项节点可以存储同名但不同品种的宠物 SLEN 个，数据存储使用字符串长度大于 0 判断。此外，还需要在添加节点和打印节点等相应功能函数中修改代码，适当处理同名的宠物。完整代码如下。

```
/*
第 17 章的编程练习 8 中的 TREE.H 二叉查找树，树中不允许有重复项
*/

#ifndef _TREE_H_
#define _TREE_H_
#include <stdbool.h>
#define SLEN 20

typedef struct item {
    char petname[SLEN];
    char petkind[SLEN][SLEN];
} Item;
/* 定义节点的内容 */
#define MAXITEMS 100

typedef struct trnode {
    Item item;
    struct trnode * left;
    struct trnode * right;
} Trnode;
/* 定义节点 */

typedef struct tree {
    Trnode * root;
    int size;
} Tree;
/* 定义二叉查找树*/

/* 函数原型 */
/* 初始化树*/
void InitializeTree(Tree * ptree);

/* 判断树是否已空 */
bool TreeIsEmpty(const Tree * ptree);

/* 判断树是否已满*/
bool TreeIsFull(const Tree * ptree);

/* 树中的项数*/
int TreeItemCount(const Tree * ptree);

/* 添加节点*/
bool AddItem(const Item * pi,Tree * ptree);

/* 在树内查找*/
bool InTree(const Item * pi,const Tree * ptree);
```

```
/* 删除项*/
bool DeleteItem(const Item * pi,Tree * ptree);

/* 遍历树*/
void Traverse(const Tree * ptree,void (* pfun)(Item item));

/* 清空树*/
void DeleteAll(Tree * ptree);

#endif
```

```
/*
第 17 章的编程练习 8 中 TREE.C 查找二叉树的操作函数实现
*/

#include <stdio.h>
#include <string.h>
#include <stdlib.h>
#include "tree.h"

typedef struct pair {
    Trnode * parent;
    Trnode * child;
} Pair;

static Trnode * MakeNode(const Item * pi);
static bool ToLeft(const Item * i1,const Item * i2);
static bool ToRight(const Item * i1,const Item * i2);
static void AddNode(Trnode * new_node,Trnode * root);
static void InOrder(const Trnode * root,void (* pfun)(Item item));
static Pair SeekItem(const Item * pi,const Tree * ptree);
static void DeleteNode(Trnode ** ptr);
static void DeleteAllNodes(Trnode * ptr);

void InitializeTree(Tree * ptree)
{
    ptree->root = NULL;
    ptree->size = 0;
}

bool TreeIsEmpty(const Tree * ptree)
{
    if(ptree->root == NULL)
        return true;
    else
        return false;
}

bool TreeIsFull(const Tree * ptree)
{
    if(ptree->size == MAXITEMS)
        return true;
    else
```

```
        return false;
}

int TreeItemCount(const Tree * ptree)
{
    return ptree->size;
}

bool AddItem(const Item * pi,Tree * ptree)
{
    Trnode * new_node;
    Pair look;

    if(TreeIsFull(ptree))
    {
        fprintf(stderr,"Tree is full\n");
        return false;
    }

    if(SeekItem(pi,ptree).child != NULL){
        look = SeekItem(pi,ptree);
        for(int i = 0;i<SLEN;i++)
            if(strlen(look.child->item.petkind[i]) < 1){
                strcpy(look.child->item.petkind[i],pi->petkind[0]);
                break;
            }
        return true;
    }
    /* 如果输入数据重复，则在原数据上添加种类 */

    /* 如果新数据不存在，则添加节点，标记数量为 1 */
    new_node = MakeNode(pi);
    if(new_node == NULL)
    {
        fprintf(stderr,"Couldn't create node\n");
        return false;
    }
    ptree->size++;

    if(ptree->root == NULL)
        ptree->root = new_node;
    else
        AddNode(new_node,ptree->root);
    return true;
}

bool InTree(const Item * pi,const Tree * ptree)
{
    return (SeekItem(pi,ptree).child == NULL) ? false:true;
}

bool DeleteItem(const Item * pi,Tree * ptree)
{
    Pair look;
    look = SeekItem(pi,ptree);
```

```
    if(look.child == NULL)
        return false;

    if(look.parent == NULL)
        DeleteNode(&ptree->root);
    else if(look.parent->left == look.child)
        DeleteNode(&look.parent->left);
    else
        DeleteNode(&look.parent->right);
    ptree->size--;

    return true;
}

void Traverse(const Tree * ptree,void (*pfun)(Item item))
{
    if(ptree != NULL)
        InOrder(ptree->root,pfun);
}

void DeleteAll(Tree * ptree)
{
    if(ptree != NULL)
        DeleteAllNodes(ptree->root);
    ptree->root = NULL;
    ptree->size = 0;
}

/* 局部函数 */
static void InOrder(const Trnode * root,void (* pfun)(Item item))
{
    if(root != NULL)
    {
        InOrder(root->left,pfun);
        (* pfun)(root->item);
        InOrder(root->right,pfun);
    }
}

static void DeleteAllNodes(Trnode * root)
{
    Trnode * pright;

    if(root != NULL)
    {
        pright = root->right;
        DeleteAllNodes(root->left);
        free(root);
        DeleteAllNodes(pright);
    }
}

static void AddNode(Trnode * new_node,Trnode * root)
{
    if(ToLeft(&new_node->item,&root->item))
    {
```

```
        if(root->left == NULL)
            root->left = new_node;
        else
            AddNode(new_node,root->left);
    }
    else if(ToRight(&new_node->item,&root->item))
    {
        if(root->right == NULL)
            root->right = new_node;
        else
            AddNode(new_node,root->right);
    }
    else
    {
        fprintf(stderr, "Location Error! in Add Node()\n");
        exit(1);
    }
}

static bool ToLeft(const Item * i1,const Item * i2)
{
    int comp1;

    if((comp1 = strcmp(i1->petname,i2->petname)) < 0)
        return true;
    else
        return false;
}

static bool ToRight(const Item * i1,const Item * i2)
{
    int comp1;

    if((comp1 = strcmp(i1->petname,i2->petname)) > 0)
        return true;
    else
        return false;
}

static Trnode * MakeNode(const Item * pi)
{
    Trnode * new_node;

    new_node = (Trnode *)malloc(sizeof(Trnode));
    if(new_node != NULL)
    {
        new_node->item = *pi;
        new_node->left = NULL;
        new_node->right = NULL;
    }
    return new_node;
}

static Pair SeekItem(const Item * pi,const Tree * ptree)
{
```

```
    Pair look;
    look.parent = NULL;
    look.child = ptree->root;

    if(look.child == NULL)
        return look;
    while(look.child != NULL)
    {
        if(ToLeft(pi,&(look.child->item)))
        {
            look.parent = look.child;
            look.child = look.child->left;
        }
        else if(ToRight(pi,&(look.child->item)))
        {
            look.parent = look.child;
            look.child = look.child->right;
        }
        else
            break;
    }
    return look;
}


static void DeleteNode(Trnode ** ptr)
{
    Trnode * temp;
    if((*ptr)->left == NULL)
    {
        temp = * ptr;
        *ptr = (*ptr)->right;
        free(temp);
    }
    else if((*ptr)->right == NULL)
    {
        temp = * ptr;
        *ptr = (*ptr)->left;
        free(temp);
    }
    else
    {
        for(temp = (*ptr)->left;temp->right != NULL;temp = temp->right)
            continue;
        temp->right = (*ptr)->right;
        temp = (*ptr);
        (*ptr) = (*ptr)->left;
        free(temp);
    }
}
```

```
/*
第 17 章的编程练习 8 中的 PETCLUB.C
*/
```

```
#include <stdio.h>
#include <string.h>
#include <ctype.h>
#include "tree.h"

char menu(void);
void addpet(Tree * pt);
void droppet(Tree * pt);
void showpets(const Tree * pt);
void findpet(const Tree * pt);
void printitem(Item item);
void uppercase(char * str);
char * s_gets(char *st, int n);

int main(void)
{
    Tree pets;    //定义树变量
    char choice;

    InitializeTree(&pets);
    while ((choice = menu()) != 'q')
    {
        switch (choice)
        {
            case 'a': addpet(&pets);
                break;
            case 'l': showpets(&pets);
                break;
            case 'f': findpet(&pets);
                break;
            case 'n':
                printf("%d pets in club\n", TreeItemCount(&pets));
                break;
            case 'd': droppet(&pets);
                break;
            default: puts("Switching error");
        }
    }
    DeleteAll(&pets);
    puts("Bye.");

    return 0;
}

char menu(void)
{
    int ch;

    puts("Nerfville pet Club Membership Program");
    puts("Enter the letter corresponding to your choice: ");
    puts("a)add a pet       l)show list of pets");
    puts("n)number of pets f)find pets");
    puts("d)delete a pet        q)quit");
    while ((ch = getchar()) != EOF)
    {
```

```
        while (getchar() != '\n')  //丢弃输入行的剩余部分
            continue;
        ch = tolower(ch);
        if (strchr("alrfndq", ch) == NULL)
            puts("Please enter an a, l, f, n, d, or q: ");
        else
            break;
    }
    if (ch == EOF)     //在遇到 EOF 时程序退出
        ch = 'q';

    return ch;
}

void addpet(Tree * pt)
{
    Item temp;

    if (TreeIsFull(pt))
        puts("No room in the club!");
    else
    {
        puts("Please enter name of pet: ");
        s_gets(temp.petname,SLEN);
        puts("Please enter pet kind: ");
        s_gets(temp.petkind[0],SLEN);
        uppercase(temp.petname);
        uppercase(temp.petkind[0]);
        AddItem(&temp, pt);
    }
}

void showpets(const Tree * pt)
{
    if (TreeIsEmpty(pt))
        puts("No enteries!");
    else
        Traverse(pt, printitem);
}

void printitem(Item item)
{
    int i = 0;
    while (strlen(item.petkind[i])>0)
    {
        printf("pet: %-19s kind: %-19s\n", item.petname,item.petkind[i]);
        i++;
    }
}

void findpet(const Tree * pt)
{
    Item temp;

    if (TreeIsEmpty(pt))
```

```
    {
        puts("No entries!");
        return;
    }

    puts("Please enter name of pet you wish to find: ");
    s_gets(temp.petname,SLEN);
    puts("Please enter pet kind: ");
    s_gets(temp.petkind[0],SLEN);
    uppercase(temp.petname);
    uppercase(temp.petkind[0]);
    printf("%s the %s ", temp.petkind[0], temp.petname);
    if (InTree(&temp, pt))
        printf("is a member.\n");
    else
        printf("is not a member .\n");
}

void droppet(Tree * pt)
{
    Item temp;

    if (TreeIsEmpty(pt))
    {
        puts("No entries!");
        return;
    }
    puts("Please enter name of pet you wish to delete: ");
    s_gets(temp.petname,SLEN);
    puts("Please enter pet dind: ");
    s_gets(temp.petkind[0],SLEN);
    uppercase(temp.petname);
    uppercase(temp.petkind[0]);
    printf("%s the %s ", temp.petname, temp.petkind[0]);

    if (DeleteItem(&temp, pt))
        printf("is dropped from the club.\n");
    else
        printf("is not a member.\n");
}

void uppercase(char * str)
{
    while (*str)
    {
        *str = toupper(*str);
        str++;
    }
}

char * s_gets(char * st, int n){
    char * ret_val;
    char * find;
    ret_val = fgets(st, n, stdin);
    if (ret_val){
```

```
        find = strchr(st, '\n');          // 查找换行符
        if (find)                         // 如果地址不是 NULL,
            *find = '\0';                 // 在此处放置一个空字符
        else while (getchar() != '\n')
                continue;                 // 处理输入行中剩余的字符
    }
    return ret_val;
}
```